KB072008

# 궁금한
# D&A 이야기

# 궁금한 D&A 이야기

## DNA증거를 찾아라!

임시근 지음

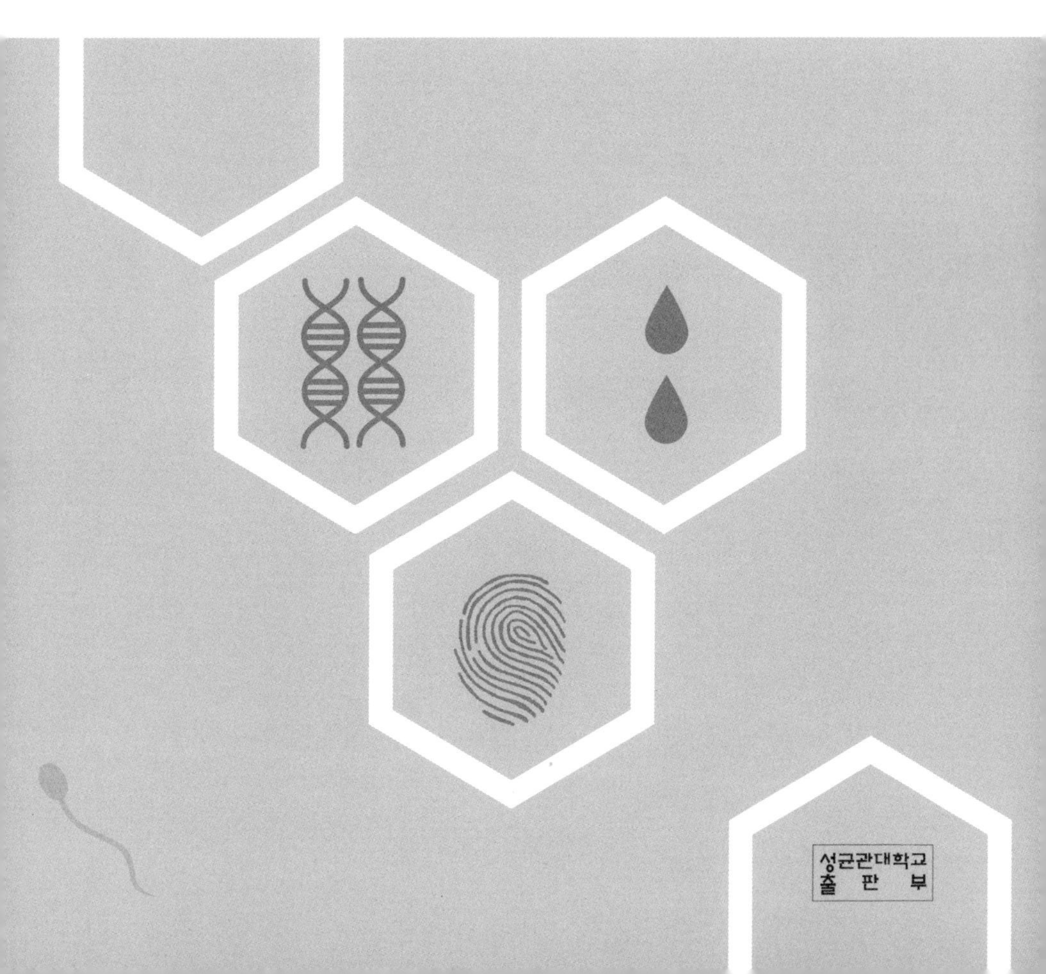

# 들어가는 말

1995년 텔레비전을 통해 생중계되었던 미식축구 스타 O. J. 심슨(Simpson) 사건의 재판 과정은 증거물을 바라보는 미국인들의 시각을 근본적으로 바꾸어놓았으며, 15년 이상 오랫동안 큰 인기를 끌었던 'CSI 시리즈' 등 미국 드라마로 인해 많은 사람들이 상세한 법과학 감정기법들을 이야기할 수 있게 되었다. 법과학과 과학수사를 소재로 한 많은 영화가 만들어졌고, 추리소설처럼 흥미로운 책들도 출판되고 있다. 법과학과 과학수사를 바라보는 눈높이가 매우 높아졌음을 의미하는데, 법정의 판사들조차 매번 그들이 TV에서 보아왔던 과학수사 증거물을 기대하게 되어 소위 **'CSI 효과**(CSI effect)'라는 신조어까지 생겨났다. 그러나 현실에서는 사건 현장에서 그렇게 쉽게 결정적 증거를 찾기란 어려운 일이다. 수많은 증거물 중에서 한두 개의 증거물만 의미를 갖게 되거나 아예 분석할 증거물이 없는 사건도 많은 것이 현실이다. 일반 대중이 증거물 하나의 분석에 투입되는 시간과 노력을 너무 쉽게 생각하도록 하였다는 점은 드라마의 아쉬운 부분이다.

법과학은 범죄 해결을 위해 활용되는 모든 분야의 학문을 포함한다. 재판에서 판사의 올바른 판결을 위해 도움을 주는 과학기술은 물론이고, 인문사회과학 분야까지 망라하고 있다. 대표적인 법과학의 분야들은 DNA감식(Forensic DNA Profiling), 법독성학(Forensic Toxicology), 마약(Drug and Controlled Substances), 법화학(Forensic Chemistry), 미세증거물(Trace Evidence), 법의학(Forensic Medicine), 법인류학(Forensic Anthropology), 법치의학(Forensic Odontology), 디지털(Digital Forensics), 음성 및 영상분석(Audio and Video Forensics), 범죄 현장감식(Crime Scene Investigation), 지문과 족흔(Fingerprints and Shoe prints), 문서 및 필적(Questioned and Written Documents), 법생물학(Forensic Biology), 법곤충학(Forensic Entomology), 혈흔형태분석(Blood Pattern Analysis), 법심리학(Forensic Psychology), 공구흔(Toolmark Analysis), 화재조사(Fire Investigation), 총기 및 폭발(Firearm and Explosives) 등 매우 다양하다.

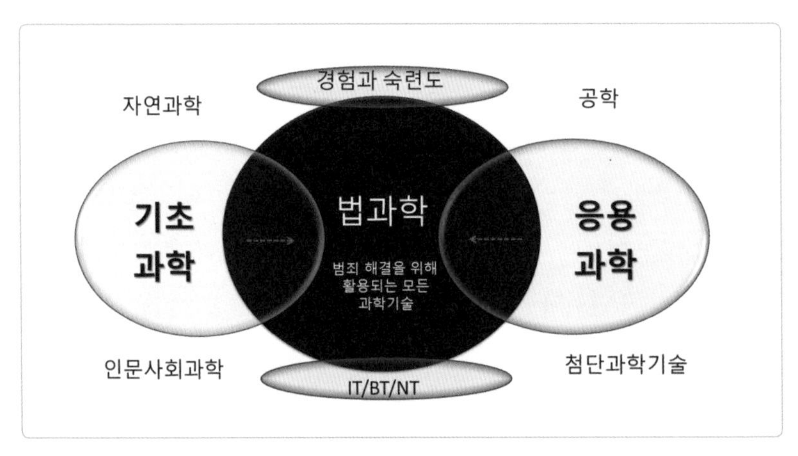


범죄 해결

프랑스의 법과학자 에드몽 로카르(Edmond Locard)는 "모든 접촉은 흔적을 남긴다(Every contact leaves a trace)"라는 법과학의 대원칙을 이야기하였다. 지금도 모든 과학수사요원과 법과학자들이 가슴 깊이 새기는 명언이다.

저자는 지금까지 'DNA감식'과 관련된 감정과 연구를 해오면서 많은 사람들로부터 다양한 질문을 받아왔다. 여러 경로를 통해 접하게 되는 질문들은 나이 어린 초등학생이나 중고등학생은 물론이고, 생물학을 전공하고 있는 대학생, 개인적인 궁금증을 풀기 위한 일반 성인들, 때로는 수사기관과 법원에 이르기까지 연령과 직업에 관계없이 매우 다양하다. 많은 사람들이 매스컴이나 언론 기사를 통해 DNA감식과 관련된 뉴스를 자주 접하게 되어 궁금한 점도 더욱 많아진 것 같다. 놀라운 것은 과거에 비해 질문의 수준도 크게 높아졌다는 점이다.

질문의 내용을 잠시 살펴보면, 어떤 증거물이 어떻게 감정 의뢰되는지, 증거물을 채취하는 가장 좋은 방법과 최적의 보관 방법은 무엇인지, DNA감식에 필요한 최소 DNA 농도는 얼마이며, 일란성 쌍둥이도 식별할 수 있는지, Y-STR의 일치는 어떤 의미인지, 범죄자 데이터베이스 검색 일치와 불일치의 판정 기준은 무엇인지, 중국인과 한국인을 구별할 수 있는지, 부분 검출과 혼합 검출은 무엇인지, 우리나라 범죄자 DNA 데이터베이스는 미국 CODIS(유전자정보은행)와 어떻게 다른지, 직계가 아닌 친척과의 친족검사가 가능한지, 범인의 얼굴 형태, 인종, 성별 등을 구별할 수 있는지, 동물과 식물의 원산지 식별이 가능한지 등 아주 기초적인 것부터 다소 전문적인 내용에 이르기까지 매우 다양하다.

1953년 제임스 왓슨(James Watson)과 프란시스 크릭(Francis Crick)에 의해 생명의 모든 정보를 담고 있는 DNA의 구조가 밝혀진 지 67년이 되었고, 1984년 영국의 알렉 제프리스(Alec Jeffreys) 교수에 의해 최초의 DNA감식이 수행된 지도 벌써 36년이 지났다. DNA감식은 경찰 등 수사기관으로부터 의뢰되는 증거물을 과학적으로 분석해 그 결과를 감정서 형식으로 수사기관과 법정(판사, 변호사)에 제공하는 역할을 하고 있다. 수사기관은 DNA감식 결과를 토대로 범인을 검거하고 범행을 입증할 수 있으며, 법원은 피고인의 유죄 혹은 무죄 여부를 판결하는 데 도움을 받게 된다. DNA감식 결과는 일치(Match) 혹은 포함(Inclusion), 그리고 배제(Exclusion)로 표현된다. DNA 프로필은 그 자체로는 아무 의미가 없으며, 항상 대조시료가 필요하다. 즉 사건 현장에서 검출된 DNA 프로필은 피해자는 물론 용의자 등과 비교하며, 실종자로부터 확보된 DNA 프로필은 실종자 가족들과 비교해야 한다. DNA감식으로 분석되는 DNA는 불과 4,000 염기(전체의 약 0.0006%) 정도밖에 되지 않으며 그나마도 유전정보(Genetic Information)는 거의 포함되어 있지 않아 개인의 프라이버시를 침해하지 않는다. DNA감식 기술이 개발되기 이전에는 단백질 분석이나 해리흡착법에 의한 혈액형 분석이 활용되었으나, 식별력이 낮고 증거물 상태에 따라 결과의 신뢰성이 떨어지는 문제가 있었다.

DNA감식 기술이 발전하였다고 하는데, 얼마나 적은 시료, 얼마나 부패된 시료에서도 분석이 가능할까? DNA는 자체적으로 매우 안정된 물질이다. 수만 년 전 네안데르탈인의 뼈에서 DNA를 분석하고, 얼음 속 매머드의 DNA를 이용해 복제를 시도할 수 있을 정도이다. DNA

감식이 과학수사에서 중요한 위치를 차지하게 된 데에는 이러한 DNA의 특성이 한몫을 하였다. 특히 DNA감식의 표준기술인 STR 분석은 부패 등으로 파괴된 증거물에서도 좋은 결과를 얻을 수 있다. 가장 안정된 시료는 정액(정자)이고, 증거물이 잘 건조되어 있다면 수십 년이 지나도 검출될 수 있으며, 다른 세포(백혈구, 상피세포 등)도 보존만 잘되어 있으면 DNA감식에 문제가 없다. 현재의 STR 분석 민감도는 세포 수로 약 15개 정도인데, 이는 100pg 정도의 DNA에 해당되며 눈으로 보이지 않을 정도로 미량이다. 백지 위에 빨간 볼펜으로 점 하나를 찍으면 그 속에는 약 1ng의 DNA가 검출되며, 160개 정도의 백혈구가 존재한다. 이를 10배 희석한 농도에서도 DNA감식이 가능하기 때문에 혈액이 묻은 의류를 세탁한 후에도 DNA가 검출될 수 있는 것이다. 2006년 서래마을 영아유기살해사건 이후 '접촉 증거물', 즉 피부세포가 묻은 증거물 분석 의뢰가 매년 크게 증가하고 있어 전체 감정 의뢰 증거물의 절반 정도나 된다. 보통 땀이라고 표현하는 증거물은 실제로는 피부세포를 의미한다.

현재 DNA감식의 표준 기술은 '**다중증폭 STR 분석**(Multiplex STR typing)'이다. 초기 DNA감식은 불과 서너 개의 STR 마커만 분석할 수 있는 수준이어서 식별력이 낮았다. 그러나 지속적인 연구를 통해 식별력 높은 새로운 STR 마커들이 추가되어 현재는 20개 이상을 동시에 증폭하여 분석할 수 있는 키트까지 개발되었다. DNA감식 결과의 신뢰성에 대해서는 논란이 없을 정도로 식별력이 높아졌다. 이 밖에도 남성만 가지고 있는 Y 염색체의 STR 분석, 오래되고 분해된 시료에서도 검출이 가능한 미토콘드리아 DNA 분석은 일상적인 분석이 되었으며, 자동화장비의 사용으로 대량의 증거물도 빠르게 분석할 수 있게 되었다. DNA감식은 크게 민감도, 분석 속도, 정확도의 세 가지 측면에서 지금도 계속 진화하고 있다. 우리나라는 2018년 미국(2017년)에 이어 세계 두 번째로 범죄자 DNA 데이터베이스 수록 표준 마커의 수를 13개에서 20개로 확장하였다.

우리나라 국민 중 모든 성인은 누구나 자신의 열 손가락 지문을 모두 등록해야 한다. 범죄자 DNA 데이터베이스는 근본적으로 지문 데이터베이스와 유사하다. 다른 점은 범죄를 저지른 사람의 DNA정보만 수록한다는 점이다. 현재 우리나라의 DNA법은 살인, 강간 등 11개 주요 범죄자의 DNA정보만 데이터베이스에 수록하도록 하고 있다. 세계 최초의 DNA 데이터베이스는 1995년 설립된 영국의 NDNAD이며, 이후 미국을 비롯한 전 세계 70개국 이상에서 구축되어 활용되고 있다. 우리나라는 2010년 7월 26일에야 DNA법(디엔에이신원확인정보의 이용 및 보호에 관한 법률)이 시행되었다. 이전에도 여러 차례 DNA법 제정이 시도되었지만, 여러 가지 이유들로 설립이 늦어졌다. 2006년에는 국무회의를 통과하고 법률안까지 만들어졌지만, 검경의 이해관계 충돌과 시민단체의 심한 반발 등으로 입법이 무산되기도 하였다. 2019년 현재 우리나라 범죄자 DNA 데이터베이스에는 지난 10여 년 동안 약 23만 명의 범죄자(구속 피의자 및 수형인 등) DNA 프로필이 수록되어 있다. 이 숫자는 외국의 다른 DNA 데이터베이스에 비해 너무 적은 수인데, 영국은 600만 명, 미국은 1500만 명 이상이다. 외국의 전문가들은 수록 대상 범죄의 유형을 확대하여 데이터베이스의 규모를 키워야 할 것이라고 조언하고 있다. 범죄자 DNA 데이터베이스 이외에 현재 우리나라에는 신원불상 변사자와 성인 실종자의 DNA 데이터베이스 설립을 위한 법률이 없다. 단지 2005년 만들어진 '실종 아동법(실종 아동 등의 보호 및 지원에 관한 법률)'만 있는 상태이며, 성인 실종자의 수색 및 신원확인을 위한 법적 근거가 없는 것이다. 선진국의 경우 '실종자법'으로 묶어 관리하고 있다. 관련 법률이 2015년 처음 만들어졌지만, 회기 만료로 자동 폐기되었고, 현재 새로운 법률이 국회에 계류 중이다. 조속한 법 통과가 필요한 시점이다.

DNA감식은 범인의 검거와 범행 입증에 막강한 위력을 발휘하지만 무고한 사람의 무죄 입증에도 큰 역할을 하고 있다. 최초의 DNA감식 사례가 용의자로 지목된 사람을 배제하는 데 사용되었다는 사실은 DNA감식의 또 다른 가치를 잘 보여주는 것이었다. 미국에서는 2000년부터 소위 '**결백 프로젝트**(Innocence Project, https://www.innocenceproject.org/)'를 운영해 지금까지 살인범을 포함한 300명 가까운 수형인들의 결백을 입증해 풀어주고 있는데, 주로 DNA감식이 일반적이지 않았던 1980년대에 목격자 증언 등으로 유죄를 선고받아 형을 살고 있던 사람들을 대상으로 하고 있다. 미국에서 결백 프로그램이 가능했던 이유는 사건 현장에서 수집된 증거물이 현재까지 잘 보존되어 있었기 때문이다. DNA의 구조를 밝혔던 제임스 왓슨 박사는 결백 프로그램에 대해 깊은 감명을 받았다고 이야기한 바 있다.

DNA감식은 법과학의 긴 역사에서 볼 때 가장 최근에 도입된 감정기법 중 하나이지만 법과학 분야 전체를 통틀어 가장 혁명적인 발전과 기여를 하고 있다고 평가되고 있다. 특히 첨단 과학기술 발전에 힘입어 최근 10년간 보여준 DNA감식 분야의 눈부신 발전은 실로 놀

랄만한 것이었다. 공상과학 영화 속에서만 볼 수 있었던 장면들이 실제 DNA감식 실험실에서 현실화되고 있으며, DNA감식 기법의 다양한 활용은 이미 우리 생활 속 깊숙이 자리 잡게 되었다. 범죄 수사와 관련된 개인 식별 혹은 신원확인(Individual Identification) 외에도 친자검사, 실종자 및 대량재난사고 희생자의 신원확인, 동식물 혹은 미생물의 종 식별(Species Identification), 인류유전학적(Human Genetics, Human Evolution), 고고학(Archaeology), 줄기세포 복제와 약물유전체학(Pharmacogenomics) 등 매우 다양한 분야에서 유용한 도구로 활용되고 있다. 초등학교 학생들이 과학시간에 루미놀(luminol)을 이용한 혈흔 찾기 실험을 하고 있으며, 많은 학생들이 미래의 법과학자를 꿈꾸고 있다. 급속히 발전하는 과학기술, 특히 생명공학 기술과 컴퓨터 기술 덕분에 DNA감식 분야도 비약적인 발전을 거듭하고 있다. 이미 현실화되고 있는 DNA감식 기술의 미래를 알아보고, 다가오는 미래를 대비할 필요가 있다.

**"아는 만큼 보이고, 보이는 만큼 얻는다."**는 말은 각종 사건 사고 현장에서 DNA감식의 대상이 되는 생물학적 시료를 찾고 채취하는 과학수사요원과 실험실에서 DNA감식 업무를 수행하는 법과학자들은 물론이고, 수사와 재판에 관련된 일에 종사하는 모든 사람들에게 적용될 것이다. 이 책은 법과학과 과학수사를 배우고 연구하는 학생들과 관련 분야 종사자들의 학습을 위해 만들어졌지만, 일반인들도 재미있고 쉽게 이해할 수 있도록 가능한 쉽게 설명하고자 하였다. 이 책의 구성은 먼저 첫 번째 장에서 DNA감식 대상이 되는 주요 증거물인 혈흔, 정액, 타액, 모발, 피부세포 등에 대해 알아본 후, 두 번째 장에서 DNA감식의 전 과정에 대해 궁금한 것을 질의하고 응답하는 방식으로 서술하였다. 세 번째 장에서는 최근 비약적인 발전을 거듭하고 있는 DNA감식 기술과 몇 가지 논쟁들에 대해 소개하였다.

## 목차

## ⑧ DNA감식의 기초 지식 _ 185



## ⑨ DNA감식의 표준, STR 분석 _ 197

## ⑮ 핵심 기술 – PCR 증폭 _ 278



## ⑯ 모세관 전기영동과 결과 분석 _ 290

## 제3장
# 성큼 다가온 미래 기술

제 1 장

# DNA 증거를 찾아라!

Curious D&A Story - Find DNA Evidence!

DNA감식 기술의 발전에도 불구하고, 성공적인 DNA감식은 올바른 현장 증거물의 채취와 정확한 검사에서 시작된다. 과거에는 분석이 어려웠던 시료들에서도 신뢰성 있는 DNA 프로필이 검출되고 있는데, 이와 같은 민감도의 향상은 필연적으로 오염의 문제를 동반하고 있어 이를 해결할 수 있는 시스템의 구축이 필요하게 되었다. 사건 현장에는 혈흔, 정액, 타액, 모발, 피부세포 등 다양한 종류의 생물학적 증거물들이 남아 있는데, 이를 얼마나 잘 찾고, 온전하고 오염되지 않게 수집하고 채취해서 DNA감식 실험실로 보내는가에 따라 DNA감식의 성패가 결정될 수 있다. 더구나 '국민참여재판'의 시행과 '증거재판주의'의 강화로 물적 증거의 채취 및 취급 과정이 더욱 중요해지고 있다. DNA감식이 무엇인지, 사건 현장에서 어떤 증거물이 중요한지 과학수사요원이 모르고 있다면 그 사건은 미제 사건으로 남게 될 가능성이 높다.

사건 현장에는 의외로 많은 생물학적 증거물이 남게 된다. 혈액의 백혈구, 정액의 정자세포, 모발의 모근, 타액의 구강상피세포, 땀 속의 피부세포, 그리고 다양한 인체 조직 등 우리 몸을 구성하는 거의 모든 세포의 핵 속에는 유전정보를 담고 있는 DNA(Deoxyribonucleic Acid)라는 고분자 물질이 들어 있다. DNA는 세포의 종류에 관계없이 모두 동일하며, 시간이 지나도 거의 변하지 않고 단백질 등 다른 인체 구성물에 비해 매우 안정된 특성을 가지고 있다. DNA를 가지고 있는 다양한 세포들과 이들이 묻을 수 있는 모든 물건이 DNA감식의 대상이 될 수 있다. 범죄의 현장이나 피해자와 용의자의 신체나 의류 등에는 매우 다양한 DNA 시료가 존재한다. 너무나 잘 알고 있는 것처럼 혈액, 정액, 타액은 대표적인 DNA 시료들이며, 분석 성공률도 비교적 높은 편이다. 그러나 눈으로 식별되지 않아도 DNA감식에 충분한 세포들이 함유된 DNA 시료들도 많다. 콘돔의 안쪽에서 정액이 검출되지 않더라도 표면에 붙어 있는 피부 상피세포로부터 남성의 DNA 프로필을 얻을 수 있으며, 콘돔의 바깥쪽에 묻은 피해자의 질 상피세포로부터 피해 여성의 DNA 프로필을 얻을 수 있다. 강간사건 현장의 침대보에서 정액이 발견되지 않더라도 범인의 음모나 기타 인체 분비물을 찾을 수 있으며, 범인이 남겨두고 간 의류의 피부 접촉 부분에서도 DNA 프로필을 확보할 수 있다. 범행 현장에서 수거된 칼은 칼날에 묻은 피해자의 혈액도 중요하지만, 칼 손잡이에서 범인의 DNA 프로필을 확보하는 것이 더욱 중요하다. 보이지 않는 곳도 볼 줄 아는 과학수사요원의 능력이 더욱 필요하게 되었다.

지금부터 DNA감식의 대상이 되는 생물학적 증거물을 유형별로 나누어 각각의 특성은 물론이고 탐색, 검사, 채취, 보관, 운송 등 증거물 취급 과정에서 발생할 수 있는 문제들을 실제 사례를 포함해 상세히 알아보고자 한다. 생물학적 증거물 종류에 따라 성공적인 DNA감식을 위해 반드시 지켜야 할 것이 무엇인지, 그리고 특별히 주의해야 할 점은 무엇인지 살펴보고자 한다. 수많은 사례 중에는 생물학적 증거물의 취급 부주의로 인해 DNA감식이 실패했거나 오염 등의 이유로 경제적, 시간적으로 막대한 자원을 낭비한 경우가 있었다. 사건 해결의 실마리가 될 수 있는 증거물을 찾지 못해 영원히 미제 사건이 되어버린 경우도 있고, 우연히 결정적인 증거를 찾아 뜻밖의 성과를 거두었던 사건도 있다. 생물학적 증거물은 찾는 것만으로 끝나는 것이 아니라 최상의 상태를 유지해 DNA감식 실험실로 전달되어야 한다.

겉으로 보이는 과학수사와 법과학의 화려한 발전 모습은 기본을 무시하면 한순간에 무너질 수 있다는 점을 명심해야 한다. 과학수사요원의 눈에 쉽게 보이는 증거물은 범인의 눈에도 똑같이 잘 보일 수 있기 때문에 치밀한 범죄자는 이를 지우려고 애쓸 것이다. 또한 인터넷과 방송매체의 발달로 어렵지 않게 범죄와 관련된 많은 정보를 얻을 수 있는 시대가 되었다. 완전범죄를 추구하는 범죄자라면 많은 노력을 들여 비교적 상세한 과학수사 기법을 알려고 할 것이다. 사건 현장의 과학수사요원과 실험실의 법과학자들은 고도로 지능화되고 있는 범죄자들과의 전쟁에서 승리하기 위해 예전보다 더 많은 노력을 기울여야 한다.

**첫 번째 DNA 증거물은 혈액(혈흔)이다.** 혈액은 용의자와 피해자를 연결시켜주고, 사건 현장을 재구성하며, 사망의 원인을 밝히는 데 매우 중요한 증거물이다. 이런 이유로 살인이나 강도 등 강력사건은 물론이고 단순 절도나 성폭력 사건에서도 혈액은 가장 가치 있는 증거물일 수밖에 없다. 사건 현장의 혈액은 먼저 혈액인지 아닌지를 검사하고, 사람의 혈액인지, 그리고 마지막으로 DNA감식을 통해 누구의 혈액인지 검사하게 된다. 더불어 얼마나 오래된 혈액인지가 중요한 경우도 있고, 혈흔형태분석을 통해 어떻게 형성된 혈흔인지 추론할 수 있다. 또한 혈액이나 혈흔 속의 독극물이나 알코올, 일산화탄소 등이 얼마나 들어 있는지도 분석할 수 있다. 기능이 향상된 잠재혈흔 검출 시약의 개발, 현장에서 적용 가능한 간편한 검사 시약의 보급으로 DNA감식 실험실에 의존했던 과거의 혈흔검사 방식을 탈피할 수 있게 되었다. 혈액은 다른 인체 분비물에 비해 부패 속도가 매우 빠르다. 그래서 토양 위에 떨어진 혈액이나 밀폐된 공간 속의 혈액은 상온에서도 급속히 부패가 진행되어 DNA감식이 불가능한 상태가 될 수 있다. 잠재혈흔을 찾기 위해 사용하는 루미놀 시약은 잘 쓰면 약이지만 잘못쓰면 독이 될 수 있다. 루미놀 시약은 사건 현장에서 지문현출 시약 다음으로 가장 많이 사용되는 검사 시약임에도 실재로는 과학수사요원들이 많은 오류를 범하는 것을 볼 수 있다.

**두 번째 DNA 증거물은 정액이다.** 정액은 강간을 비롯한 성폭력을 증명할 수 있는 가장 중요한 증거물이다. 여성 피해자의 질 내용물이나 의류 등에서 찾은 정액으로부터 가해 남성의 DNA 프로필을 확보하는 것이 핵심이다. 피해자의 질 내용물이 정액반응 양성인 경우라도 종종 가해 남성의 DNA 프로필이 피해 여성의 DNA 프로필과 혼합되어 나타나기 때문에 채취나 실험 과정이 매우 중요하며, 많은 주의가 필요하다. 의류에서는 정액이 부착된 위치도 중요하며, 콘돔에서도 안쪽과 바깥쪽 모두를 검사해야 한다. 선천적 혹은 후천적으로 정액 내에 정자가 들어 있지 않은 소위 '무정자증'인 남성들이 있다. 또한 정관수술을 받은 남성의 경우에도 정액 내에 정자가 발견되지 않는다. 정액반응은 양성인데, 남성의 DNA 프로필을 확보하기 어려운 증거물이 바로 이러한 경우에 해당된다. 일부 성범죄 사건에서는 증거물(가해자의 손, 의류 등)에서 여성의 질액 존재 여부가 사건의 정황을 판단하는 데 중요한 경우가 있다.

**세 번째 DNA 증거물은 타액이다.** 타액은 접촉 증거물과 함께 가장 많이 의뢰되는 증거물 중 하나다. 타액 증거물은 종류가 매우 다양한데, 타액이 묻을 수 있는 모든 물건들이 증거물이 될 수 있다. 담배꽁초는 가장 일반적인 타액 증거물이며, 종이컵이나 병, 캔 음료 등은 입을 대고 마시기 때문에 타액이 묻을 가능성이 매우 높은 증거물들이다. 범인이 착용했던 마스크나 복면에도 입술에 묻은 타액이 전이될 수 있으며, 수저나 빨대 등에서도 타액을 찾을 수 있다. 강간 등의 성범죄 사건에서도 피해자의 가슴 등에서 범인의 타액이 발견되는 경우가 많으며, 먹던 과일이나 사탕, 립스틱 등의 화장품, 칫솔, 이쑤시개, 물린 자국 등에서도 타액을 채취할 수 있다. 타액검사는 혈흔검사나 정액검사와 달리 확증검사 방법이 없기 때문에 타액반응 음성인 시료도 모두 DNA감식을 수행하게 된다.

**네 번째 DNA 증거물은 모발이다.** 모발은 크게 두모와 체모로 나눌 수 있다. 뽑힌 모발은 모근부가 붙어 있어 DNA감식 성공률이 매우 높지만, 자연적으로 탈락된 모발은 모근부에 세포가 거의 없어 좋은 결과를 얻기 어렵다. 모발 증거물은 형태나 길이, 색상, 휜 정도, 내부 수질부의 형태 등을 이용해 일차적으로 분류할 수 있지만 절대적이지는 않다. 교통사고 차량의 유리에 끼어 있는 모발이나 응고된 혈흔 등에 부착된 모발은 무리하게 뽑지 말고 그대로 DNA감식 실험실로 운송하는 것이 바람직하다. 모발은 종종 동물의 털이나 섬유와 혼동될 수 있는데, 돋보기나 현미경을 이용하면 식별할 수 있다. 성폭력 사건의 피해자 음부를 빗질하여 수거된 체모나 의류, 침구류 등에서 수거된 체모는 흰색 종이로 싸서 의뢰하는 것이 좋다. 마약 검사를 위해 채취된 모발은 추후 DNA감식을 통해 본인 확인을 해야 하는 경우가 있으므로 전량 소모하지 말고 남겨두는 것이 좋다.

**다섯 번째 DNA 증거물은 피부세포다.** DNA감식의 민감도가 높아짐에 따라 과거에는 분석이 불가능했던 미량 DNA 시료들(Trace DNA)의 의뢰가 급격히 증가하고 있다. 대표적인 미량 DNA 시료는 접촉 증거물인데, 사람의 피부와 접촉하여 피부 상피세포가 묻어 있는 증거물을 의미한다. 범인이 버리고 간 장갑이나 모자, 양말, 의류는 물론이고, 범행 도구의 손잡이, 차량의 핸들, 문손잡이 등 매우 다양한 물건들이 증거물이 될 수 있다. 접촉 증거물로부터 회수될 수 있는 DNA는 매우 소량이므로 채취, 보관, 운송은 물론이고, DNA감식 과정에서도 오염이나 유실에 각별한 주의를 기울여야 한다. 손으로 만진 접촉 증거물로부터는 지문을 감식할 수 있는데, 지문 현출에 사용되는 화학물질들이 DNA에 어떠한 영향을 미치는지에 대한 연구 결과를 참고해 어떤 지문현출 시약을 사용할지 우선순위를 정하는 것이 필요하다.

**마지막 여섯 번째 DNA 증거물은 뼈, 치아, 조직 등 신원불상 변사자 시료들이다.** 이 밖에도 소변, 대변, 그리고 기타 인체 분비물 등이 DNA 증거물로 의뢰될 수 있다. 심하게 부패한 사체, 심지어 백골의 사체가 발견되면 가장 먼저 해야 하는 일이 신원확인이다. 신원이 밝혀지면 범죄 피해, 자살, 사고 등 가능한 사망의 이유를 추정할 수 있다. 가장 일반적인 DNA감식 시료는 뼈와 치아, 늑연골이다. 이 밖에도 사건 현장에서 흔히 볼 수 있는 증거물은 아니지만 소변과 대변에서도 DNA 프로필을 얻을 수 있다. 마약사범의 경우에는 모발과 마찬가지로 소변에서 마약 성분을 검출하고, 본인의 소변인지 확인하기 위해 DNA감식을 의뢰하는 경우가 있다.

범죄가 발생한 장소를 '범죄 현장'이라고 하는데, 그곳에 누가 있었는지를 알려주는 것이 바로 증거물이다. 로카르의 원칙 – **모든 접촉은 흔적을 남긴다** – 에 따라 범죄자는 물체와 접촉하여 흔적을 남기게 된다. 그러나 사건 현장에서 즉시 찾아내지 못한 생물학적 증거물들은 시간이 지남에 따라 여러 가지 환경 요인이나 오염 등으로 인해 부패되고 파괴되어 증거로서의 가치를 잃게 된다. 범죄 현장 증거물은 크게 피해자의 신체와 범행 장소로 나눌 수 있다. 피해자는 증거물 채취 전까지 몸을 씻거나 옷을 갈아입는 등 어떤 것도 하지 않는 것이 좋다. 특히 성범죄의 경우에는 소변을 보거나 양치질을 하는 것도 좋지 않다. 피해자의 질 속에 남겨진 범인의 정액, 손톱에 부착되어 있던 범인의 피부세포, 그리고 피해자의 가슴에 남겨진 범인의 타액, 피해자의 음부에 남겨진 범인의 음모 등 범인의 DNA 프로필을 확보할 수 있는 결정적인 증거물들이 모두 사라져버릴 수 있기 때문이다. 과학수사요원은 물론이고 다른 사람들에 의한 접촉을 오염은 유발할 수 있으므로 반드시 개인보호장구(PPE, Personal Protective Equipments)를 착용해야 한다.

과학수사요원이라면 사건 현장에서 멸균수를 적신 면봉을 들고 어떤 물건을 닦아야 할지 막막했던 기억이 있을 것이다. 피해자는 기억을 되살려 범인과 관련된 모든 정보를 과학수사요원에게 제공해야 하는데, 예를 들면 사건 현장에서 범인이 접촉한 물건을 지목하는 것은 매우 중요한 단서가 될 수 있다. 범인이 버린 담배꽁초나 음료수병을 알고 있다면 수월하게 증거물을 수집할 수 있을 것이다. 범인이 손을 씻고 닦은 수건에서도 범인의 DNA를 얻을 수 있다. 이처럼 과학수사요원은 피해자나 사건 발생 장소에서 많은 가치 있는 DNA 시료를 찾아낼 수 있어야 한다. 범죄 현장에서 DNA 시료를 찾아내는 것은 순전히 과학수사요원 개인의 역량에 달려 있다는 점을 강조하고 싶다. 모든 사건이 똑같지 않기 때문에 획일적인 매뉴얼이 큰 도움이 되지는 않으며, 과학수사요원의 열정과 '반드시 범인의 DNA 증거를 찾겠다.'는 의지가 중요하다.

DNA 증거물의 탐색, 채취, 검사, 보관, 운송 등과 관련된 기법도 계속 발전하고 있으므로 항상 새로운 기법을 배우고 실제로 사용해보아야 한다. 범죄 현장에서는 침착하게 논리적으로 생각하는 시간을 갖는 것이 필요하다. 범인은 서두르기 때문에 실수를 하게 되어 무언가 증거를 남기기 쉽지만 과학수사요원은 그와 같은 실수를 해서는 안 되기 때문이다. 또한 독단적인 확신은 금물이다. 항상 다른 과학수사요원과 함께 의논하고 조언을 구하는 것이 좋다.

1

# 잘 쓰면 약이지만 잘못 쓰면 독이 되는 루미놀 시약

수많은 사건 현장 증거물 중에서 가장 중요하고 결정적인 증거물은 아마도 '혈흔'일 것이다. 피의자의 손톱이나 의류에서 피해자의 혈흔이 발견된다는 것은 피의자가 사건과 깊이 연관되어 있다는 의미이다. 2009년 세간을 뒤집어놓았던 경기 서남부 연쇄살인사건의 전모는 피의자 강호순의 점퍼에서 극미량의 혈흔이 발견되면서 밝혀지기 시작했다. 혈흔을 찾는 방법은 여러 가지가 있는데, 맨눈으로 식별이 되는 혈흔은 누구나 쉽게 찾을 수 있지만 눈으로 보이지 않을 정도로 작거나 세척된 혈흔은 쉽게 찾을 수 없다. 루미놀은 이와 같은 소위 '잠재혈흔'을 찾기 위해 개발된 시약이다. 혈흔의 탐색과 검출 방법에 대한 연구는 과학수사의 역사와 함께 지금도 계속되고 있다. 먼저 DNA 증거 중에서 가장 중요한 혈액 및 혈흔에 대한 기초 지식과 혈액형 검사, 혈흔 예비검사, 루미놀 검사, 그리고 인혈검사에 대해 알아보고 몇 가지 실제 사례를 중심으로 주의해야 할 점을 살펴보자.

## 혈액과 과학수사

혈흔은 용의자와 피해자를 연결시켜주고, 사건 현장을 재구성하며, 사망의 원인을 밝히는 데 매우 중요한 증거물이다. 사건 현장의 혈흔은 1) 혈액인지 아닌지, 2) 사람의 혈액인지, 3) 누구의 혈액인지, 4) 얼마나 오래된 혈액인지, 5) 어떻게 형성된 혈흔인지, 6) 어떤 물질이 혈액 속에 들어 있는지를 분석하게 된다. 혈액인지 아닌지와 사람의 혈액인지는 여러 가지 예비검사와 확증검사를 통해 알 수 있으며, 누구의 혈흔인지는 DNA감식을 통해 알 수 있고, 어떻게 형성된 혈흔인지는 혈흔형태분석을 통해, 그리고 혈액 속의 물질은 독극물이나 알코올 분석 등을 통해 알 수 있다. 혈액에 대한 연구는 법혈청학(Forensic Serology)에서 주로 다루어왔다. 1875년에야 사람마다 다른 혈액형을 가진다는 것을 알게 되었는데, 1901년에는 카를 란트슈타이너(Karl Landsteiner)에 의해 ABO 혈액형이 밝혀져 란트슈타이너는 노벨상까지 받게 되었으며, 이후로 150가지가 넘는 다양한 혈장 단백질과 250종 이상의 효소들이 분리되었다. 지금도 다양한 항원에 대한 연구가 진행되고 있다.

## 혈액의 조성과 혈액형

먼저 혈액의 조성을 알아보자. 혈액은 물, 세포, 효소, 단백질, 아미노산, 포도당, 호르몬, 유기 및 무기 물질들로 구성되어 있는 약알칼리성의 유동체로서 우리 몸을 순환하면서 영양분과 산소를 공급하고 노폐물을 제거하는 역할을 한다. 혈액은 평균적으로 체중의 8%를 차지하는데, 일반 성인 남성의 경우 약 5~6리터, 여성은 약 4~5리터의 혈액을 가지며, 이 중 58%는 정맥, 13%는 동맥, 나머지는 폐혈관, 심장, 그리고 모세혈관에 분포되어 있다. 혈액은 몸 전체를 순환하는데, 전체의 약 40% 이상을 잃게 되면 쇼크로 사망한다. 혈액 속의 세포는 적혈구(Red Blood Cell: Erythrocyte), 백혈구(White Blood Cell: Leukocyte), 그리고 혈소판(Platelet)의 세 가지로 나눌 수 있다. 응고되지 않은 혈액의 유동성 부분을 혈청(serum)이라고 하는데, 전체 혈액의 약 55%를 차지한다.

혈액의 세포들은 골수에서 생산(Hematopoiesis)되는데 처음에는 줄기세포(stem cell)로 시작하지만 림프절, 비장, 간으로 이동해 성숙 과정을 거친다. 적혈구는 세포막에 당단백질이 있어 이를 항원으로 혈액형을 검사할 수 있지만, 핵이 없어 DNA감식에 이용되지는 않는다. 예외적으로 조류 등 일부 생물은 적혈구에 핵을 가지고 있다. 적혈구는 전체 혈액 부피의 약 45%를 차지하며, 혈액 내 전체 세포의 99%를 차지한다. 적혈구는 디스크 모양을 하고 있으며, 철을 포함하는 헤모글로빈(Hemoglobin)이라는 단백질을 갖는데, 신체 내 97%의 산소와 결합해 우리 몸 구석구석에 산소를 전달하는 역할을 하고 있다. 동맥혈은 밝은 적색을 띠지만, 정맥혈은 어두운 적색을 띠는 이유는 산소와의 결합 여부에 따른 차이다. 적혈구의 수명은 약 120일 정도로 초당 200~300만 개가 계속 생산되고 있다. 또한 헤모글로빈은 페록시다아제(Peroxidase)와 유사한 활성을 가져 과산화수소를 깰 수 있다. 백혈구는 핵을 가지고 있어 DNA감식의 대상이 되며, 외부로부터 침입하는 세균 등을 방어하는 인체 면역 시스템의 일부이다. 또한 식균작용(Phagocytosis)을 통해 죽은 세포나 조직을 청소하는 역할도 수행하고 있으며, 다섯 가지 종류(Neutrophil, Eosinophil, Basophil, Monocyte, Lymphocyte)로 구분할 수 있다. 혈소판은 일정한 형태가 없는 무색이며, 상처 부위에서 혈액 응고 기능(Hemostasis)을 수행한다.

우리나라 사람들은 누구나 자신의 혈액형이 무엇인지 알고 있을 것이다. 심지어 공무원증의 뒷면에도 혈액형이 기록되어 있다. 가장 대표적 혈액형인 ABO식 혈액형은 DNA감식 기법이 개발되기 전에는 단백질형과 함께 개인 식별에 이용되었다. 필자도 입사 초기 몇 년 동안 혈액은 슬라이드 검사법을, 혈흔이나 타액, 정액, 모발 등은 해리-흡착 검사법을 이용해 ABO 혈액형을 검사했다. 인체 분비물에는 일반적으로 당단백질인 혈액형 물질(Blood group)이 존재하지만, 약 20% 정도의 사람은 소위 '비분비형'으로 혈액의 혈액형과 관계없이 O형처럼 반응한다. 물론 해리-흡착법에 의해 혈액형 검사는 법과학 실험실에서 사라진 지 오래되었지만, 수사 목적상(용의자 선별 등) 혈액형 검사가 필요한 경우에는 DNA 분석법을 이용하고 있다. 그러나 자신의 혈액형을 잘못 알고 있는 사람도 의외로 많다는 점을 명심해야 한다. 혈액형만으로 용의자를 배제하려다 사건을 미제로 만들 수 있다는 의미인데, 실제로 이러한 오류를 범한 경우가 몇 번 있었다. 기록상의 혈액형이 실제 혈액형과 다르거나 기억을 잘못하고 있는 사람들이 있기 때문이다. 과거 조사에 따르면, 군 훈련소에 입영한 약 33만 4,000명 중 본인이 알고 있는 혈액형과 실제의 혈액형이 다른 사람이 5.5%나 됐다. 또한 모 종합병원 헌혈자를 대상으로 조사한 바에 따르면 혈액형을 잘못 알고 있는 사람의 비율이 8.1%로 더 높게 나타났다. 우리나라 대부분의 성인은 학교나 군대에서 집단검사를 할 때 자신의 ABO식 혈액형을 처음 알게 되는데 이런 집단검사는 짧은 시간에 많은 사람을 대상으로 하기 때문에 검사 과정과 결과의 기록 및 전달 과정상에서 착오가 일어날 가능성이 있다.

## 맨눈으로 혈흔 찾기와 사건 현장 기록

사건 현장이나 피해자 혹은 용의자의 의류 또는 신발 등에서 맨눈으로 가장 먼저 찾을 수 있는 인체 시료는 빨간색의 혈흔이다. 혈흔은 고유의 색상을 가지고 있어 유사한 색상의 다른 이물질과 구분할 수 있다. 물론 예비검사를 수행해야 하고, 필요한 경우에는 인혈검사도 해야 한다. 혈흔의 부착 위치와 형태, 오래된 정도 등 관련 정보는 상세히 기록하고 스케치하거나 사진을 촬영해야 한다. 법정에서 가장 문제 되고 논란이 생기는 부분이 초기 사건 현장 증거물의 채취 과정이기 때문이다. 이를 위해 사건 현장은 증거물 채취가 끝날 때까지 철저히 출입이 통제되어야 한다. 혈흔이 발견된 사건 현장의 증거물에 대한 정보는 실험실에서 수행되는 DNA감식에도 큰 도움이 되기 때문에 증거물 의뢰 시 함께 송부하는 것이 좋다. 또한 혈흔의 양, 부착 재질 등에 따라 현장에서 채취하는 것이 좋은지, 실험실로 송부하는 것이 좋은지에 대한 판단도 중요하다. 실험실과 범죄 현장의 과학수사요원 사이에 긴밀한 커뮤니케이션이 필요하다.

## 대표적인 혈흔 예비검사법: LMG 시험법

혈흔으로 의심되는 흔적을 찾으면 우선 예비검사를 시행하게 되는데, LMG(4,4′-benzylidenebis(N,N-dimethylaniline))를 이용해 혈흔의 페록시다아제(Peroxidase) 활성을 검사하는 방법이 가장 일반적이다. 혈흔 예비검사는 기본적으로 화학물질의 산화-환원 반응에 기초하고 있는데, 환원 상태의 화학물질이 산화되면 무색에서 청색 등으로 색이 변하게 된다. 즉 혈액 내 적혈구에 존재하는 헤모글로빈의 헴(Heme)은 페록시다아제와 유사한 활성을 가져 과산화수소(Hydrogen Peroxide($H_2O_2$))로부터 하이드록실기(OH-)를 생성시키며, 불안정한 OH-는 LMG의 수소분자(H+)와 반응해 색의 변화를 유발한다. LMG 시험을 위해 두 가지의 용액을 제조하는데, 먼저 첫 번째 용액인 LMG 용액은 LMG 1g + 아세트산(Acetic acid) 100mL + 증류수 150mL를 섞어 제조하며, 두 번째 용액인 3% $H_2O_2$는 30%의 $H_2O_2$ 원액을 증류수로 1/10 희석해 만든다. LMG 시험은 다음의 순서로 진행한다. 1) 먼저 증거물에서 혈흔 의심 부위를 가위로 오리거나, 생리식염수를 적신

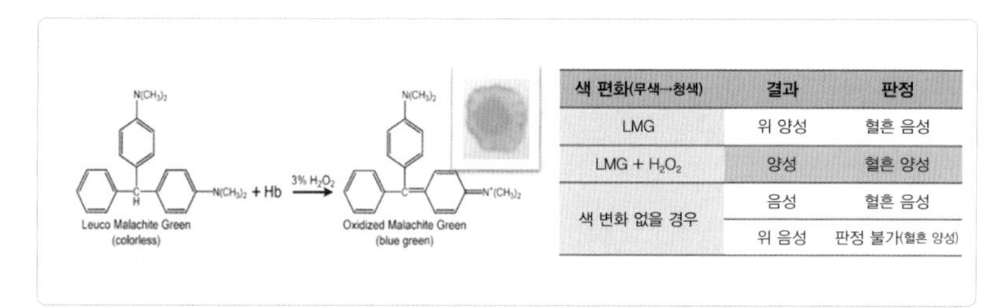


| 색 편화(무색→청색) | 결과 | 판정 |
|---|---|---|
| LMG | 위 양성 | 혈흔 음성 |
| LMG + $H_2O_2$ | 양성 | 혈흔 양성 |
| 색 변화 없을 경우 | 음성 | 혈흔 음성 |
| | 위 음성 | 판정 불가(혈흔 양성) |

LMG 시험의 원리 및 결과 판정

면봉으로 닦아 거름종이 위에 올려놓는다. 2) LMG 용액을 한두 방울 떨어뜨리고 5초 정도 색 변화를 관찰하는데, 이때 청색으로 변하게 되면 위양성(False Positive)으로 판정한다. 녹과 같은 화학적 산화물질이 존재하거나, 페록시다아제 활성을 갖는 채소 등은 청색으로 변할 수 있다. 3) 두 번째 용액인 3% $H_2O_2$를 한두 방울 떨어뜨렸을 때 10초 이내에 청색으로 변하게 되면 혈흔반응 양성으로 판정하게 된다. LMG 시약의 민감도는 약 1/5,000 정도다.

LMG 시약은 상온에서 비교적 안정하지만, 빛을 차단할 수 있는 용기에 담아 냉장 보관하는 것이 더욱 좋다. LMG와 반응하여 위양성 반응을 나타내는 물질로는 페록시다아제 활성을 갖는 식물이나 2가 양이온을 갖는 구리 등이 대표적이다. LMG 시험법은 혈흔 예비검사이므로 양성 반응이 곧 혈흔의 존재를 의미하는 것은 아니다. 혈흔 여부를 확증하기 위해서는 다카야마(Hemochromogen) 검사를 수행해야 하며, 동물의 피와 사람의 피를 구별하기 위해서는 ABA card Hematrace 혹은 FOB(Fecal Occult Blood: 분변 잠혈) 진단 키트를 이용한 '인혈검사'를 수행해야 한다. 그러나 혈흔의 양이 매우 적은 경우에는 무리하게 인혈검사를 수행하지 않는 것이 좋다. DNA감식 자체가 확증검사의 역할을 한다. 또한 LMG 시약은 DNA에 영향을 주기 때문에 DNA감식에 이용할 혈흔에 직접 처리하지 말아야 한다.

LMG 이외에도 **페놀프탈레인**(Kastle-Meyer), TMB(Tetramethyl-benzidine), **벤지딘**(Benzidine), Ortho-tolidine, Ortho-toluidine 등의 화학물질들이 혈흔 예비검사에 이용되고 있다. 사건 현장에서 직접 사용하기에는 TMB가 부착되어 있는 **'헤마스틱스**(Hemastix)' 제품을 사용하는 것이 편리한데, 노란색이 녹색이나 청색으로 변하면 양성으로 판정한다. 헤마스틱스는 별도의 시약을 준비할 필요가 없으며, 상온에서 1년 정도 보관 가능할 정도로 매우 안정되고 민감도가 매우 높은 장점도 가지고 있다. 범죄 현장에서의 혈흔 예비검사는 과학수사요원이라면 누구나 수행할 수 있어야 한다.

## 눈에 보이지 않는 혈흔을 찾는 마법 시약 루미놀

루미놀은 과학수사요원들이 범죄 현장에서 가장 많이 사용하는 혈흔 검출 시약일 것이다. 먼저 육안으로 색깔이나 성상을 관찰해 혈흔 의심 흔적을 찾거나 가변광원기(ALS: Alternate Light Source) 혹은 법광원(FLS: Forensic Light Source)을 사용하기도 한다. 만약 육안이나 가변광원기로 혈흔을 찾지 못하면 루미놀 검사를 수행한다. 지금은 성능이 개선된 루미놀 제형인 **'블루스타**(Bluestar)' 제품을 일반적으로 사용하고 있다. 루미놀을 분무한 후 혈흔과 반응해 발생하는 형광이 발견되면, 이 부위를 면봉으로 채취해 거름종이에 찍고 LMG(Leuco-Malachite Green) 시험으로 재차 혈흔 여부를 검사한다. 혈액 내 적혈구 막의 헤모글로빈에 포함되어 있는 철(Iron)은 루미놀과 $H_2O_2$ 사이의 산화반응(화학발광: Chemiluminescence)을 촉진하는 촉매의 역할을 한다. 즉 루미놀이 질소와 수소를 잃고 산소를 얻어 3-aminophothalate(3-APA)를 생성하는데, 3-APA의 산소 원자에 있는 전자들이 높은 에너지 준위로 올라갔다가 재빨리 원래의 낮은 에너지 준위로 떨어지는 과정에서 발생하는 에너지 차이가 빛 광자(light photon)의 형태로 발생하게 되는 것이다. 루미놀의 형광반응 반감시간은 20~40초 사이이므로 연속적인 분사를 통해 혈흔의 위치를 파악하고 최대한 빠른 시간에 채취해야 한다. 루미놀은 상온에서 노란색을 띠는 가루인데, 빛에 민감하며 약 8~12시간 동안만 안정하다. 루미놀 용액은 루미놀 1g과 탄산나트륨(Sodium Carbonate) 50g을 1L 증류수에 넣고 녹인 후, 30% $H_2O_2$ 150mL를 첨가해 만드는데, 보존기간이 짧기 때문에 사용할 때마다 신선하게 만들어서 사용해야 한다.

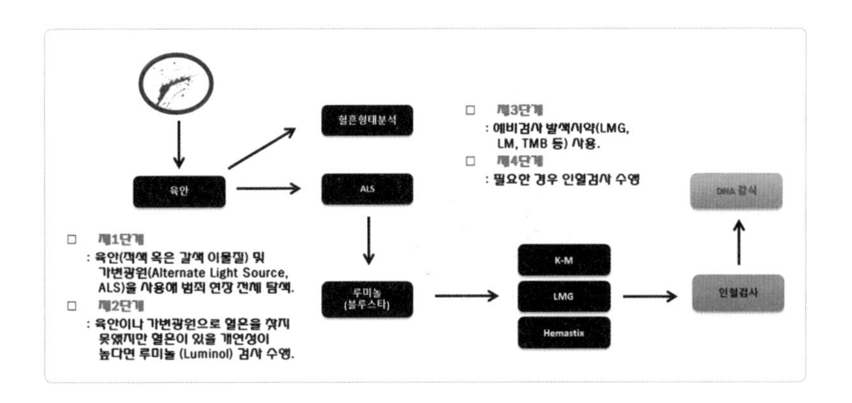

루미놀 시약을 증거물에 분사하기 전에 반드시 표준 혈흔에 분사해 활성을 미리 확인해야 한다. 루미놀은 약 1/1,000,000 이상 희석된 혈흔도 찾을 수 있을 정도로 민감도가 높지만, 위양성 반응도 매우 많다. 특히 구리와 반응성이 높은데, 의류의 지퍼나 자동차 하부의 금속관에서 혈흔을 찾을 때는 주의해야 한다. 루미놀은 액체 상태이기 때문에 칼날 등 매끈한 면에 분사하면 흘러내릴 수 있다는 점도 염두에 두어야 한다. 예를 들어 칼날에 혈흔이 묻어 있는지 궁금하다면, 루미놀을 분사하는 것보다는 멸균수를 적신 면봉으로 닦아 LMG 시험을 하는 것이 좋다. 루미놀에 의해 혈흔이 희석되거나 심지어 흘러 없어져버릴 수 있기 때문이다. 블루스타를 포함해 루미놀 시약은 DNA에도 거의 영향을 미치지 않기 때문에 혈흔에 직접 처리할 수 있는 유일한 예비검사 시약이다. 루미놀 시약은 실험실에서 제조할 수 있지만 민감도와 발광 강도 및 지속시간이 개선된 블루스타 시약을 구매해 사용하는 것이 좋다. 시판되는 블루스타는 몇 가지 제형으로 구분되는데, 교육용으로 판매되는 제형은 DNA를 파괴하기 때문에 실제 증거물에 사

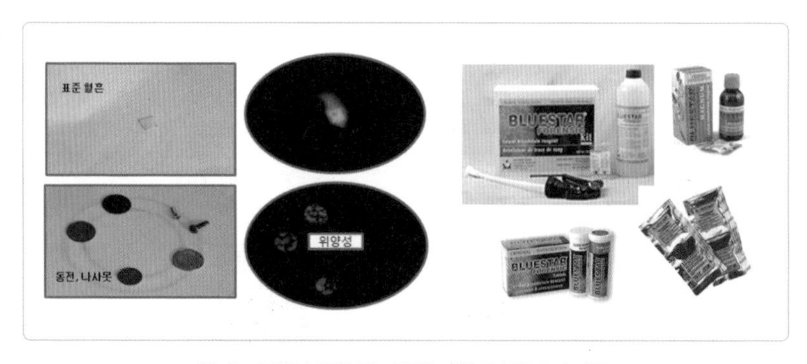


루미놀 위양성 반응 및 다양한 제형의 블루스타 제품

용해서는 안 된다는 점도 유의해야 한다. 블루스타 용액은 두 가지 알약 형태의 시약을 증류수 125mL에 완전히 녹여 만들 수 있다.

루미놀 시약을 넣고 분사하는 스프레이는 균일한 크기의 방울이 분사될 수 있는 제품을 선택해야 한다. 루미놀 시약을 안개처럼 미세한 크기로 만들어 지속적으로 분사시켜주는 스프레이 장치를 사용하는 것이 좋다. 루미놀은 대상물과 약 50cm 정도의 거리를 두고 분사해야 한다. 루미놀 시험 중에는 과학수사요원의 안전을 위해 반드시 마스크를 비롯한 개인보호장구를 착용해야 하며, 특히 호흡기나 눈에 들어가

한국법과학회지 제10권 제2호 (2009)
Korean Journal of Forensic Science, Vol.10, No.2, 63~67 (2009)

**혈흔예비검사 및 잠재혈흔 검출 시약의 민감도, 특이성 및 유전자감식에 미치는 영향**

임시근, 곽경돈, 문상옥, 이원해, 최동호, 한면수†
국립과학수사연구소 법의학부 유전자분석과

**Sensitivity and Specificity of Bloodstain Identification Reagents and their Effects on DNA Typing**

Si-Keun Lim, Kyoung-Don Kwak, Sang-Ok Moon, Won-Hea Lee, Dong-Ho Choi, Myun-Soo Han†

**Abstract** - Sensitivity, specificity and effect on DNA typing of several bloodstain identification reagents were verified in this study. TMB(Tetramethyl Benzidine) showed the highest sensitivity on bloodstain but the false positive reaction was also higher than other reagents such as PT(Phenolphthalein), LMG(Leuco-Malichite Green) and LM(Leuco-Malichite). As a result, LMG and LM were chosen considering of sensitivity and specificity. All the preliminary bloodstain test reagents(TMB, PT, LMG, LM) were shown to affect DNA purification, ultimately STR typing. BLUESTAR and luminol reagents which were used for searching latent bloodstain were shown to have little effect on DNA typing.

**Keywords** : bloodstain, idenfitication, TMB, LMG, LM, PT, luminol, bluestar, hemastix, sensitivity, specificity, DNA quantification

참고문헌: 한국법과학회지 2009, 10(2):63-67

지 않도록 조심해야 한다.

## 동물의 피? 사람의 피?

루미놀로 찾은 혈흔의 양이 충분하고 사건 정황상 사람의 피가 아닐 수도 있는 경우에는 인혈검사를 실시한다. 혈흔검사에 너무 많은 시료를 소모하면 정작 중요한 DNA감식 시료가 부족할 수 있기 때문에 인혈검사는 생략하는 것이 일반적이다. 인혈검사 방법은 피리딘(Pyridine)을 이용해 크리스털 형성을 관찰하는 '다카야마 검사(Takayama test)'와 항원-항체 반응에 기초한 'Ouchterlony Precipitin test'가 일반적으로 사용되어왔는데, 최근에는 사람 헤모글로빈의 단클론항체를 이용한 신속 검사 키트가 개발되어 사용되고 있다.

신속 인혈검사 키트는 면역 크로마토그래피 방법(Immunochromatographic sandwich capture method)을 이용하여 헤모글로빈 농도가 50ng/mL 이상인 경우 검출될 수 있도록 고안되었다. 검사용 디바이스는 플라스틱 카세트 외부에 타원형의 검사용액 점적 부위(S)가 있고, 직사각형 표시창에 대조선(C)과 검사선(T) 위치가 표시되어 있으며, 대조선과 검사선 밴드의 현출에 따라 음성과 양성으로 판정한다. 일선 과학수사요원 중에는 사건 현장에서 LMG 시험을 생략하고 곧바로 인혈검사 키트를 사용하는 경우가 있는데, 이는 비용의 낭비는 물론이고 혈흔검사에 너무 많은 시료를 소모해 DNA감식을 위한 시료가 부족한 결과를 초래할 수 있다. 사람의 혈흔인지 알아야 할 필요가 있는 경우

ANALYTICAL SCIENCE & TECHNOLOGY
Vol.17, No.3, 211-216, 2004
Printed in the Republic of Korea

# 신속 FOB(분변 잠혈) 검사 키트를 이용한 혈흔 검출 및 인혈 검사

임시근* · 박기원 · 최상규
국립과학수사연구소 생물학과
(2004. 3. 9 접수, 2004. 5. 14 승인)

## Identification of human blood using Rapid FOB (Fecal Occult Blood) Test Kit

Si Keun Lim*, Ki Won Park and Sang Kyu Choi
*Division of Biology, National Institute of Scientific Investigation*
*331-1, Shinwol 7-dong, Yangchun-gu, Seoul, 158-707, Korea*
(Received Mar. 9, 2004, Accepted May. 14, 2004)

---

**요 약** : 본 연구는 분변 잠혈 검출 키트 (one-step FOB(Fecal Occult Blood) kit)가 법생물학적으로 매우 중요한 혈흔 검출 및 사람 혈흔 판정에 적용 가능한지 알아보고자 하였다. 먼저 FOB 키트의 민감도를 결정하고 기존의 혈흔 검사법인 LMG 검사와 비교한 결과 1,000,000배 희석된 혈액까지도 검출 되었는데 이는 LMG 검사에 비해 약100배 정도 예민한 것이었다. 다른 동물 혈액에 대한 교차 반응 여부를 실험한 결과 FOB 키트는 사람의 혈액과만 반응하여 높은 특이성을 보여주었다. 또한 혈액의 보관 온도 및 경과 시간의 영향, 고온 처리의 영향을 알아보았으며, LMG 및 Luminol 시약의 영향에 대해서도 실험하였다. 사람 혈액 특이 항원은 매우 높은 안정성을 보여주었으며, 전통적인 혈흔 검사 시약인 LMG 및 Luminol에 대해서도 영향을 받지 않았다. 따라서 FOB 키트는 LMG 검사 및 Luminol 검사와 병행하여 사용하면 보다 신속하고 정확하게 사람 혈흔 여부를 판정할 수 있어 법과학 실험실에서는 물론 사건 현장에서의 혈흔 검사에 크게 기여할 수 있을 것으로 사료된다.

**Abstract** : Commercial one-step rapid fecal occult blood (FOB) kit which was used as a screening test to detect traces of blood in stool samples was evaluated for the feasibility of the forensic identification of human blood. The sensitivity was determined and compared with the conventional Leucomalichite green (LMG) method. In addition, the specificity of the kit and the effects of various chemicals and environmental factors were examined. FOB kit was specific for human hemoglobin and more sensitive than LMG test (approximately 100 times). FOB kit showed positive band using at least 1,000,000-fold diluted human blood. The antigen was very stable regardless of storage temperature and boiling. The positive reaction was not affected by LMG and Luminol, the traditional tests for identification of

---

참고문헌: 분석과학 2004, 17(3):211–216〉

에만 한정해서 인혈검사를 수행해야 한다.

## 혈흔과 마약 검사

마약 수사에서 가장 중요한 증거물 중 하나는 마약을 투약한 주사기다. 마약 투약자로부터 혹은 마약 투약 현장에서 수거된 주사기는 주사기 내부에서 필로폰 등의 마약 성분을 분석하며, 주사기 바늘 내에 남아 있는 혈흔은 DNA감식을 통해 피의자와 일치 여부를 검사한다. 주사기 바늘 속에는 눈으로 볼 수 없지만 미량의 혈액이 들어 있는데, 멸균수로 씻어내는 등의 방법을 통해 채취할 수 있다. 마약 피의자들은 다른 사건과 관련성이 높은 편이며, 이러한 이유로 2010년 제정된 DNA 데이터베이스 법률에서도 11개 주요 대상 범죄에 포함되어 있다. 마약 주사기는 취급에 주의해야 한다. 부주의로 과학수사요원이나 실험자 모두 날카로운 주사기 바늘에 찔리지 않도록 각별히 조심해야 한다.

## 혈흔형태분석

범죄 현장이나 피해자 및 용의자의 의류 등에 남겨진 혈흔의 형태를 분석해 '사건을 재구성'하는 분야가 혈흔형태분석(Blood Pattern Analysis)이다. 즉 혈흔의 모양, 크기, 방향을 분석하면 범행 도구나 용의자의 움직임 등에 관한 다양한 정보를 얻을 수 있다. DNA감식은 혈흔형태분석과 상호 보완적인 관계에 있다. 혈흔의 형태를 분석해서 사건 현장에 남겨진 수많은 혈흔들을 그룹화해 DNA감식의 물적, 시간적 낭비를 줄일 수 있으며, DNA감식을 통해 보다 정확한 사건 재구성이 가능하기 때문이다. 루미놀 시약을 이용한 혈흔 탐색은 혈흔형태 분석에도 큰 역할을 하고 있다. 루미놀로 찾은 혈흔들의 형태나 위치로부터 범인 혹은 피해자의 이동 경로를 알 수 있기 때문이다. 그러나 혈흔의 형태를 유지하거나 형태를 증강시키기 위해 루미놀 혹은 LCV 등의 혈흔검사 시약에 5-설포살리실산(sulfosalicylic acid) 같은 고형제(Fixer)를 첨가하는 경우가 있는데, DNA에 좋지 않은 영향을 줄 수 있기 때문에 사용 전 충분한 검토가 필요하다. 이러한 경우에는 DNA감식을 위해 면봉으로 따로 채취해놓고, 고형제가 첨가된 혈흔검사 시약을 처리하는 것이 바람직하다.

## 차량 혈흔과 루미놀

교통사고를 내고 도주한 뺑소니 차량의 외부나 차체 하부에서 피해자의 혈흔을 찾는 것은 매우 중요하다. 또한 차량을 이용해 시체를 이동하거나 유기한 경우에는 차량의 내부나 트렁크에서 혈흔을 찾게 된다. 차량에서 혈흔을 찾는 것은 쉽지 않은 일인데, 범인이 차량을 세차하거나 사건 발생 후 장시간 운행하여 자연적으로 씻기는 경우도 발생할 수 있다. 사건과 관련 없는 동물 등의 혈흔이 차량에 묻을 수 있으며, 혈흔검사에서 위양성을 유발하는 다양한 물질들이 존재할 수 있다. 먼저 육안 검사를 통해 혈흔 의심 물질을 찾아서 LMG 검사를 수행하며, 육안으로 식별이 어려운 경우에는 빛을 차단한 상태에서 루미놀 검사를 시행하게 된다. 루미놀 검사는 특히 구리 등과 강한 위양성 반응을 보이므로 반드시 LMG 검사를 통해 추가적으로 혈흔 여부를 검사해야 한다. 동물의 피로 의심이 가고 혈흔의 양이 충분하다면 FOB 키트 등을 이용해 인혈검사를 수행한다. 어두운 상황에서 차량 하부에 루미놀을 분사해야 하므로 보호 헬멧을 착용하는 것이 좋으며, 환기가 잘되지 않는 상황에서는 방진 마스크를 착용해야 한다. 대형 트럭이나 버스 등 차체가 큰 차량의 루미놀 검사를 위해서는 별도의 특수 시설이 필요한데, 안타깝게도 국립과학수사연구원이나 경찰관서에도 이러한 시설이 만들어져 있지 않아 인근의 자동차 검사소나 정비 공장을 이용하고 있다. 뺑소니 차량의 혈흔검사를 위해서는 담당 경찰 등 수사 관계자로부터 충격 추정 부위 등에 대한 정보를 얻는 것도 중요하다. CCTV에 사고 장면이 찍힌 경우에는 이를 토대로 충격 부위 등을 추정해 혈흔검사의 범위를 좁힐 수 있다.

## 연쇄살인사건의 전모를 밝힌 혈흔 한 방울

2004년과 2006년 세상에 모습을 드러낸 연쇄살인범 유영철과 정남규에 이어 2009년 사람들은 또 한 명의 연쇄살인범 강호순에게 경악할 수밖에 없었다. 2006년 12월부터 2008년 11월까지 경기 서남부 일대에서 여섯 명의 여성들이 차례로 실종되었는데, 나이나 직업이 다양해 서로 연관성을 짓지 못하고 있었다. 국립과학수사연구원(국과수) 당시 유전자분석과에서는 실종된 여성들이 평상시 사용해왔던 생활용품과 직계 가족들의 대조시료로부터 실종자들의 DNA 프로필을 확보해놓았다. 2008년 12월 군포에서 여대생 A양이 실종되었고 몇 시간 후 A양의 신용카드로 현금이 인출되었는데, CCTV에 찍힌 범인은 가발과 마스크를 쓰고 있어 얼굴을 식별할 수 없었다. 그러나 차량 이동 경로상의 CCTV 분석과 끈질긴 탐문수사를 통해 강호순을 용의자로 체포하게 되었으며, 범행에 대한 자백을 받을 수 있었다. 강호순의 집과 트럭에 대한 감식을 통해 수십 점의 증거물이 국과수로 추가 의뢰되었는데, 이 중에는 강호순의 리베로 트럭에서 수거된 검은색 점퍼가 포함되어 있었다. 점퍼는 육안으로는 어떤 흔적도 발견할 수 없을 정도로 깨끗했지만, 루미놀 검사를 하니 우측 소매 끝부분에서 미량의 혈흔을 찾을 수 있었다. 점퍼의 색깔이 검정이 아니었다면 강호순도 그냥 두지 않았을 혈흔이었다. 혈흔의 DNA감식 결과는 지금 돌

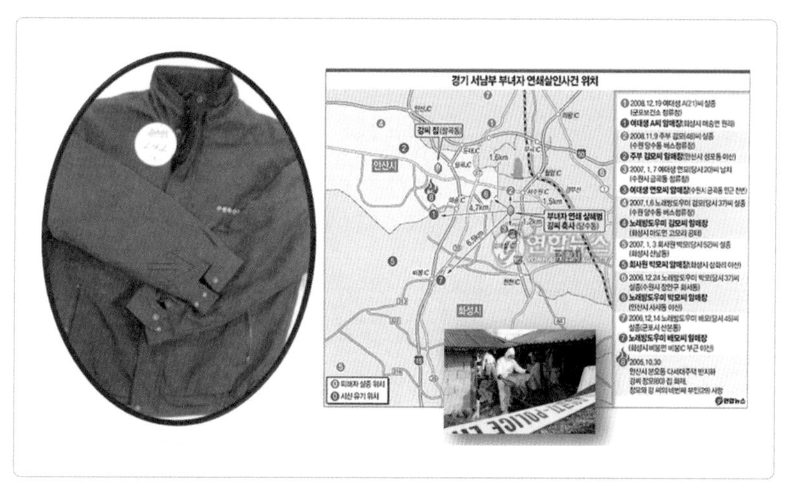


혈흔이 검출된 강호순의 점퍼 및 경기 서남부 연쇄살인사건 현황

이켜보아도 소름 끼치는 것이었다. A양의 DNA 프로필이 아닌 그 전에 실종되었던 여성 중 한 명의 DNA 프로필이었던 것이다. 연쇄살인이 세상에 밝혀지는 순간이었다. 강호순은 DNA감식에 대해 잘 알고 있었는데, A양을 살해한 후에도 손끝을 모두 잘라내고 범행에 사용했던 에쿠스와 무쏘 차량도 불태워버리는 등 자신의 지문이나 인체 분비물을 남기지 않으려 노력했다. 완전범죄를 꿈꾸었던 강호순도 점퍼에 묻어 있던 아주 작은 혈흔까지 지울 수는 없었던 것이다. 수많은 증거물 속에서 1ng(나노그램)도 안 되는 혈흔을 찾는다는 것은 끈기와 인내를 요구하는 작업이다. 그러나 그러한 노력의 대가는 사건 해결과 범인 검거라는 충분한 보상으로 돌아온다.

## 80일 만에 발견된 차량 트렁크의 혈흔

2007년 크리스마스에 경기도 안양에서 두 명의 초등학교 여학생이 실종되었다. 대대적인 수색 작업과 수사에도 불구하고 이들의 행방은 오리무중이었다. 실종 후 77일이 지난 2008년 3월 11일 경기도 수원의 야산에서 실종되었던 두 명 중 한 명인 이혜진 양이 토막 시신으로 발견되면서 수사는 다시 시작되었다. 범인이 렌터카를 이용하였을 것으로 판단해 실종 당일을 전후해 렌터카를 빌린 사람들을 조사하던 중 이혜진 양의 집에서 130m밖에 떨어지지 않은 지하 셋방에서 살고 있던 정모 씨가 유력한 용의자로 떠올랐다. 3월 14일 정모 씨가 렌트하였던 EF소나타 차량의 트렁크에 대한 루미놀 검사가 시행되었고,

이혜진 양 및 우예슬 양과 일치하는 혈흔이 발견되었다. 용의자 정모 씨는 처음부터 범행을 부인해왔으며, 실종 당일의 알리바이까지 준비했고 렌트 차량은 대리기사가 운전하였다고 진술했지만, 렌트 차량의 트렁크에서 실종된 두 여자아이들의 혈흔이 검출되었다는 DNA감식 결과 앞에서는 무릎을 꿇을 수밖에 없었다. 이웃집의 평범한 아저씨가 범인이었던 것이다. 혈흔을 비롯한 생체 시료들은 부패에 매우 취약하지만 잘 말려진 상태라면 상당히 오랜 시간이 흘러도 검출이 가능하다. 눈에 보이지 않는 혈흔을 찾아낼 수 있는 루미놀 시약이 없었다면 영원히 미궁으로 빠질 수 있었던 사건이었다.

## 살인범도 몰랐던 커터칼날의 혈흔

2012년 7월 경남 통영의 한적한 시골 마을에서 열 살의 한아름 양이 등굣길에 실종되었다. 그리고 이틀 뒤 한 양의 휴대전화가 도로변 하수구에서 발견되었고 경찰은 실종 아동 공개수배 프로그램인 앰버 경고를 발령했다. 실종된 한 양의 집 근처에는 성폭력 전과가 있는 김모 씨가 살고 있었지만 성범죄자 관리 대상에서 제외된 상태였다. 김모 씨는 태연하게 방송사와 인터뷰도 하였고, 거짓말 탐지검사도 예정되어 있었다. 김모 씨에 대한 조사가 시작되었고, 그의 트럭에 대한 루미놀 검사에서 미량의 혈흔이 묻은 커터칼이 발견되었다. 그러나 김모 씨는 이미 도주해버렸는데, 과거 2005년에도 DNA감식에 의해 검거되어 복역한 경력이 있었기 때문이었다. 칼과 같은 매끈한 물건에 대한 루미놀 검사는 매우 조심해야 한다. 루미놀 시약은 액체이기 때문에 매끈한 표면에 분사되면 혈흔과 섞여 흘러버릴 수 있기 때문이다. 감정 의뢰되었던 커터칼의 경우에도 칼 표면에서는 혈흔이 희석되어 거의 남지 않았고, 커터칼의 내부 안쪽에서 혈흔반응이 더욱 강하게 나타났다. 자칫 혈흔은 찾았지만 정작 중요한 DNA감식은 불가능할 수도 있었다. 이러한 경우에는 멸균수를 적신 면봉으로 커터칼의 칼날과 안쪽부분을 꼼꼼히 닦아 LMG 검사를 시행하는 것이 더 좋다. 루미놀 검사는 면적이 넓은 곳이나 물건에 적용하는 방법이다.

## 범인의 혈흔을 찾아라

2012년 8월 부산 동래구의 한 호프 주점에서 여주인과 여종업원이 피를 흘린 채 사망한 사건이 발생했다. 범인은 CCTV를 떼어가고, 자신의 흔적을 지우기 위해 장시간 노력하였다. 사건 현장의 테이블 위 재떨이에는 맥주에 잠긴 담배꽁초가 남아 있었는데 DNA감식 결과 남성의 DNA 프로필이 확보되었다. 그러나 담배꽁초는 살인 입증이 어려운 증거물이었다. 이후 수차례에 걸쳐 다양한 현장 증거물과 다수의 혈흔, 그리고 담배꽁초에서 확보된 남성 DNA 프로필과의 대조를 위한 용의자들의 구강채취 면봉이 감정 의뢰되었지만, 별다른 진전은 없었다. 여섯 번째 의뢰 증거물은 현장에서 수거된 피해자의 후드티였는데, 바깥쪽에서 다수의 작은 혈흔들이 식별되었고 특별히 안쪽의 라벨에서 혈흔 한 점이 발견되었다. 형태학적으로 범인의 혈흔이라 의심되었는데, DNA감식 결과 담배꽁초에서 이미 확보되었던 DNA 프로필과 동일하였으며, 더구나 함께 의뢰된 용의자 이모 씨와도 일치되어 수사본부에서는 그가 범인임을 확신하게 되었다. 용의자 이모 씨의 왼손 집게손가락에는 날카로운 물건에 베인 것으로 보이는 상처도 발견되었다. 의류와 같은 증거물은 무작정 루미놀부터 뿌리는 경우가 많은데, 꼼꼼히 살펴보면 육안으로도 혈흔을 식별할 수 있는 경우가 많다. 이 사건에서는 혈족흔 위에 남겨졌던 후드티가 뒤늦게 의뢰되었는데, 사건 현장과 증거물에 대해 좀 더 세밀하게 관찰하였다면 초기에 의뢰할 수 있었을 것이다.

## 쉽게 지워지지 않는 혈흔

혈흔을 남기지 않으려는 범인의 노력에도 불구하고 쉽게 지워지지 않는 혈흔이 있다. 다공성(porous) 재질을 갖는 부위나 물건들인데, 나무 재질이나 타일의 사이 부분, 의류나 신발의 박음질 부분 등이 대표적이다. 이런 것들은 혈액을 흡수하는 성질이 있어 닦아내거나 세척해도 쉽게 지워지지 않고 오랜 시간이 지나도 남아 있을 가능성이 높다. 2012년 발생한 경남 고성의 살인사건에서는 범인이 자신의 축구화에 묻은 혈흔을 없애기 위해 신발 전문 세탁소에서 두 번에 걸쳐 세탁하였다. 그러나 겉으로는 깨끗해 보이는 축구화의 실밥 속에는 DNA감식에 충분한 양의 혈흔이 남아 있었다.

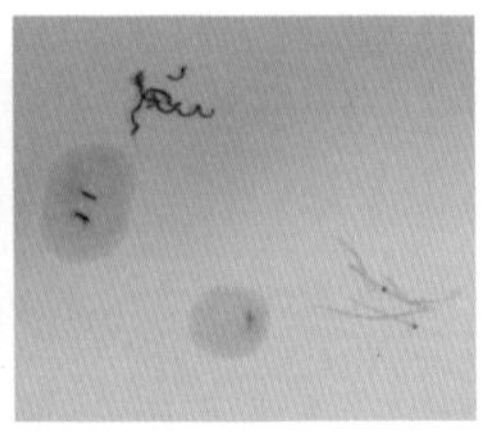

세탁된 축구화에서 검출된 혈흔

반대로 비닐이나 플라스틱, 금속 등 비다공성(non-porous) 재질에 묻은 혈흔은 오랫동안 남아 있지 않으며 지우기 쉽다. 또한 비다공성 재질의 혈흔에 루미놀을 분사하게 되면 혈흔이 흘러내려 형태가 망가지고 혈흔이 완전히 씻겨 나가버릴 수도 있다.

## 루미놀이 없었다면?

루미놀의 화학발광이 발견된 지 100년이 넘었다. 과학수사에서 루미놀만큼 큰 기여를 한 시약이 있을까? 그렇지만 루미놀만큼 잘못 사용되고 있는 시약도 없을 것이다. 루미놀 검사는 그만큼 사용에 주의해야 한다는 의미이다. 시약의 제조 및 보관, 위양성 반응, 검사 방법, 시험자 안전 등과 관련된 지침을 잘 숙지해야 함은 물론이고, 루미놀 검사를 왜 하는지, 최종적인 목적이 무엇인지 항상 염두에 두어야 한다. 혈흔을 찾는 최종 목표는 DNA감식 또는 현장 재구성일 것이다.

루미놀 검사를 사건 현장에서 시행하는 것이 좋을지, 아니면 실험실로 의뢰하는 것이 더 좋을지도 고민해야 한다. 가변광원기를 이용해 혈흔을 찾을 수 있는데, 가장 간편하고 혈흔을 파괴하지 않는 방법이다. 자외선(UV)은 사건 현장에서 지문을 찾는 데 주로 사용되고 있지만 혈흔을 찾는 데도 도움이 된다. 그러나 어떤 자외선 파장은 DNA를 파괴시킬 수 있기 때문에 사용에 주의해야 한다. 250nm의 광원을 30초 이상 조사하면 DNA감식이 불가능할 정도로 DNA에 심각한 영향을 미친다는 연구 보고도 있다. 로핀(Rofin) 사의 '폴리라이트(Polilight)'는 비교적 안전하고 DNA 파괴도 적은 가변광원기로서 사건 현장에서 사용하기 적합한 제품으로 알려져 있다. 많은 과학자들의 연구로 루미놀과 혈흔 사이의 반응 원리가 규명되었고, 성능이 향상된 제품들이 지금도 개발되고 있다. 비교적 최근에 개발된 Sirche 사의 '루미신(Lumiscene)'은 루미놀 기반의 화학발광을 이용하며 블루스타와 유사한 특성을 갖는다. Abacus 사에서 개발된 '헤마세인(Hemascein)'은 혈액의 단백질들에 의해 산화된 후 415~480nm의 가변광원을 쬐여주면 형광을 나타낸다. 오래전부터 그래왔듯이 앞으로도 루미놀을 이용한 혈흔 탐색은 사건을 해결하는 데 결정적인 역할을 할 것이 분명하다. 그러나 아무리 좋은 무기라도 잘 사용하는 것이 더 중요하다. 저자와 경찰청의 임승 검시관은 8년에 걸친 노력 끝에 2017년 블루스타 시약을 국산화하는 데 성공하였다. 국산 루미놀 시약인 블러드플레어(Blood Flare)는 블루스타에 비해 동등 이상의 민감도와 특이성을 가지며, 가격은 1/10 정도로 저렴하다.

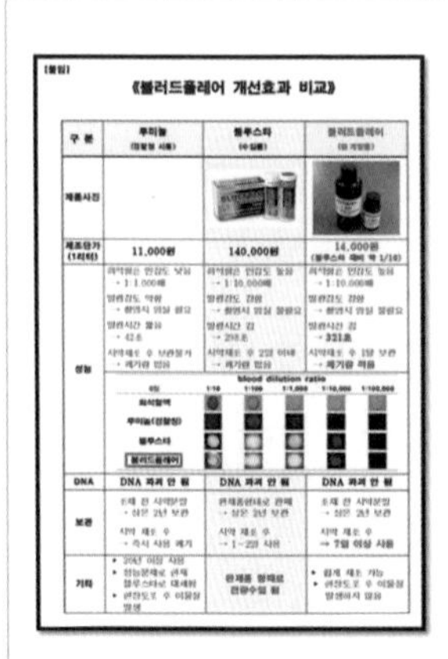

[붙임]

《블러드플레어 개선효과 비교》

| 구 분 | 루미놀 | 블루스타 | 블러드플레어 |
|---|---|---|---|
| 제품사진 | | | |
| 제조단가 (1리터) | 11,000원 | 140,000원 | 14,000원 (블루스타 대비 약 1/10) |
| 성능 | [illegible] → 1:1,000배 [illegible] → 42초 [illegible] | [illegible] → 1:10,000배 [illegible] → 298초 [illegible] | [illegible] → 1:10,000배 [illegible] → 321초 [illegible] |
| | blood dilution ratio | | |
| DNA | DNA 파괴 안 됨 | DNA 파괴 안 됨 | DNA 파괴 안 됨 |
| 보관 | [illegible] | [illegible] | [illegible] → 7일 이상 사용 |
| 기타 | [illegible] | [illegible] | [illegible] |

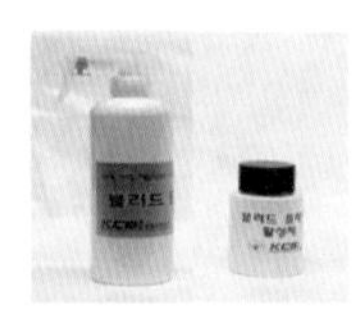

중앙일보

**강호순 사건 투입 공무원들, 혈흔 탐지 시약 국산화 성공**

'강호순 사건' 당시 투입 경찰관-국과수 연구관 혈흔 탐지 시약 국산화

행안부 중앙우수제안 17명 포상

연합뉴스

**안 보이는 혈흔 찾아낸다…고효율 국산 시약 개발**

**10배 비싼 佛산 루미놀 국산화…경찰·국과수 직원이 해냈다**

블루스타 잠재혈흔 탐색 시약의 국산화, 블러드플레어

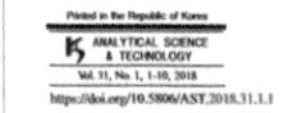

Printed in the Republic of Korea
ANALYTICAL SCIENCE & TECHNOLOGY
Vol. 31, No. 1, 1-10, 2018
https://doi.org/10.5806/AST.2018.31.1.1

Note (단신)

**A study on preparation of luminol reagents for crime scene investigation**

Seung Lim, Jung-mok Kim, Ju Yeon Jung[1], and Si-Keun Lim[1,*]
Scientific Investigation Section, Detective Division, Gyungnam Provincial Police Agency, Changwon 51154, Korea
[1]Forensic DNA Division, National Forensic Service, Wonju 26460, Korea
(Received November 22, 2017; Revised January 16, 2018; Accepted January 18, 2018)

**범죄현장 조사용 루미놀 시약의 제조법에 관한 연구**

임 승 · 김정묵 · 정주연[1] · 임시근[1,*]
경남지방경찰청 형사과 과학수사계, [1]국립과학수사연구원 법유전자과
(2017. 11. 22. 접수, 2018. 1. 16. 수정, 2018. 1. 18. 승인)

**Abstract** Finding the blood left at a crime scene is very important to reconstruct or solve a criminal case. Although numerous reagents have been developed for use at crime scenes, luminol is the most representative. Bluestar Forensic has been used in recent years, but is expensive and cannot be stored after preparation. This study aims to develop a new luminol reagent that can be stored for a long period of time while maintaining the chemiluminescence intensity at the level of Bluestar Forensic. Because luminol dissolves well in aqueous alkaline solutions, the use of sodium hydroxide in the preparation of luminol reagents can promote the decomposition of hydrogen peroxide. Magnesium sulfate, sodium silicate, and potassium triphosphate have been used as hydrogen peroxide stabilizers. The effects of the addition of these substances on the chemiluminescence emission intensity and the storage period of the luminol reagents were confirmed. The addition of a hydrogen peroxide stabilizer was shown to have no significant affect on the chemiluminescence emissions intensity or stabilized pH of the luminol reagent during storage. It also greatly increases the shelf life of the reagents. The use of magnesium sulfate as a hydrogen peroxide stabilizer is the most appropriate. When sodium perborate is used instead of hydrogen peroxide as an oxidizing agent, there is no significant change in the sensitivity and chemiluminescence emissions intensity, but the storage period is shortened. However, after the reaction with blood, the pH of the mixed solution does not increase significantly, and is judged to be more suitable than a reagent made of hydrogen peroxide.

**요 약:** 사건 현장에 남겨진 혈흔을 찾는 것은 사건을 재구성하거나 해결하기 위해서 매우 중요하다. 사건현장에서 사용할 수 있는 수많은 시약들이 개발되었지만, 루미놀이 가장 대표적인 시약이라고 할 수 있다. 최근에는 블루스타라는 시약이 주로 사용되고 있지만, 가격이 비싸고 시약을 제조한 후 보관이 불가능하다는 단점이 있다. 본 연구에서는 블루스타 수준의 발광강도를 유지하면서 제조 후 장시간 보관할

Printed in the Republic of Korea
ANALYTICAL SCIENCE & TECHNOLOGY
Vol. 31, No. 2, 71-77, 2018
https://doi.org/10.5806/AST.2018.31.2.71

**Effect of novel luminol-based blood detection reagents on DNA stability**

Ju Yeon Jung, Yu-Li Oh, Jee Won Lee, Seung Lim[1], Jung-mok Kim[1], Yang Han Lee[2], and Si-Keun Lim*
Forensic DNA Division, National Forensic Service, Wonju 26460, Korea
[1]Forensic Investigation Section, Detective Division, Gyeongnam Police Agency, Sangnam-ro 289, Changwon 51154, Korea
[2]Gwangju Institute, National Forensic Service, Gwangju 57231, Korea
(Received March 2, 2018; Revised April 11, 2018; Accepted April 12, 2018)

**새로운 루미놀 기반 혈흔 탐지 시약이 디엔에이에 미치는 영향에 대한 연구**

정주연 · 오유리 · 이지원 · 임 승[1] · 김정묵[1] · 이양한[2] · 임시근*
국립과학수사연구원 법유전자과, [1]경남지방경찰청 형사과 과학수사계, [2]국립과학수사연구원 광주과학수사연구소
(2018. 3. 2. 접수, 2018. 4. 11. 수정, 2018. 4. 12. 승인)

**Abstract** Detection of bloodstains is a very important process in scientific investigations, and luminol is often used for the detection of bloodstains that are not visible. Recently, new preparation methods of blood detection reagents based on luminol (BloodFlareA, B) were developed and reported to have higher active persistence and to be more economical than conventional blood detection reagent, BlueStar forensic. In this paper, we tested the specificity and effect of the BloodFlares (A and B) on DNA and compared them with those of BlueStar forensic. False positive results for the BloodFlares were not observed in semen, saliva, vaginal fluids, urine, sweat, and nasal discharge, but were observed in $CuSO_4$, $FeSO_4$ and bleach solutions, and the observed patterns were similar to those of BlueStar forensic. The effect on DNA was determined by analyzing the DNA yield, degradation index, and DNA profiling. Based on these results, we concluded that the BloodFlares based on luminol do not affect DNA stability and are applicable in forensics.

**요 약:** 혈흔의 탐색은 과학수사에 있어서 매우 중요하고, 혈흔이 육안으로 관찰되지 않을 때 흔히 루미놀이 사용된다. 최근, 루미놀을 기반으로 새로운 혈흔 탐지 시약 제조법이 개발되었고, 기존의 블루스타 제품보다 높은 활성 지속력이 보고되었다. 본 연구에서는 보고된 새로운 혈흔 탐지 시약 제조법 두 가지를 선별(이하 블러드플레어A, B)하여 특이성과 디엔에이에 미치는 영향을 관찰하였고, 기존의 블루스타와 비교하였다. 블러드플레어A, B는 혈흔 외 다른 인체분비물에서 위양성 반응이 없었으나, 세소, 구리황산염, 철황산염 및 차아염소산나트륨이 함유된 표백제에 대하여 위양성 반응이 관찰되었으며, 이는 블루스타와 동일한 양상을 보였다. 디엔에이에 미치는 영향을 관찰하고자 추출 과정, 반응 시간에 의한 디

참고문헌: 분석과학 2018, 31(1):1–10, 31(2):71–77

2

# 성폭력 사건의 핵심 증거물, 정액

어느 통계에 의하면 우리나라의 강간사건 발생이 세계 최고 수준이라고 한다. 피해자들의 낮은 신고율을 고려하면 아마도 타의 추종을 불허할 것으로 생각된다. 강간사건을 포함한 '성폭력' 사건에서 가장 중요하고 결정적인 증거물은 '정액'이다. 피해자의 질 내용물이나 사건 현장 등에서 범인의 DNA 프로필과 일치하는 정액이 검출된다면 법정에서 매우 막강한 증거 능력을 가질 것이다. 다른 인체 분비물과 달리 정액반(Semen stain)은 예비검사와 확증검사의 결과 분석이 까다롭고, 현미경을 이용한 정자의 관찰 등 별도의 추가 실험이 필요하며, DNA감식을 위해 피해자의 질 상피세포와 범인의 정자를 확실히 분획(Fractionation)하는 과정이 매우 중요하다는 특징을 갖는다. 또한 무정자증이나 정관수술 등 여러 가지 원인으로 인해 DNA감식이 불가능한 경우가 발생할 수도 있다. 우리나라를 비롯한 전 세계의 유수한 DNA 감식 실험실에서는 정액 증거물의 신속하고 정확한 감정을 위해 첨단 과학기술을 응용하고, 새로운 분석 방법을 개발하는 등 꾸준한 노력을 계속해오고 있다. 성폭력 사건의 경우 경찰이 아닌 의료인에 의해 각 지역마다 있는 '해바라기센터'에서 '성폭력 응급키트'를 사용해 채취한다. 증거물 채취를 주로 담당하는 법의간호사들에 대한 과학수사 교육, 특히 DNA감식 교육이 필요하다.

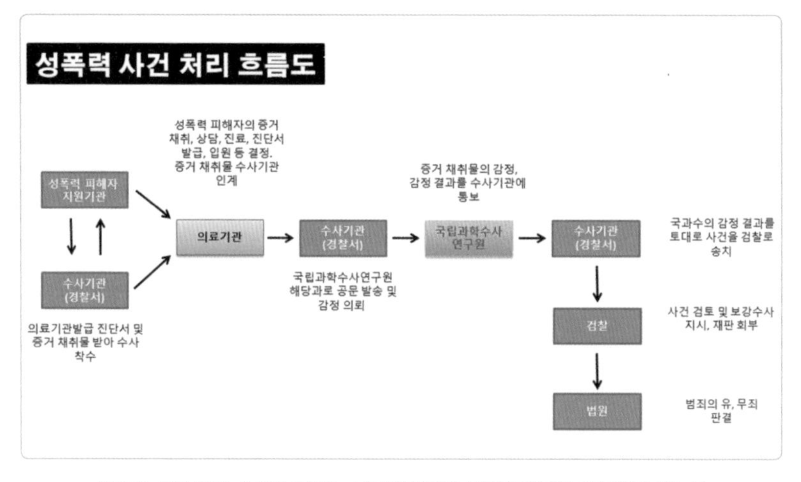


성폭력 사건 처리 흐름도 2016, 성폭력 피해자 전담의료기관 의료업무 매뉴얼

## 정액과 정자

정액(semen)은 매우 복잡한 조성을 갖는 액상 물질로서 남성의 생식기에서 생산된다. 정자(sperm)는 남성의 생식세포로서 정세관(seminiferous tubules)에서 발달되는데, 이 과정을 '정자 생성(spermatogenesis)'이라고 한다. 정액 속에는 다양한 염류, 당, 지질, 단백질(p30 혹은 PSA(전립선특이항원) 등), 호르몬, 효소(산성인산화효소 등), 염기성 아민류(spermine), 플래빈(flavin) 등 다양한 물질들이 포함되어 있는데, 이들은 정낭(seminal vesicle)에서 약 60%, 전립선(prostate gland)에서 약 30% 등 다양한 곳에서 만들어진다. 한 번 사정에 약 3~5mL의 정액이 배출되는데, mL당 1,000만~5,000만 개의 정자가 포함되어 있다.

정액 예비검사와 확증검사는 주로 전립선에서 만들어지는 산성인산화효소(acid phosphatase)와 PSA(prostate-specific antigen)를 이용한다. 정액 내 플래빈 성분은 가변광원기의 빛에 의해 형광을 나타내므로 정액의 탐색에 이용된다. 정자의 구조는 머리(head), 중간체(mid-piece), 그리고 꼬리(tail)로 나눌 수 있다. 머리의 가장 앞쪽에는 첨체(acrosome)가 있는데, 정자가 난자 속으로 들어갈 수 있도록 난자의 벽을 녹이는 역할을 하며, 내부에 핵 DNA가 들어 있다. 중간체에는 미토콘드리아가 있어 정자의 운동에 필요한 에너지를 만들어내며, 꼬리는 정자의 운동에 필요한 단백질로 구성되어 있는데, 길이는 약 40μm 정도이고 쉽게 떨어진다.

정액 사정 이전에 bulbourethral gland(Cowper's gland)에서 쿠퍼액

이 분비되는데 성교 시 윤활유 역할을 하며, 여기에도 소량의 산성인 산화효소와 전립선특이항원(PSA)이 함유되어 있다고 한다. 그러나 정액특이항원(seminogelin)은 현재까지 발견되지 않았으며, 정자가 포함되어 있는지에 대해서는 논란이 많은 상태이다.

정자 생성 과정은 많은 요인들에 의해 영향을 받는다. 호르몬(테스토스테론), 온도, 유전자 변이, 질병, 부상, 화학물질, 방사능, 약물, 알코올, 연령 등에 따라 생산되는 정자의 양이 사람마다 차이가 날 수 있다. 이러한 유전적 혹은 환경적 요인들로 인해 비정상적인 정자가 생산되거나, 정자의 양이 매우 적거나(oligospermia), 혹은 아예 생산되지 않을 수도 있다(aspermia). 물론 정관수술(vasectomy)을 하게 되면 수술 후 약 2~4개월 후부터 정액 속에서 정자를 발견할 수 없다. 그러나 정자 생산에 문제가 있어도 정액은 정상적으로 만들어지고 배출되기 때문에 정액검사는 정상인과 차이가 없다.

## 정액 예비검사와 확증검사

범죄 현장에서 수집된 생물학적 증거물이 DNA감식 실험실에 도착하면, 가장 먼저 증거물에서 DNA감식의 대상이 되는 생물학적 시료를 찾아야 한다. 인체 분비물 검사는 일반적으로 예비검사와 확증검사를 통해 증거물에 어떤 생물학적 물질이 존재하는지 검사하는데, 이 과정은 성공적인 DNA감식에 있어 매우 중요한 과정이다. DNA감식 과정이 아무리 빨라지고 자동화되어도 증거물 채취 과정은 숙련된 전문 인

Journal of Scientific Criminal Investigation
ISSN 2466-1422 (Print), ISSN 2466-1430 (Online)
J. Sci. Crim. Investig. Vol. 11, No. 1: 18-24, March 2017
http://dx.doi.org/10.20297/jsci.2017.11.1.18

## 혈흔 및 정액흔 검사를 위한 Peroxtesmo® KM 및 Phosphatesmo® KM 페이퍼의 유효성 검토

오유리 · 정주연 · 김연지 · 김다혜 · 이경명 · 안으리 · 임시근*
국립과학수사연구원 법유전자과

## Validation Study of Peroxtesmo® KM and Phosphatesmo® KM Papers for Identification of Blood and Semen Stains

**Yu-Li Oh, Ju Yeon Jung, Yeon-Ji Kim, Da-Hye Kim, Kyungmyung Lee, Eu-Ree Ahn, and Si-Keun Lim***
*Forensic DNA Division, National Forensic Service, Wonju 26460, Korea*
*E-Mail; neobios@korea.kr*
(Received January 4, 2017, 2016; Revised January 6, 2016; Accepted January 24, 2017)

**요 약** : 본 연구에서는 혈흔 및 정액흔 예비검사를 위한 Peroxtesmo® KM 페이퍼(이하, Peroxtesmo KM) 및 Phosphatesmo® KM 페이퍼(이하, Phosphatesmo KM)의 민감도, 특이성, DNA에 미치는 영향을 기존의 검사방법들과 비교하였다. Peroxtesmo KM은 혈흔에 대하여 LMG 및 Leuco-malachite DISCHAPS TM 시약과 동등한 민감도를 보였으며 Phosphatesmo KM은 정액흔에는 SM시약보다 동등 이상의 민감도를 보였다. 다양한 시료를 이용한 특이성 시험결과, Peroxtesmo KM만 채소즙에 위양성 반응을 보였고, 혈흔 및 정액흔 예비검사 시약들이 DNA에 미치는 영향을 알아보기 위해 qPCR 방법을 이용하여 정량한 결과, Peroxtesmo KM 및 Phosphatesmo KM이 가장 높은 DNA 회수율을 보였다. Peroxtesmo KM 및 Phosphatesmo KM은 사용이 편리하여 범죄현장은 물론이고 법과학 실험실에서 혈흔 및 정액흔을 식별할 수 있을 것으로 사료되었다.

**Abstract:** In this study, the authors compared new presumptive tests for blood and semen stains, Peroxtesmo® KM paper (Peroxtesmo KM)and Phosphatesmo® KM paper (Phosphatesmo KM) with conventional methods for sensitivity, specificity and effect on DNA. Peroxtesmo KM showed similar sensitivity to the LMG and Leuco-malachite DISCHAPS™ reagents for the blood, and Phosphatesmo KM showed higher sensitivity than SM solution for the semen. In specificity study, Peroxtesmo KM only showed a false positive reaction in the mixed vegetable juice. In addition, we carried out qPCR to confirm the effect on DNA. Peroxtesmo KM and Phosphatesmo KM paper had less effect on DNA than comparative presumptive test methods. The presumptive test papers for blood stain and semen stain were considered easy to use at crime scene regardless of forensic laboratories.

참고문헌: 과학수사 2017, 11(1):18–24

력만이 수행할 수 있는 것도 이러한 이유 때문이다. 예비검사는 말 그대로 어떤 물질의 존재를 간단히 알아보는 검사인데, 정액반의 경우 산성인산화효소 검사가 대표적이다. 예비검사 방법은 간단해야 하고,

저렴한 비용으로 누구나 쉽게 수행할 수 있어야 하며, 최소량의 증거물만을 사용해야 한다. 확증검사는 주로 특정 물질을 대상으로 한 항원-항체 반응을 이용하는데, 가정용 임신 진단키트와 유사한 과정으로 시행한다. 확증검사는 어떤 물질의 존재를 확실히 증명하는 방법이기 때문에, 다른 인체 분비물과 비특이적인 교차반응이 없어야 한다.

최근에는 간편하게 정액 예비검사를 수행할 수 있도록 산성인산화효소와 반응하는 기질을 종이에 도포한 제품(Peroxitesmo® KM 및 Phosphatesmo® KM paper)도 개발되었다. 액체 상태의 검사 시약을 매번 제조하지 않아도 되고, 상온에서 오랫동안 보관할 수 있는 제품이기 때문에 특히 범죄 현장에서 쉽고 빠르게 정액인지 아닌지 검사할 수 있다.

## 가변광원기를 이용한 정액반 탐색

가변광원기(ALS: alternate light source) 혹은 법광원(FLS: forensic light source)은 과학수사요원은 물론이고 법과학 실험실에서도 가장 많이, 그리고 가장 유용하게 사용하는 감식 장비 중 하나일 것이다. 가변광원기는 맨눈으로 식별하기 어려운 흔적을 찾는 데 주로 사용되는데, 지문이나 인체 분비물, 모발이나 섬유, 신발이나 발바닥 자국, 총기발사 잔류물, 위조문서 등 매우 다양한 법과학 분야에 적용할 수 있다. 가변광원기 내에는 매우 강력한 램프가 장착되어 있는데 자외선, 가시광선 적외선 영역의 모든 빛을 포함하고 있으며, 필터를 사용해 개별적인 색(파장)을 만들어 비춰줄 수 있다. 특정 파장의 빛과 반응하면 증거물은 형광을 발산하거나 빛을 흡수하는데, 정액반도 이를 이용해 찾을 수 있는 것이다.

성폭력 사건이 발생한 모텔에서 침대보가 증거물로 의뢰되었다면, 넓은 침대보에서 어떻게 정액이 묻어 있는 작은 부분을 찾을 것인지 고민된다. 일단 육안으로 주의 깊게 살펴보면 흰색 혹은 옅은 노란색의 의심 가는 흔적을 찾을 수도 있다. 그러나 가변광원기를 사용하면 어렵지 않게 정액반을 찾을 수 있다. 정액반을 찾기 위해서는 450nm의 파장을 갖는 청색광을 이용하며, 오렌지색의 고글을 착용하는 것이 가장 좋다. 정액 속의 플래빈 성분은 청색광 아래에서 형광을 나타내는데, 사용한 광원 장비의 종류에 따라 청색이나 노란색으로 보인다. 정액반과 유사한 형광을 보이는 물질들이 있기 때문에 가변광원기로 찾은 정액 의심 반흔은 예비검사 및 확증검사를 통해 정액임을 확인해야 한다. 열이나 습기, 산화제나 미생물 등은 정액의 형광반응에 영향을 줄 수 있다는 점도 염두에 두어야 한다. 가변광원기가 없는 경우에는 침대보 전체를 흡수력이 좋은 종이로 덮고 증류수를 넣은 스프레이를 이용해 적신 후, 종이를 떼어내고 그 위에 산성인산화효소 검사 시약을 분무하는 방법이 있다. 정액 예비검사를 위해 팬티나 휴지 등에 직접 시약을 처리해서는 안 된다. 정액이 묻어 있지 않은 부위라도 시간이 지나면 보라색으로 변하게 되어 재실험이 불가능하며, 이어지는 정액 확증검사인 전립선특이항원(PSA) 검사에서 위양성 반응(false positive)을 보일 수 있고, DNA감식에도 좋지 않은 영향을 주기 때문이다. 팬티처럼 크기가 작은 증거물은 가위를 이용해 정액 의심 부위를 오리거나, 멸균수를 적신 면봉으로 잘 닦아 정액 예비검사를 시행하는 것이 좋다.

## 산성인산화효소 검사는 예비검사일 뿐이다

산성인산화효소는 전립선에서 분비되는 효소로서 다른 인체 분비물에 비해 정액 내에 다량(50~1,000배) 존재한다. 그러나 산성인산화효소는 전립선특이항원(PSA)과 달리 정액에서만 발견되는 것은 아니며, 질액 등 다른 인체 분비물에서도 존재한다. 따라서 산성인산화효소 검사는 정액의 존재를 검사하는 예비실험일 뿐이며, 정액의 확증을 위해서는 PSA 또는 RSID-semen 키트를 사용하거나 현미경을 이용해 정자를 관찰해야 한다. 산성인산화효소 검사에 사용되는 시약은 일반적으로 pH 5.0의 산성 완충액에 기질인 α-naphthyl phosphate와 발색 시약인 diazonium o-dianisidine을 녹여 제조하는데, 8배 농축 시약을 만들어서 조금씩 나누어 분주한 후 냉동 보관하며, 필요할 때마다 꺼내어 산성 완충액으로 희석해 사용한다. 일부 실험실에서는 사용할 때마다 신선하게 제조하여 사용하도록 규정한 곳도 있다. 산성인산화효소 검사 시약은 빛을 차단할 수 있는 갈색 병에 넣어 보관해야 하는데, 발색제인 diazonium o-dianisidine은 특히 빛에 민감해 침전물이 생기기 때문이다. 산성인산화효소는 기질인 α-naphtyl phosphate를 깨며, 이때 발생되는 free naphtyl이 무색의 diazonium o-dianisidine을 보라색으로 변화시킨다. 사건 증거물에 산성인산화효소 검사를 시행하기 전에 양성 및 음성 대조시료를 대상으로 검사 시약이 문제가 없는지 미리 확인하는 것도 중요하다. 양성 대조시료는 일반적으로 실제 정액반을 사용하는데, 질병의 감염이 있고 산성인산화효소의 활성이 개인별로 차이가 날 수 있으므로 산성인산화효소를 구입하여 표준 양성 시료를 제작해 사용하는 것이 바람직하다. 일반적인 산성인산화효소 검사 시약의 조성은 아래와 같다.

- 0.2M Citric acid buffer(pH 5.0): 19.22g Citric acid, anhydrous, 29.41g Trisodium citrate, $2H_2O$ in 500mL D.W.
- Stock solution: alpha-naphthyl phosphate(αNP) 0.2g, diazonium o-dianisidine 0.4g in 100mL 0.2M Citric acid buffer(pH 5.0).
- Working solution: 1/8 dilution of stock solution with 0.2M Citric acid buffer(pH 5.0).

미국의 법과학 실험실(FBI 등)에서는 아래와 같은 조성으로 산성인산화효소 검사 시약을 제조하여 사용하고 있는데, 우리나라에서 만드는 조성과 다소 다르고 두 가지 용액을 별도로 제조해 보관한다는 점에서 차이가 있지만, 검사 결과에는 큰 차이가 없다.

- Buffer: Glacial acetic acid 5mL, Sodium acetate, anhydrous(0.24M) 10g in 500mL D.W.
- Solution A: Sodium alpha-naphthyl phosphate, 0.25%(w/v) 0.63g in 250mL Buffer.
- Solution B: Naphthanil diazo blue B 0.5%(w/v) 1.25g in 250mL Buffer.

산성인산화효소 검사를 위해 먼저 정액반으로 의심되는 흔적을 오리거나 닦아 거름종이 위에 올려놓는다. 그리고 상온에서 녹여 희석한 산성인산화효소 검사 시약을 시료가 충분히 젖을 수 있도록 떨구고 보라색으로 변하는지 관찰하면 된다. 순수한 정액의 경우에는 수초만에 색 변화를 관찰할 수 있지만, 정액반의 상태와 보관기간에 따라 수분이 지나서야 색이 변하는 경우도 있다. 즉 산성인산화효소의 활성에 따라 색 변화에 걸리는 시간이 차이가 날 수 있다. 일반적으로는 약 1분 이내에 보라색으로 변하는 경우 정액반응 '양성'으로 판정한다. 산성인산화효소가 정액에만 존재하는 것은 아니므로 색 변화에 걸리는 시간이 너무 길다면 결과를 판정하는 데 주의해야 하며, 정액 확증검사를 시행하는 것이 좋다. 색 변화가 없거나 분홍색으로 변하는 경우에도 정액반응 '음성'으로 판정한다.

산성인산화효소 검사 용액은 빛을 차단해야 하고, 냉동 및 냉장 보관해야 하며, 제조 과정이 번거롭기 때문에 사건 현장에서 사용하는 데 어려움이 있다. 종이에 산성인산화효소 검사 시약이 도포되어 있어서 보관과 사용이 간편한 제품들이 개발되어 판매되고 있으므로, 사건 현장에서 정액검사가 필요한 경우에 이용하면 매우 유용할 것으로 생각된다.

## 산성인산화효소는 얼마나 오랫동안 활성을 가질까?

산성인산화효소의 반감기(half-life)는 37°C에서 약 6개월로 상당히 안정하지만 단백질이기 때문에 외부 온도와 습도 등의 환경 요인에 의해 파괴될 수 있다. 이에 비해 DNA는 매우 안정하고, 100pg 정도의 극미량만 있어도 STR 분석에 문제가 없기 때문에 산성인산화효소 검사에서 음성인 시료에서도 DNA감식은 성공적으로 수행될 수 있다. 산성인산화효소 검사에서 정액반응 '음성'의 결과가 나온 시료도 반드시 DNA감식을 수행해야 하며, 현미경을 이용해 정자를 직접 관찰하는 과정도 필요하다. 성교 후 질 내용물을 채취해 산성인산화효소의 활성 변화를 연구한 결과는 성교 후 24시간이 지나면 산성인산화효소의 활성이 급격히 감소하며, 48시간 후에는 활성이 거의 사라진다고 보고하였다. 강간사건 피해자로부터 최대한 빠른 시간 내에 질 내용물을 채취하는 것이 매우 중요한 이유이다. 정액은 일단 건조된 후에는 적절한 조건(온도 및 습도)에서 잘 보관된다면 상당히 오랜 시간이 경과해도 산성인산화효소의 활성이 유지될 수 있다. 실제로 수개월 혹은 수년이 지난 정액반에서도 산성인산화효소가 검출되고 있으며, DNA감식도 성공적으로 수행한 경우가 많다. 구강 내의 정액은 산성인산화효소 활성이 더욱 빨리 감소하며, 정자도 6시간 정도밖에 유지되지 못한다는 연구 결과도 보고되었다.

## 정액 확증검사: PSA 검사

전립선특이항원(PSA: prostate-specific antigen)은 1970년대에 발견되었는데, 분자량이 약 3만Da 정도이기 때문에 p30(30kDa protein)이라

고도 한다. PSA는 전립선에서 정액으로 분비되는 당단백질로서 사람에 따라 300~4,200ng/mL로 농도에 차이가 있다. 건조된 정액반인 경우 PSA의 반감기는 약 3년으로 매우 안정된 편이다. PSA 검사는 단클론항체(MAB: monoclonal antibody)를 이용해 사용이 편리하도록 키트 형태로 개발되어 판매하고 있다. PSA 검사는 두 단계의 반응으로 이루어지는데, 첫 번째로 염색 시약(dye)이 부착되어 있는 단클론항체가 정액 내의 PSA와 특이적으로 결합한다. 두 번째 반응은 MAB-PSA

한국법과학회지 제5권 제3호 (2004)
Korean Journal of Forensic Science, Vol. 5, No. 3, 158~161(2004)

**전립선특이항원 상용검사키트에 의한 정액의 신속 검출법**

임시근[†] · 박기원
국립과학수사연구소 유전자분석과
(2004년 4월 1일 접수 / 2004년 9월 10일 승인)

**Forensic Evaluation of Commercial Prostate-Specific Antigen (PSA) Rapid Test Kit for Identification of Semen**

**Si Keun Lim[†], and Ki Won Park**
*DNA Analysis Division, National Institute of Scientific Investigation, Seoul, 158-707, Korea*
(Received April 1. 2004 / Accepted Sept. 10. 2004)

**Abstract** – Determination of semen in the evidences from crime scene such as rape have been one of the most important tests in forensic biology laboratories. Currently, simple, easy and reproducible test was developed to identify semen in forensic specimens. In this study, commercial prostate-specific antigen(PSA) rapid test kit was evaluated for the forensic identification of semen and compared with traditional qualitative acid phosphatase(AcP) test. The sensitivity and specificity of the rapid PSA kit were examined in addition to the stability of PSA. The positive band of rapid PSA kit was shown even with 10,000-fold diluted semen, which was at least 100 times higher than qualitative AcP test. PSA was detected in urine from normal male adults, however, it was not detected in urine from young boys and female body fluids. It was shown that PSA was very stable to resist boiling for 20 minutes. In crime scene investigation, rapid PSA kit is expected to help to identify semen easily in the evidences.

**Keywords :** semen, acid phosphatase, prostate-specific antigen(PSA), sensitivity, specificity, stability

참고문헌: 한국법과학회지 2004, 5(3):158-161

복합체와 Test-line(T)에 이미 붙여놓은 다클론항체(PAB: polyclonal antibody)의 결합이다. 즉 dye-MAB-PSA가 이동하다가 T 부분에서 PAB와 결합되면 축적되어 갈색의 선이 나타나게 되는 것이다. PSA 키트에는 표준 양성 부분(Control-line, C)이 있는데, C에 갈색 선이 나타나지 않으면 키트에 제조상의 문제가 있는 것이므로 새로운 키트로 다시 검사해야 한다. PSA는 정액 이외에 대변이나 땀에서도 극미량 발견될 수 있으며, 여성의 소변이나 모유에서 검출되었다는 연구 결과도 있다. PSA 검사는 양성이지만 정자가 발견되지 않는 경우에는 특히 판정에 신중해야 한다.

PSA 검사를 위해 먼저 정액 의심 반흔을 오리거나 닦아 1.5mL 튜브에 넣는다. 그리고 250uL의 1X PBS(pH 7.4) 혹은 전용 완충액을 첨가하고 상온에서 충분히 흔들어주면서 정액을 용출한다. 피펫을 이용해 용출액 약 200uL를 PSA 키트의 주입구에 넣어주고, 약 10분 정도 후에 C 부분과 T 부분에 갈색(분홍색)의 선이 나타났는지 관찰한다.

## 정액 확증검사: RSID-Semen

PSA 검사와 함께 가장 많이 이용되는 정액 확증검사 방법은 RSID-Semen 키트를 이용하는 것이다. RSID-Semen 키트는 미국 Independent Forensics 사에서 개발한 제품으로서 PSA 키트와 유사한 원리로 제조되었으나, 정액 내에 존재하는 정관특이항원(seminal vesicle-specific antigen)인 '세미노젤린(seminogelin)'이라는 단백질을 검사 대상으로 하고 있다. 세미노젤린은 정액 내에서만 발견되므로 다른 인체 분비물 및 다른 동물들의 정액과 교차반응이 없다. 또한 PSA와 달리 소변이나 땀, 모유에서 발견되지 않으며, 정액 내에 PSA보다 높은 농도로 존재한다는 특징도 가지고 있다. 정액반이 오래되었거나 부패된 경우에 산성인산화효소 검사 결과가 음성으로 나올 수 있지만, RSID-Semen 키트를 사용하면 양성으로 나올 수도 있다.

## 가장 확실한 정액검사 방법은 현미경으로 정자를 보는 것이다

정액의 존재 여부를 확증하는 또 다른 방법으로 현미경을 이용해 정자가 있는지 직접 눈으로 관찰하는 방법이 있다. 정액 예비검사에서 양성 판정을 받은 시료 중에는 DNA감식의 대상이 되는 정자가 없는 경우가 있다. 즉 정액 예비검사 결과는 양성인데, DNA감식 결과 남성 DNA 프로필이 검출되지 않는 경우가 있다. 유전적 혹은 후천적으로 무정자증인 경우나 정관수술을 받은 사람은 정액 속에 정자가 없다. 이러한 경우에는 정자가 있는지 직접 확인할 필요가 있다. 먼저 증류수를 이용해 정액반을 용출하고 원심분리를 통해 농축한 액체 한 방울을 슬라이드 글라스 위에 떨구고 건조시킨 후, 열을 가해 고정한다. 고정된 정자를 염색하는 방법으로 '크리스마스트리(christmas tree)'법이 있는데, aluminum sulfate, nuclear fast red, picric acid, 그리고 indigo carmine으로 구성된 시약을 사용한다. 즉

picroindigocarmine은 정자의 꼬리와 중간체를 염색하고, nuclear fast red는 머리 부분을 염색한다. 염색된 정자는 일반 광학현미경을 이용해 관찰할 수 있는데, 정자 머리의 앞쪽 부분은 밝은 빨간색 혹은 분홍색, 머리의 뒤쪽 부분은 짙은 빨간색, 정자의 중간 부분은 파란색, 그리고 정자의 꼬리 부분은 황록색으로 염색되어 쉽게 정자의 존재 여부를 판단할 수 있다. 정자의 꼬리는 비교적 쉽게 떨어져 나갈 수 있기 때문에 분석자들은 정자의 머리 부분과 질 상피세포를 비롯한 다른 세포들을 구별할 수 있어야 한다.

Independent Forensics 사에서 개발한 'SPERM HY-LITER PLUS'라는 키트는 형광물질을 붙인 단클론항체를 이용해 정자의 머리 부분만을 관찰할 수 있기 때문에 질 상피세포의 양이 과도하게 많은 시료에서도 정자를 쉽게 확인할 수 있다.

## 정액 증거물의 DNA감식

DNA감식에서 가장 문제가 되는 것은 '오염'일 것이다. 오염은 진짜 범인을 배제해버리는 것은 물론이고, 엉뚱한 사람을 범인으로 지목할 수 있기 때문이다. 개인보호장구 착용은 필수이고, 채취 도구는 항상 깨끗한 상태를 유지해야 하며, 말을 하거나 기침 혹은 코를 푸는 행위는 잠재적인 오염의 요인이 될 수 있다. 정액은 다른 인체 분비물에 비해 쉽게 오염되거나 우연히 발견되기 쉬운 증거물은 아니다. 그러나 정액을 식별하는 예비검사나 확증검사는 다른 인체 분비물에 비해 복잡하다. 그러므로 정액검사 결과가 음성인데도 STR 프로필이 너무 깨끗하게 잘 검출되었다면, 오염의 가능성을 여러 각도로 검토해보아야 할 것이다.

DNA감식은 대조시료와 비교해 일치 혹은 불일치 여부를 판정하는 행위이므로 대조시료 채취는 기본 중의 기본이다. 피해자는 물론이고, 사건과 관련이 없지만 증거물에서 검출될 수 있는 DNA를 배제하기 위한 관련자들의 시료도 채취해 의뢰해야 한다. 강간사건 발생 이전에 성관계를 했다면, 상대 남성의 대조시료도 필요하다. 이는 강간범과 상대 남성의 DNA 프로필이 혼합되어 검출될 수 있기 때문이다. 피해자가 수치심 등의 이유로 거짓 진술을 할 수 있으므로 대조시료의 필요성을 충분히 설명해 피해자를 이해시키는 것도 중요하다. 그렇지 않다면 엉뚱한 DNA 프로필을 범인의 것으로 인정해 DNA 데이터베이스에 수록하게 되며 사건은 영원히 해결될 수 없을 수도 있다.

채취된 정액 증거물은 보관과 운송에 특히 주의해야 한다. 공기 중에서의 완벽한 건조는 필수이며, 건조된 상태라고 해도 많은 주의가 필요하다. 직사광선이나 높은 온도는 정액 내 산성인산화효소나 PSA를 파괴해 정액검사를 어렵게 할 수 있다. 비닐 백에 담긴 정액반은 부패를 유발할 수 있으며, 여름철 차량 내에 장시간 방치할 경우 DNA까지 심각한 영향을 받을 수 있다. 종이봉투와 종이박스를 사용하는 것은 운송 과정 중의 습도 조절을 위한 것이다. 현재 성폭력 사건의 증거물 채취를 위해 특별히 제작된 키트들이 많다. 우리나라도 2002년 여성부와 보건복지부, 법무부와 국과수, 관련 의료단체 등이 협의하여 의료기관에서 성폭력 사건의 증거물을 효과적으로 수집하기 위해 제

성폭력 응급키트 내용물의 변화

Step1 : 동의서
Step2 : 피해자 진료기록
Step3 : 겉옷, 속옷, 이물질
Step4 : debris collection(피해자 손톱, 신체 부스러기)
**Step5 : stain collection(가해자의 얼룩 및 타액)**
Step6 : pubic hair combings(가해자가 흘린 음모)
Step7 : genitalia swabs and smears(생식기 채취)
Step8 : anorectal swabs(항문 및 직장 내 채취)
Step9 : oral swabs(구강 내 채취)
Step10 : blood sample(피해자 혈액)
**Step11 : urine sample(소변)**
Step12 : 응급키트 체크리스트

개정 전

Step1 : 동의서
Step2 : 피해자 진료기록
Step3 : outer clothing,underpants,foreign material
Step4 : debris collection
Step5 : pubic hair combings
Step6 : pulled pubic and/or head hairs(피해자 모발류)
Step7 : vaginal swabs and smears
Step8 : rectal swabs and smears
Step9 : oral swabs and smears
Step10 : known blood samples
이외 : 가슴타액 채취 면봉 혹은 체외 사정물질

성폭력 응급키트 내용물의 변화

작한 '성폭력 응급키트'가 있다. 성폭력 응급키트의 내용물은 외국의 유사한 키트들과 마찬가지로 단계별 채취 도구와 체크리스트로 구성되어 있는데, 몇 년 전 개선된 키트가 보급되어 사용되고 있다.

## 정액 증거물의 성공적인 DNA감식은 정자의 '분획'에 달려 있다

정액 증거물의 DNA감식을 위해서는 정자와 질 상피세포의 분획 과정(fractionation)이 선행되어야 한다. 피해 여성의 질 내용물 속에는 피해자의 질 상피세포와 범인의 정자가 혼재되어 있는데, 여기서 범인의 정자만을 골라낼 수 있다면 범인의 DNA 프로필만을 명확하게 분석할 수 있다. 정자의 머리 부분은 질 상피세포에 비해 단단하기 때문에 일반적인 세포 용해(cell lysis) 처리로는 파괴되지 않으며,

DTT(dithiothreitol)와 같은 강력한 환원제를 처리해 disulfide 결합(S-S bond)을 끊어주어야 한다. 먼저 proteinase K를 포함한 세포 용해액을 이용해 질 상피세포를 파괴한 후 원심분리를 통해 아래쪽에 침전시킨 정자를 다시 DTT를 추가로 첨가한 세포 용해액으로 처리한다. 그러나 질 상피세포의 양이 정자에 비해 너무 많을 경우 한 번의 처리로 분획할 수 없으므로, 질 상피세포를 가능한 많이 제거하기 위해 분획 과정을 여러 번 반복하는 것이 좋다. 분획이 완벽히 수행되었다면 여성 분획에서는 질 상피세포로부터의 여성 DNA가 검출되고, 남성 분획에서는 남성의 정자로부터 남성의 DNA가 검출된다.

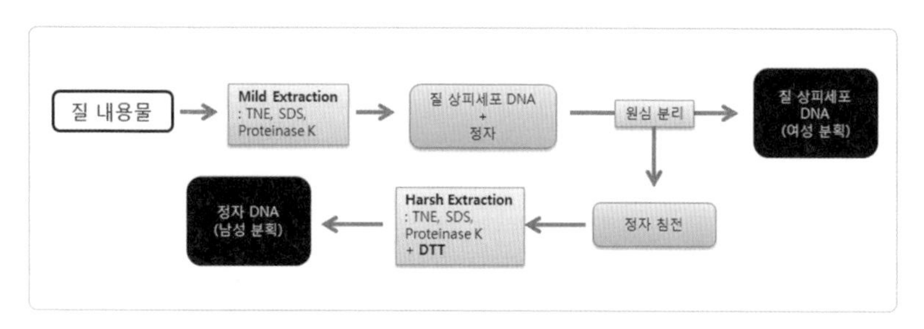


DNA감식 실험실에서 일반적으로 사용되고 있는 정자의 분획 방법

최근 레이저 절단장치가 장착된 현미경을 이용해 원하는 세포만 잘라 모을 수 있는 레이저 미세절단(LMD: Laser Microdissection) 장비가 개발되어 활용되고 있다. LMD 방법은 여러 명의 남성이 관련된 성범죄 사건에서도 매우 유용한데, 정자를 하나씩 잘라 DNA감식을 수행할 수 있기 때문이다. 또한 정자가 아니더라도 남성과 여성의 세포가 혼합되어 있고, 남성 혹은 여성의 DNA 프로필을 모두 분석해야

하는 사건인 경우에는 남성 세포만을 선택적으로 염색한 후 LMD 기술을 이용할 수 있다. 현재 Carl Zeiss 사의 Microbeam, Leica 사의 DM6000 B, Life Technologies 사의 ArcturusXT Laser Capture Microdissection System 제품이 주로 이용되고 있다. 이 밖에도 급속히 발전하고 있는 첨단 나노기술 중 하나인 미세유체역학(microfluidics)과 칩(chip) 기술을 이용하여 질 상피세포와 섞여 있는 정자를 분획하고자 하는 연구도 많이 진전되고 있다.

## 연쇄강간사건: '발바리'와 DNA 데이터베이스

10년 동안 110차례에 걸쳐 150명의 여성들을 강간해온 '대전 발바리'가 경찰의 끈질긴 추격 끝에 2006년 1월 붙잡혔다. DNA감식이 지금처럼 일반화되기 훨씬 전인 1998년부터 시작된 발바리의 범행은 우리 사회에 연쇄강간범의 존재를 드러내면서 공포의 대상이 되었다. 대전 발바리의 검거에는 DNA감식을 비롯한 과학수사의 힘이 결정적인 역할을 했다. 범인은 증거를 은폐하기 위해 피해자를 목욕시키기까지 했지만, 사건 현장이나 피해자들로부터 DNA가 확보된 것만 60건이 넘었다. 범행의 기간이나 피해자의 수는 물론이고, 과감하고 엽기적인 범인의 행보에 사람들은 경악하지 않을 수 없었다. 대전 발바리 외에도 '인천 발바리', '마포-서대문 발바리', '면목동 발바리', '동두천 발바리' 등 많은 연쇄강간범들이 검거되었는데, 주로 지리를 잘 알고 있는 자신의 거주지를 무대로 하였으며, 지문이나 DNA 증거를 남기지 않기 위해 노력했다는 공통점을 가지고 있었다. 장갑과 마스크를 착용하고, 콘돔을 사용하거나 피해자를 목욕시키고, 사건 현장을 청소하는 등 증거 은폐 노력은 수사를 어렵게 하지만, 지리적 프로파일링이나 DNA감식 등의 과학수사 앞에서는 무릎을 꿇을 수밖에 없었다. 2010년 시작된 DNA 데이터베이스는 특히 연쇄강간사건의 수사와 범인의 검거에 없어서는 안 될 중요한 도구가 되었다. 단순한 절도범을 검거해놓고 보니 수십 건의 강간사건 범인인 경우도 있었고, 전국을 무대로 범행을 저지르는 범인들을 서로 연결시켜줌으로써 사건의 초동수사와 범인 검거에 결정적인 도움을 주고 있기 때문이다. 더구나 절도와 함께 강간 사건의 재범률은 다른 사건에 비해 매우 높은 편이다. 2012년의 중곡동 주부 살인사건이나 통영 초등학생 납치살인사건, 그리고 2008년의 조두순 사건과 같이 성범죄자 전과자들에 의한 재범 발생을 막기 위해서는 화학적 거세나 전자발찌 착용과 같은 국가 차원의 철저한 관리와 함께 DNA감식과 DNA 데이터베이스의 효율적인 활용이 필요할 것이다.

## 르윈스키의 드레스

미국의 42대 대통령이었던 빌 클린턴은 백악관 여직원 르윈스키와의 성추문 사건 등으로 대통령직을 사임할 뻔했다. 위증 등의 이유로 미국 역사상 두 번째로 현직 대통령에 대한 탄핵안이 하원을 통과했지만 다행히(?) 상원에서 부결되어 대통령직은 유지할 수 있었다. 당시 클린턴은 아칸소 주지사 시절의 직원이었던 폴라 존스와 성추행에 대한 소송을 진행하고 있었으며, 르윈스키와의 성관계에 대해서는 강력히 부인하고 있었다. 연방 대배심 증언에서 클린턴이 르윈스키와의 성관계를 시인할 수밖에 없었던 이유 중의 하나는 르윈스키가 클린턴의 정액이 묻은 자신의 파란색 드레스를 보관하고 있었기 때문이다. 미국과 영국의 법과학 실험실에서 르윈스키 드레스에 묻은 정액반이 클린턴의 것인지를 밝히기 위해 DNA감식을 수행하였다. 결국 DNA감식이라는 부인할 수 없는 물적 증거 앞에서는 대통령도 계속 거짓말을 할 수 없었고, 대국민 사과문을 읽을 수밖에 없었다.

3

# 담배꽁초로 잡은 살인범

법과학적으로 중요한 인체 분비물 중 DNA감식을 위해 가장 많은 종류가 의뢰되는 것은 타액 증거물이다. 담배꽁초는 물론이고 다양한 사건 현장에서 발견되는 컵이나 음료수병, 캔, 마스크, 복면, 여성 피해자의 가슴을 닦은 면봉 등이 DNA감식을 위해 의뢰되는 대표적인 타액 증거물이다. 타액의 존재를 확인하기 위한 타액검사는 타액 내에 존재하는 아밀라아제라는 효소를 대상으로 하는데, 혈흔검사나 정액검사와 달리 명확한 확증검사가 없다. 타액의 확인이 사건 수사나 범죄 입증에 결정적인 역할을 하는 경우가 있는데, 범인이 무심코 버린 사건 현장의 담배꽁초나 무의식적으로 남긴 미량의 타액이 살인사건의 해결에 일등 공신이 되었던 경우도 있었다. 또한 혈흔형태분석과 관련하여 호기(呼氣) 혈흔의 증명을 위해 타액검사가 필요하다. 타액 증거물은 살인, 성범죄, 강도, 절도 등 거의 모든 유형의 사건에서 증거물로 의뢰되는 특징이 있으며, 의외로 DNA감식 성공률이 높은 중요한 생물학적 시료이기 때문에 과학수사요원은 하나의 타액 증거물도 놓치지 않도록 치밀하게 사건 현장 감식에 임해야 한다.

## 타액과 아밀라아제

사람들은 보통 하루에 약 1~1.5리터의 타액을 설하선(혀밑샘), 악하선(턱밑샘), 그리고 이하선(귀밑샘)을 통해 입안으로 분비한다. 타액 속에는 녹말(Starch)과 같은 불용성 다당류를 가수분해하여 수용성의 단당류로 분해해 소화를 돕는 아밀라아제(Amylase)라는 효소가 포함되어 있다. 사람의 타액 아밀라아제는 프티알린(Ptyalin)이라고도 한다. 아밀라아제는 췌장(Pancrease)에서도 분비되는데, 기능은 타액 속의 아밀라아제와 같다. 사람의 침샘이나 췌장에서 분비되는 아밀라아제는 모두 $\alpha$-아밀라아제이며, 긴 다당류의 $\alpha$-1, 4-glucosidic bond에 작용한다. 고구마나 밀 등의 식물과 많은 미생물은 $\beta$-아밀라아제를 가지며, 산성 조건에서 $\alpha$-1, 6-glucosidic bond에 작용하는 $\gamma$-아밀라아제도 있다.

## 타액검사

피해자의 의류나 사건 현장에서 찾은 타액 의심 반흔은 아밀라아제 검사를 통해 타액이 맞는지 확인하게 된다. 그러나 타액검사는 혈흔이나 정액반과 같은 다른 인체 분비물에 비해 확증검사 방법이 없다는 한계를 가지고 있다. 타액 이외에 뇨, 혈액, 정액, 질액 등에도 미량(타액에 비해 약 1/1,000배)이지만 아밀라아제가 존재하기 때문이다. 타액검사는 약 10분의 반응시간을 기준으로 결과를 판정하는데, 타액 이외의 다른 인체 분비물들은 10분 이내에 양성 반응을 보이지 않기 때문이다. 그러나 예외적으로 대변에는 타액만큼의 아밀라아제가 함유되어 있는 경우가 있으므로 판정에 주의할 필요가 있다. 또한 아밀라아제 활성은 개인 간에도 차이가 있을 수 있어 타액검사 40분 후에도 반응을 하지 않는 경우도 있다. 이러한 이유들로 인해 타액검사는 예비

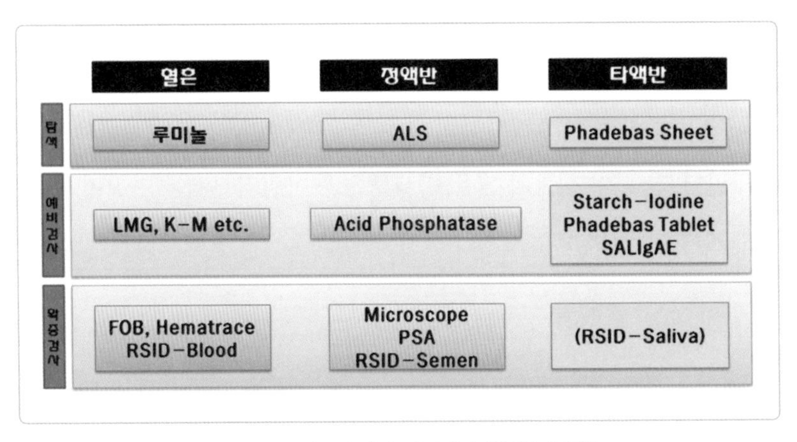

| | 혈흔 | 정액반 | 타액반 |
|---|---|---|---|
| 탐색 | 루미놀 | ALS | Phadebas Sheet |
| 예비검사 | LMG, K-M etc. | Acid Phosphatase | Starch-Iodine<br>Phadebas Tablet<br>SALIgAE |
| 확증검사 | FOB, Hematrace<br>RSID-Blood | Microscope<br>PSA<br>RSID-Semen | (RSID-Saliva) |

주요 인체 분비물의 탐색, 예비검사, 확증검사 방법

검사일 뿐이며, 타액검사 결과가 음성이라도 DNA감식을 수행해야 한다. 타액반을 맨눈으로 찾기는 그리 쉽지 않다. 일반적으로 대다수의 증거물에서 타액이 묻을 수 있는 위치나 범위가 작아 시료를 채취하는 데 큰 어려움이 없는 것은 다행스러운 일이다. 예를 들면 종이컵이나 맥주캔과 같은 증거물에서는 입이 닿을 수 있는 부분을 닦으면 되고, 마스크나 복면 등에서도 입과 접촉하는 부분을 전체적으로 닦으면 된다.

정액반의 탐색에 가변광원기(ALS)가 매우 유용하다는 것을 이전에 언급하였다. 타액반의 경우에는 어떨까? 가변광원기를 이용해 빠르고 쉽게 타액반을 식별할 수 있다면 좋겠지만, 타액반은 정액반과 달리 확연하게 식별되지 않는다. 지금까지 개발된 타액반 탐색 기법

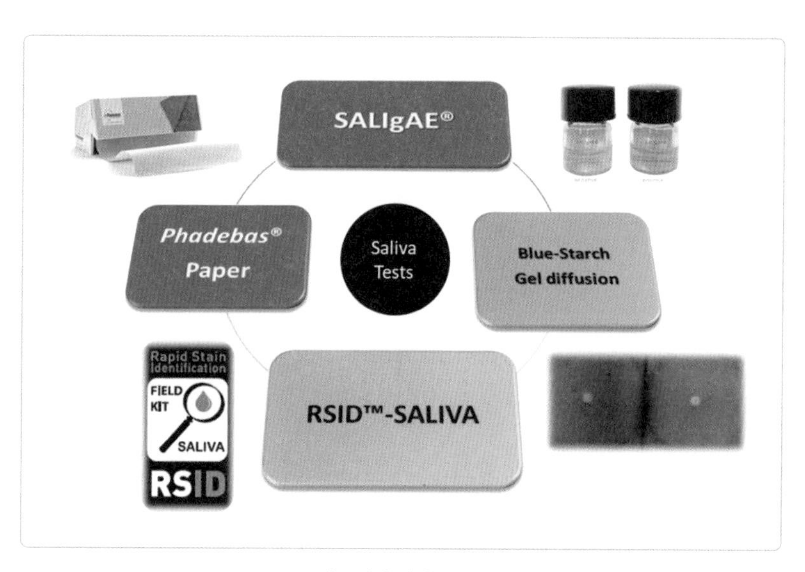


대표적인 타액검사법

중 가장 믿을 만한 것은 'Phadebas sheet'를 이용하는 것이다. 먼저 Phadebas sheet에 분무기를 이용해 멸균수를 뿌려 적셔준 후, 탐색 대상물(의류 등) 위에 덮고 가볍게 두드리거나 무거운 물체를 올려놓는다. 그리고 약 40분 동안 Phadebas sheet에 색 변화가 있는지를 수시로 확인한다. Phadebas sheet에는 blue-starch가 도포되어 있는데, 타액반 속의 아밀라아제에 의해 전분이 분해되면 파란색의 'clear zone'이 형성된다. 이 밖에도 SALIgAE 용액을 의류에 직접 분무하여 노란색으로 변하는 부분을 찾을 수도 있지만, 색 변화가 명확하지 않고 배경색의 영향을 받아 식별이 어려운 단점이 있다.

전분-요오드 검사법(starch-iodine test)은 가장 오래된 타액검사 방법인데, 요오드에 의해 전분은 짙은 파란색으로 염색되고, 타액 속의 아밀라아제에 의해 전분이 분해되면 염색이 되지 않는다는 점을 이용한다. 먼저 전분이 함유된 아가로스 겔 평판을 제조하고, 진공 플라스크와 피펫 팁을 이용해 구멍을 뚫는다. 아가로스 겔 평판의 제조를 위해 먼저 인산 완충액(pH 7.0)에 아가로스를 2%가 되도록 첨가하고 전자레인지를 이용해 녹인다. 그다음 약 45°C 정도로 식힌 후 0.1%의 농도가 되도록 전분을 첨가하고 유리판 위에 부어 굳힌다. 일반적으로 1/500로 희석된 타액을 양성 표준시료로 사용하며, 멸균수를 음성 표준시료로 한다. 전분이 첨가된 아가로스 겔 평판에 구멍을 뚫고, 검사 대상 시료 약 5μL를 넣은 후 37°C의 항온기 내에서 6시간~밤새 배양한다. 마지막으로 평판에 요오드를 처리하고, 흐르는 물로 씻어준 후 타액 존재 여부를 판정한다. 만약 검사 대상 시료가 타액이라면 아밀라아제에 의해 전분이 분해되어 원형의 투명한 부분이 생길 것이다.

생성된 원형의 크기가 양성 표준시료에 비해 작을 경우에는 검사 결과를 양성으로 판정하는 데 주의해야 한다. 전분-아가로스 겔 평판에 만들어진 원형의 크기는 시료 내 아밀라아제의 양에 비례할 것이므로 타액 양성 및 음성 표준시료와 크기를 비교하면 어느 정도의 정량 분석도 가능하다.

Phadebas 검사법은 전분에 파란색의 염색 시약이 공유 결합된 'Blue starch polymer'를 이용한 타액검사 방법이다. 타액 속의 아밀라아제에 의해 전분이 분해되면 파란색의 염색 시약이 떨어지게 되어 용액을 파란색으로 변화시키며, 분광계를 이용해 그 정도를 측정(620nm)하면 시료 내 아밀라아제의 양을 분석할 수 있다. Phadebas 검사 과정을 간략히 살펴보면 다음과 같다. 1) 검사 시료 약 200μL 또는 타액 의심 반흔을 잘라 12mL 시험관에 넣고, 증류수 4mL를 첨가한다. 2) 37°C에서 5분간 데운다. 3) Phadebas 알약 1알을 시험관에 넣고 10초간 흔들어 녹인다. 4) 37°C에서 15분간 배양한다. 5) 0.5M의 NaOH 1mL를 첨가해 반응을 중지시킨다. 6) 시험관을 1,500g의 속도로 5분간 원심분리한다. 7) 상층액을 큐벳에 옮긴 후 분광기를 이용해 620nm에서의 흡광도를 측정하고 아밀라아제 활성을 결정한다. 이때 흡광 값이 2.0을 넘으면 아밀라아제 활성이 매우 높은 것이므로, 1/5로 희석해 다시 측정하는 것이 좋다. 이때도 반드시 표준 양성 대조시료와 음성 대조시료를 준비해 함께 실험해야 한다.

미국 Abacus Diagnostics 사에서 개발된 SALIgAE 시약은 다른 타액검사 방법에 비해 민감도가 높고 사용하기 간편하며, 결과 판정이 신속하고 정확성이 높다는 장점 때문에 많은 DNA감식 실험실에서 가

Printed in the Republic of Korea
ANALYTICAL SCIENCE & TECHNOLOGY
Vol. 21, No. 1, 48-52, 2008

## 사건현장 검사를 위해 변형된 SALIgAE® 타액검사법의 유효성 검토

**임시근★ · 곽경돈 · 최동호 · 한면수**
국립과학수사연구소 유전자분석과
(2007. 9. 12. 접수, 2007. 12. 27. 승인)

## Validation of new saliva test using SALIgAE®

**Si-Keun Lim★, Kyung-Don Kwak, Dong-Ho Choi and Myun-soo Han**
*DNA Analysis Division, National Institute of Scientific Investigation*
(Received September 12, 2007; Accepted December 27, 2007)

**요 약:** 본 연구에서는 사건 현장 증거물에서 타액반의 확인을 위해 개발된 SALIgAE® 시약의 유효성을 검토하였다. SALIgAE® 검사법의 상세한 작용 기작에 대해서는 상업적 이유 등으로 잘 알려져 있지 않아 실험을 통해 민감도와 특이성을 검토하였으며, 이를 기존의 타액검사 방법인 아가로스 겔 확산법 및 Phadebas® 검사법과 비교하였다. 사건 현장에서 경제적이며 쉽고 신속하게 타액검사를 수행할 수 있도록 SALIgAE® 검사법을 변형하였는데, 5분 이내에 1/600 이상 희석된 타액까지 확인이 가능하였다. 타액 이외의 인체 분비물(정액, 질액, 뇨, 땀, 콧물)은 5분 이내에 SALIgAE® 검사 양성반응을 보이지 않았다. 또한 SALIgAE® 검사 시약은 상온에서도 높은 안정성을 보여 법과학 실험실에서는 물론 사건 현장에서도 유용하게 사용할 수 있을 것으로 판단되었다.

**Abstract:** A new forensic saliva test method using SALIgAE® was evaluated in this study. The sensitivity and specificity of SALIgAE® were examined and compared to those of other saliva test methods such as agarose gel diffusion method and Phadebas® test sheet method. SALIgAE® showed high sensitivity and specificity to human saliva in addition to quickness. Moreover modified SALIgAE® method was cheap and easy to use in crime scene and DNA laboratory. SALIgAE® was very stable at room temperature and had no effect on STR typing.

**Key words:** forensic saliva test, amylase, SALIgAE, Phadebas, modification

참고문헌 : 분석과학 2008, 21(1):48-52

장 선호되고 있다. 국과수에서는 2008년 SALIgAE 검사법을 도입하면서 더욱 신속하고 간편하게 사용할 수 있도록 시험 과정을 변경하였는데, 시약의 양을 1/10로 줄여 비용을 절감함은 물론이고, 사건 현장에서도 편리하게 사용할 수 있다는 장점이 있다. 제조사의 검사 방법에 따르면 증류수 50μL에 타액 의심 반흔을 잘라 넣고 30분간 배양한 후 8μL를 취해 SALIgAE 용액 300μL가 담긴 바이알에 넣고 노란색으로 변하는지 관찰하는 것인데, 변형된 검사 방법에서는 PCR 튜브에 SALIgAE 용액을 30μL씩 분주하고, 타액 의심 반흔을 잘라 SALIgAE 용액에 직접 넣고 노란색으로의 변화를 관찰한다. 타액검사 결과는 SALIgAE 용액이 10분 이내에 노란색으로 변하면 양성, 색 변화가 없으면 음성으로 판정한다.

미국 Independent Forensics 사의 'RSID(Rapid Stain Identification)-SALIVA' 키트는 가장 최근에 개발된 타액검사 키트다. RSID-SALIVA 키트는 사람 타액의 α-아밀라아제에 대한 단클론항체를 이용하기 때문에 대부분의 동물 타액과 교차반응이 없으며, 민감도가 매우 높아 1μL의 타액까지 검출할 수 있다. 혈액, 정액, 질액, 생리혈 등의 인체 분비물과는 교차반응이 없으나, 일부 남성의 소변 및 여성의 모유와 교차반응이 있다는 연구 결과도 보고되었다. 또한 너무 많은 타액(50μL 이상)은 소위 'Hook effect'에 의해 음성의 결과를 보여줄 수 있으므로 주의해야 한다. RSID-SALIVA 키트의 사용 방법은 다음과 같다. 1) 타액 의심 반흔을 소량 잘라 1.5mL 튜브에 넣는다. 2) 200μL의 RSID 추출 버퍼(extraction buffer)를 첨가한다. 3) 상온에서 약 1~2시간 동안 충분히 용출한다. 4) 용출액 20μL를 취해 80μL의 RSID TBS Running Buffer와 섞어 RSID 카세트의 S 부위에 넣어준다. 5) 약 10분 후 결과를 판독하는데, RSID 카세트의 C(control)와 T(test) 부위 모두에 갈색의 줄이 나타나면 타액반응 양성으로 판정한다.

## 타액 증거물

범죄 현장의 컵이나 캔, 병 등에서 검출된 타액은 매우 중요한 증거물이 될 수 있는데, 특히 용의자가 범죄 현장에 가지 않았다고 주장할 경우 이를 반박할 수 있다. 사건 현장에서 매우 다양한 타액 증거물을 만날 수 있는데 빨대, 이쑤시개, 사탕, 립스틱, 먹던 과일이나 씨앗, 물린 자국, 복면이나 마스크, 우표나 봉투, 신체의 가슴, 목, 귀 부분, 전화기(송화기), 숟가락, 젓가락, 포크, 구토물, 케이크, 치아, 칫솔, 에어백 등 타액이 묻을 수 있는 모든 것들이 증거물이다 타액반은 보통 '이중면봉법(double swab method)'으로 채취하는데, 멸균수를 적신 면봉으로 1차 채취하고, 마른 면봉으로 남아 있는 물기를 완전히 닦아낸다. 인체 부위(피해 여성의 가슴, 귀, 목 등)에 묻은 타액은 멸균수를 묻힌 면봉으로 문질러 채취하는데, 이때 너무 세게 문질러 피해자의 피부세포가 너무 많이 섞이지 않도록 부드럽게 적당한 힘으로 채취하는 것이 중요하다.

## 담배꽁초

사건 현장에서 가장 많이 발견되고, 유전자 감식을 위해 가장 많이 의뢰되는 타액 증거물은 담배꽁초다. 담배꽁초가 중요한 증거물인 이유는 아주 오래되었거나 범인에 의해 의도적으로 오염되고 훼손된 담배꽁초에서도 의외로 완벽한 DNA 프로필이 검출되는 경우가 많기 때문이다. 담배꽁초는 수거되는 장소도 중요한데, 노상 혹은 많은 사람들이 이용하는 시설의 재떨이에서 수거된 담배꽁초는 소위 '쓰레기' 증거물로 분류되어 사건 해결에 도움이 되지 않는다. 또한 담배꽁초의 상태도 DNA감식 결과에 영향을 미칠 수 있는데, 젖은 상태의 담배꽁초는 말려서 개별 포장하여 서로 접촉되지 않도록 해야 증거물 사이의 오염을 방지할 수 있다. 사건의 수사에서 담배꽁초의 종류도 중요한 의미를 갖는다. 흡연자들은 각자 선호하는 담배가 다르기 때문에 담배의 종류를 식별하는 것은 용의자를 선별하는 데 도움을 줄 수 있다. 현재 국내에서 시판되고 있는 담배의 종류는 국산 및 외국산을 합쳐 100종이 넘으며, 새로운 제품이 계속 판매되고 있다. 국내에서 가장 많이 판매되고 있으며, 가장 많이 감정 의뢰되고 있는 담배 종류는 '에쎄(Esse)'인데, 더 세부적으로 구분하면 11종이나 된다. 담배꽁초 중에는 필터 부분이 훼손되거나 이름이 적혀 있지 않아 식별이 곤란한 것들도 많은데, 시판되고 있는 모든 담배에 대한 '데이터베이스'가 있다면 신속하고 편리하게 담배꽁초를 식별할 수 있을 것이다.

## 호기 혈흔의 증명

혈흔형태분석(Bloodspatter Pattern Analysis)은 사건 현장의 혈흔을 형태학적으로 구분하고 분석하여 사건을 재구성한다. 여러 형태의 혈흔 중에서 '호기 혈흔(Expectorated Bloodspatter)'은 형태학적 분석만으로는 '분출 혈흔'과 구분이 쉽지 않다. 사건에 따라 호기 혈흔과 분출 혈흔을 명확히 구분할 필요가 있는데, 타액검사가 큰 도움이 될 수 있다. 앞서 살펴본 여러 타액검사 방법 중에서 타액 내 아밀라아제 활성에 의해 검사 시약이 노란색으로 변하는 SALIgAE 시험법은 혈액의 빨간색에 의해 방해를 받기 때문에 결과 판정이 어려우며, Phadebas 검사법은 혈액에 의한 방해는 적지만 검사에 소요되는 시간이 길고 민감도가 낮은 단점을 갖고 있다. 최근 국과수에서 수행한 "호기 혈흔의 식별을 위한 타액검사 방법의 비교"에 관한 연구 결과, RSID-SALIVA 키트가 민감도가 가장 높고 혈액의 방해가 없는 가장 유용한 호기 혈흔검사 방법으로 나타났다. RSID-SALIVA 키트는 현재 사용되고 있는 타액검사 방법 중에서 특이성이 가장 높아 다른 인체 분비물과의 교차반응이 가장 낮지만, 몇 가지 주의해야 할 점도 있다. 호기 혈흔의 확인을 위해 RSID-SALIVA 키트를 사용할 경우 양성 및 음성 대조시료는 물론이고, 타액이 섞이지 않은 대조 혈흔도 함께 검사해야 한다. 췌장과 관련된 질병이 있는 사람의 경우 혈액 내에 아밀라아제 농도가 높아지기 때문이다. 또한 소변이나 모유 등에 의해 위양성의 결과가 나타나지는 않았는지 검토하는 것도 필요하다. RSID-SALIVA 키트의 검사시간은 약 10분으로 설정해야 하는데, 너무 오랜 시간 후에 나타나는 양성 결과는 신뢰성이 떨어지기 때문이다.

JOURNAL OF  

*J Forensic Sci*, November 2015, Vol. 60, No. 6
doi: 10.1111/1556-4029.12864
Available online at: onlinelibrary.wiley.com

**TECHNICAL NOTE**

**CRIMINALISTICS**

*Hee-Yeon Park,*[1] *Ph.D.; Bu-Nam Son,*[2] *M.S.; Young-Il Seo,*[3] *M.S.; and Si-Keun Lim,*[4] *Ph.D.*

## Comparison of Four Saliva Detection Methods to Identify Expectorated Blood Spatter*

**ABSTRACT:** Blood spatter analysis is an important step for crime scene reconstruction. The presence of saliva in blood spatter could indicate expectorated blood which is difficult to distinguish from impact spatter. In this study, four saliva test methods (SALIgAE®, Phadebas® sheet, RSID™-Saliva kit, and starch gel diffusion) were compared to identify the best method for detecting expectorated blood spatter. The RSID™-Saliva kit showed the highest sensitivity even when saliva was mixed with blood, and was not inhibited by the presence of blood. The SALIgAE® test provided easy and rapid results, but the yellow color of a positive reaction was overwhelmed by the red color of the blood. The starch gel diffusion method and the Phadebas® sheet exhibited relatively low sensitivity and the assay took a long time. When using the RSID™-Saliva kit for identifying saliva in blood, results should be read within 10 min.

**KEYWORDS:** forensic science, bloodstain pattern analysis, expectorated blood spatter, RSID™-Saliva kit, SALIgAE®, Phadebas® sheet, blue starch gel diffusion, amylase

참고문헌 : Journal of Forensic Sciences, 2015 60(6):1571–1576

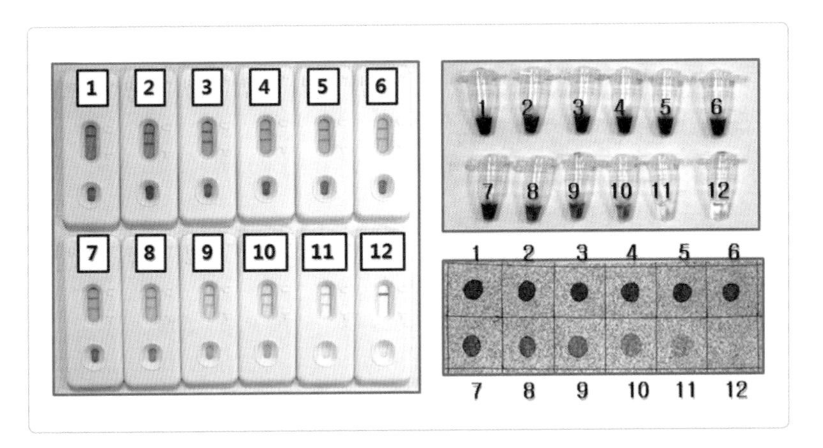


RSID–SALIVA 키트, 변형 SALIgAE 시험법,
Phadebas sheet 시험법을 이용한 호기 혈흔의 타액검사 비교

4

# 한 올의 머리카락도 소중한 증거물이다

우리 몸에서는 매 순간 많은 모발들이 빠지고, 또 새로 나고 자란다. 이들 중 일부의 모발은 사건 현장에 남겨지거나 다른 사람 혹은 물건에 전달될 수 있다. 법과학 분야에서 모발 증거물이 차지하는 비중은 그 가치에 비해 다소 소홀하게 취급되어온 경향이 있다. 살인사건 피해자의 손에 쥐어져 있던 모발 한 올, 뺑소니 차량 하부에서 발견된 모발 한 올, 강간사건 피해자의 음부에서 수거된 음모 한 올, 총기 절취 사건 현장의 철조망에 끼어진 채 발견되었던 모발 한 올은 사건의 해결에 결정적 역할을 하였던 증거물이다. 사건 현장에서 발견된 용의자의 모발은 용의자와 사건 현장을 연결시킬 수 있고, 피해자의 몸에서 발견된 용의자의 모발은 피해자와 용의자를 연결시켜준다. 뽑힌 모발의 모근부에는 DNA감식에 충분한 양의 핵 DNA가 포함되어 있다. 모근부가 부실하거나 아예 없는 모발의 경우에도 모간부에서 미토콘드리아 DNA 분석을 시행할 수 있다. 모발의 형태학적 분석에 의한 개인 식별은 DNA감식 기법의 발전으로 이제 큰 도움이 되지 않지만, 사건의 수사 단계에서 용의자를 선정하거나 특정 용의자를 배제하는 데 어느 정도 유용하게 활용될 수 있다. 그러나 모발의 형태학적 분석만으로는 오류의 가능성이 있어 너무 맹신해서는 안 된다. 법정에서 모발 증거물이 얼마나 유용하게 활용될 수 있을지는 미리 알 수 없기 때문에 가능한 모든 과학적 방법을 동원해 모발을 분석하고 그 결과를 제출할 필요가 있다.

## 모발의 구조와 생장 단계 및 종류

모발은 큐티클(cuticle), 코텍스(cortex), 그리고 메듈라(medula)로 구성되어 있다. 연필을 예로 들면, 연필의 가장 바깥쪽 페인트 부분은 큐티클, 중간의 나무 부분은 코텍스, 가장 안쪽 심 부분은 메듈라에 해당된다. 큐티클은 가장 바깥쪽에서 외부 환경으로부터 모발을 보호하는 역할을 하는데, 동물의 털은 물고기의 비늘과 유사한 납작한 형태의 세포들이 서로 겹쳐진 매우 일정한 반복 구조로 되어 있지만, 사람의 모발은 일정한 반복 패턴은 갖지 않는다. 큐티클의 두께, 색소의 유무, 색상 등은 모발 분석의 유용한 특성이 될 수 있다. 코텍스는 모발의 주요 구성 성분으로서 모발 분석을 위한 많은 특징들을 가지고 있다. 코텍스를 구성하는 세포는 긴 축 모양이며, 모발의 색상을 결정하는 'eumelanin(갈색 및 검정색)' 또는 'phaeomelanin(노란색 및 빨간색)'이라는 색소 알갱이를 가지고 있다. 모발 색소 알갱이의 밀도, 크기, 분포 등은 인종이나 개인 사이에 큰 차이를 보이며, 한 개인 내에서는 큰 차이가 없기 때문에 개인별로 특징적인 정보를 얻을 수 있다. 모발의 뿌리 끝 근처에는 케라틴 생성 과정에서 만들어지는 'cortical fusi'라는 공기 구조가 코텍스 내에 형성된다. 또한 'ovoid body'라는 큰 알 모양의 구조가 코텍스 전체에 걸쳐 발견되는데, 사람의 모발에서 드문 것은 아니지만 일반적으로 발견되지는 않는다. 모발의 가장 안쪽 부분은 메듈라인데, 세포가 연속적, 비연속적 혹은 단편적으로 관찰되거나 아예 보이지 않을 수도 있다. 메듈라는 동물 털의 종 식별에 매우 중요하지만, 사람의 경우에는 일정한 구조나 패턴이 없다.

모발은 생장 단계에 따라 세 가지로 구분할 수 있다. 우리 몸에 있는 전체 모발의 약 80~95% 정도는 활발히 분열하고 있는 'anagen phase'의 모발이고, 약 2% 정도는 짧은 중간 단계인 'catagen phase'이며, 약 10~20%의 모발은 마지막 'telogen phase'로 생장이 멈춰 빠지게 된다. 핵 DNA STR 분석은 anagen 및 catagen 상태의 모발 모근부에서 가능하며, telogen 상태의 모발에서는 모근부와 모간부에 존재하는 미토콘드리아 DNA만 분석할 수 있다.

모발은 발견되는 인체 부위에 따라 두모(머리), 음모(음부), 얼굴 모발(눈썹/수염), 그리고 기타 신체 모발(겨드랑이, 가슴, 팔, 다리, 코 등)로 구분할 수 있다. 두모는 가장 긴 모발이며, DNA감식의 대조시료로 사용되거나 마약 또는 약물 투약 여부를 검사할 수 있다. 음모는 특히 강간사건에서 중요한 증거물인데, 피해자의 음부를 빗질하여 용의자의 음모를 수거할 수 있다. 교통사고 차량의 운전자 식별을 위해 차량 앞 유리 안쪽 면에 박힌 두모를 채취해 분석할 수 있으며, 뺑소니 차량의 확인을 위해서는 차량 앞 유리 바깥쪽 혹은 차량 하부 등에서 피해자의 모발을 채취한다.

## 동물의 털

모발은 법과학 분야에서만 중요한 시료가 아니다. 야생동물 생물학자, 고고학자, 인류학자들에게 모발 혹은 동물의 털은 연구를 위한 중요한 도구이기 때문에 오래전부터 많은 연구가 진행되어왔다. 또한 많은 종류의 동물들이 인간과 함께 생활하고 있기 때문에 사건 현장에서도 어렵지 않게 동물의 털을 발견할 수 있다. 사람의 모발과 마찬가지로 동물의 털도 형태학적 분석과 DNA감식을 통해 종을 식별할 수 있으며, 개나 고양이, 소와 말 등 일부 동물의 경우에는 개체의 식별까지도 가능하게 되었다. 용의자 소유의 개로부터 유래한 털이 피해자의 의류에서 발견되었다면, 이는 매우 중요한 증거가 될 것이다. 반대로 용의자의 의류에 피해자 소유의 개로부터 유래한 털이 묻어 있다면, 용의자와 사건 현장을 연결시키는 중요한 단서가 될 수 있다. 또한 국가에서 보호종으로 지정한 야생동물을 불법적으로 포획하거나, 국제적으로 거래할 수 없도록 지정된 동물을 밀수하는 경우에도 동물의 털은 종을 식별하는 데 중요한 증거가 될 수 있다.

## 모발 증거물의 수집과 법과학적 활용

모발 증거물의 수집은 주로 사건 현장과 실험실에서 이루어지는데, 모발은 쉽게 분실될 수 있으므로 보이는 즉시 수집해야 한다. 사건 현장에서 수집된 모발은 실험실로 보내지는데, 이 과정에서도 마찬가지로 분실에 주의해야 한다. 모발은 형태학적 감정과 DNA감식 등 여러 분야에서 분석될 수 있으므로 실험실 간 이동 시에도 오염이나 분실에 유의해야 한다. 모발을 수집하는 방법은 핀셋이나 테이프를 이용하는 방법이 일반적이지만, 진공 장치를 이용할 수도 있다. 수집된 모발은 먼저 낮은 배율의 실체현미경이나 돋보기를 사용해 검사하고, 선별된 모발은 고배율의 현미경을 이용해 형태학적 감정을 시행한다. 수집된 모발은 흰색 종이로 접어 포장하며, 테이프를 이용해 부착할 경우에는 모근부의 세포들이 손상되지 않도록 주의한다. 차량 유리에 박혀 있는 모발은 무리하게 뽑으려 하지 말고, 그대로 의뢰하는 것이 좋다. 피해자 음부를 빗질할 때는 넓은 흰색 종이를 깔고 부드럽게 빗질하여 떨어지는 음모를 수집한다. 화장실 배수구의 모발 전부를 의뢰하거나 방바닥 전체의 모발을 쓸어 담아 의뢰하는 것은 바람직하지 않다. 먼저 형태학적으로 모발을 선별하고, 모근 유무를 돋보기 등으로 확인해 감정을 의뢰해야 한다. 모발 한 올은 혈흔 하나와 똑같이 취급되는 증거물이기 때문이다. 면도기나 빗의 모발도 그대로 의뢰하는 것이 좋은데, 모발과 별도로 붙어 있는 피부세포나 비듬도 유용한 DNA감식 시료이기 때문이다.

모발이 중요한 또 다른 법과학 분야는 마약 분석 분야다. 마약 투약자의 두모나 음모 등 신체의 모발에는 마약 투약의 시기가 고스란히 남아 있기 때문이다. 그런데 간혹 마약이 검출된 모발 증거물이 본인의 모발이 아니라고 주장하는 피의자가 있다. 이러한 경우에는 마약 검사 후 남아 있는 모발과 피의자 대조시료의 DNA 프로필을 분석해 동일인 여부를 검사해야 한다. 그러므로 이런 경우를 대비하여 마약 검사를 위한 모발을 모두 마약 검사에 사용해서는 안 되며, 수사기관에서는 마약 검사 후에도 모발을 남길 수 있을 정도의 충분한 모발을 채취해야 한다.

## 모발의 형태학적 분석

모발의 형태학적 분석은 육안 혹은 현미경을 이용해 모발을 상세히 관찰하는 것인데, 먼저 사람의 모발인지 동물의 털인지 식별할 수 있고, 대상자의 모발과 비교해 동일성 여부에 대한 정보도 제공할 수 있다. 사람의 모발은 인종별, 인체 부위별, 색깔, 생장 단계 등으로 구분할 수도 있다. 육안보다 현미경을 이용하면 좀 더 자세히 모발을 관찰할 수 있는데, 일종의 패턴 인식 과정이다. 즉 모발의 여러 가지 특징들을 찾아내 다른 모발과의 공통점과 차이점을 비교하는 것이다. 모발의 형태학적 분석은 일반적으로 잘 훈련된 두 명의 전문가에 의해 수행되는데, 각자의 분석 결과를 최종 검토하여 판정한다. 모발의 형태학적 감정은 모발을 파괴하거나 소모하지 않기 때문에 다른 분석자에 의한 교차 분석이 가능하며, 미토콘드리아 DNA(mtDNA) 분석과 같은 추가 분석이 가능하다. 우리나라에서는 아직까지 큰 효용성이 없지만, 미국처럼 다양한 인종으로 구성된 나라에서는 모발의 형태학적 분석만으로도 어느 정도 인종을 추정할 수 있다.

모발의 형태학적 분석은 모발과 관련된 다른 정보들도 제공해줄 수 있는데, 경우에 따라서는 사건 해결에 매우 중요할 수 있다. 예를 들면 망치로 피해자의 머리를 내리쳐 살해한 사건의 경우, 단순히 망치에서 피해자의 모발이 발견되었다는 것과 그 모발이 눌리고 손상되었다는 것은 크게 다른 의미를 가질 수 있다. 비슷한 예로, 남편의 차량 트렁크에서 피해자인 부인의 모발이 발견되었다는 것과 그 모발에서 부패의 흔적이 발견되었다는 것은 전혀 다른 의미가 된다.

그러나 몇 년 전 미국 FBI는 과거 모발의 형태학적 감정이 과학적이지 못했으며, 이로 인해 죄가 없는 사람이 억울한 옥살이를 하게 되었다고 고백하였다. 모발의 형태학적 분석만으로 개인을 특정하는 것은 한계가 있으며, 매우 위험할 수 있다는 점을 명심해야 한다.

> 형태학적 분석으로 모발의 동일성 여부를 판단하기는 매우 어렵다. 특히 비전문가에 의해 단편적으로 수행될 경우 '잘못된 배제(false exclusion)'를 범할 수 있으므로 주의해야 한다. 현재 짧은 모발 한 올만으로도 미토콘드리아 DNA 분석이 가능할 정도로 DNA감식의 민감도가 높아졌기 때문에 비파괴검사인 형태학적 분석 후 DNA감식을 수행하는 것이 바람직하다.

## 모발의 DNA감식

현재 DNA감식 기술의 표준은 '핵 DNA STR 분석'으로서 DNA 데이터베이스도 이를 기반으로 구축되어 있다. STR 분석은 개인 식별력이 높고 미량의 DNA도 분석이 가능하지만, 아주 오래된 뼈나 모근부가 부실한 모발 등의 시료들은 미토콘드리아 DNA 분석만 가능한 경우가 많다. 모발은 모근부에 'sheath cell'이 있어야 핵 DNA STR 분석이 가능하며, 모근부가 없는 모발은 모간부에 존재하는 미토콘드리아의 DNA를 분석한다. 비록 핵 DNA감식이 막강한 개인 식별 도구이긴 하지만 수많은 모발 시료들을 모두 분석해 범인의 모발을 찾는 것은 매우 비효율적이다. 현미경을 이용한 모발의 형태학적 검사를 통해 모발과 섬유, 동물의 털과 사람의 모발을 식별하고, 두모와 음모를 구별하며, 자연적으로 탈락된 모발과 강제로 뽑힌 모발을 구분하는 것이 DNA감식의 효율성을 높여줄 수 있다.

사건 현장에서 발견되는 대부분의 모발은 자연 탈락 모발로서 핵 DNA STR 분석이 불가능하며, 필요한 경우 미토콘드리아 DNA 분석을 수행하게 된다. 세포 하나에는 5,000개 이상이 mtDNA가 포함되어 있기 때문에 불과 1~2cm의 모발만으로도 분석할 수 있다. 그러나 mtDNA는 모계로 유전되기 때문에 모든 개인이 서로 다르지는 않다는 한계를 가지고 있다는 점도 알아야 한다. 그래서 모발의 형태학적 분석과 마찬가지로 mtDNA 분석도 '일치'의 의미보다는 '배제'의 의미가 더 크다. 모발의 형태학적 분석과 mtDNA 분석과의 상관관계를 실험한 결과에 따르면, 서로 약 88%의 일치 결과를 보여 크게 다르

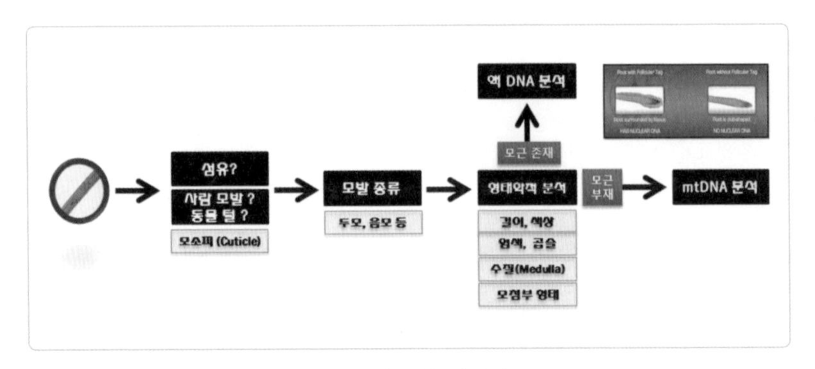


모발 증거물의 분석 과정

지 않았다고 한다. 결론적으로 말하면, 모발의 경우 형태학적 분석과 mtDNA 분석을 병행하는 것이 상호 보완적이며 가장 이상적이다. 즉 mtDNA 분석을 통해 형태학적으로 비슷한 모발들을 구분할 수 있으며, 형태학적 분석을 통해 동일 모계의 용의자들을 식별할 수 있다. 또한 mtDNA 분석을 통해 형태학적 분석 결과를 더욱 명확히 뒷받침할 수도 있다.

미토콘드리아 DNA 분석이 꼭 필요한 경우가 있다. 인적이 드문 지방 도로에서 오토바이와 충돌하고 운전자가 도망가버린 사건이 있었다. 운전자는 사고 당시의 충격으로 앞 유리 안쪽 면에 머리를 부딪치게 되었고, 깨어진 유리 사이에서 다수의 모발이 발견되었다. 모발은 모두 끊어진 상태였기 때문에 모근부가 없어 핵 DNA의 DNA감식은 불가능했지만 미토콘드리아 DNA 분석을 통해 용의자와 일치함을 밝힐 수 있었다. 차량이 사람을 충격해 앞 유리 바깥면의 머리 충격 부위에서 발견되는 모발의 경우에도 모근부가 없으면 미토콘드리아 DNA

를 분석해 피해자와의 일치 여부를 검사하게 되는데, 이처럼 제한된 대조시료의 비교를 통해 일치되는 경우에는 미토콘드리아 DNA 분석도 매우 가치 있는 증거가 될 수 있다.

## 전방부대 총기 도난 사건을 해결한 철조망의 모발 한 올

2005년 9월 강원도 고성군에 위치한 육군 모 부대에서 K-2 소총 2정과 실탄 700여 발, 그리고 수류탄 6발이 분실되는 사건이 발생했다. 총기 분실 사건은 2차 범죄로 이어질 가능성이 높아 군은 물론이고 전 국민이 불안해할 수밖에 없다. 일반인의 출입이 엄격히 제한되는 전방부대, 그것도 부대 안의 무기고에 있던 총기가 분실될 수 있을까? 그래서 사건 발생 초기에 외부인에 의한 범행보다는 내부인에 의해 발생했을 가능성을 높게 보았다. 사건 현장에 대한 감식에서 잘린 철조망 사이에 끼어 있던 한 올의 짧은 모발이 발견되었다. 범인이 남긴 유일한 증거물이었다. 범인이 철조망을 잘라내고 팔을 넣어 무기를 절취할 때 자신도 모르는 사이에 머리카락이 끼여 뽑히게 된 것이다. 이제 이 모발의 주인만 찾으면 되었다. 뽑힌 모발의 모근부에는 DNA 감식에 충분한 양의 DNA가 있었다. 남성의 DNA 프로필이 확보되었고, 혈액형도 분석되었다. 먼저 해당 부대원을 대상으로 DNA감식이 수행되었지만 일치하는 사람이 없었다. 다음으로 부대의 지형을 잘 알고 있는 제대자와 전역자들 중에서 혈액형이 일치하는 사람들을 선별해 대조가 진행되었다. 이들 중 한 명의 DNA 프로필이 철조망에서 수거된 모발과 일치하였다. 수사기관은 예비역 중사 김모 씨와 예비역 병장 장모 씨를 검거하고, 숨겨두었던 총기와 수류탄도 모두 회수할 수 있었다. 이 사건이 계기가 되어 국방부조사본부 과학수사연구소에 DNA감식 실험실이 만들어지게 되었다.

5

# 지문에서 DNA감식이 가능할까?

에드몽 로카르는 “모든 접촉은 흔적을 남긴다”라고 말했지만, 모든 접촉이 DNA감식에 충분한 양의 DNA를 남기지는 않는다. 미량의 DNA만 남아 있는 증거물로부터 어렵게 DNA 프로필을 확보하더라도 사건과 직접적으로 관련된 것이 아닐 수도 있다. DNA감식 실험실에서 미량 DNA에 대한 개념조차 생소했던 1997년에 만들어졌던 〈가타카(Gattaca)〉라는 영화가 있다. 영화에서는 놀랍게도 미량 DNA 증거물에 대한 DNA감식 장면이 여러 번 등장하고 있다. 특히 자신의 존재를 숨겨야만 했던 영화 속 주인공이 피부세포를 흘리지 않기 위해 매일 피부를 벗겨내는 장면은 접촉 증거물에 대한 개념을 잘 설명해주고 있었다.

'미량 DNA 시료(Trace DNA)'란 단순히 DNA의 양이 적은 시료를 의미하는 것이 아니다. 최근의 정의에 의하면, "DNA감식 전체 과정(채취, DNA 정제, PCR 증폭, CE 전기영동, 결과 해석)의 어느 단계에서든지 검출 한계 이하"인 시료를 의미한다. 대표적인 미량 DNA 시료는 접촉 증거물이지만, 혈흔이나 정액 등 다른 인체 분비물도 미량 DNA 시료가 될 수 있다는 것이다. 최근 절도 등 재산범죄가 큰 폭으로 증가하고 있는데, 절도사건 증거물의 대부분은 접촉 증거물이다. 또한 범죄자들이 고도로 지능화되어 증거물을 훼손하거나 은폐하려 노력하고 있다. 미량 DNA 시료의 DNA감식이 급격히 증가한 가장 큰 이유는 DNA감식 기술의 발전에 있다. 과거에는 검출되지 않았던 증거물도 이제 분석이 가능해졌기 때문이다. DNA감식에서 가장 조심해야 하는 것은 '오염'이다. 다른 생물학적 증거물도 그렇지만 접촉 증거물은 오염 방지에 더욱 많은 노력을 기울여야 한다. 그래서 전 세계의 많은 DNA감식 실험실에서는 미량 DNA 분석을 위한 전용 실험실을 만들고, 전담 감정인을 배치해 접촉 증거물을 분석하고 있다. 미량 DNA 시료의 성공적인 DNA감식이 사건 해결의 열쇠를 쥐고 있다고 해도 과언이 아니다. 그럼 우리를 웃고 울리는 '접촉 증거물'을 알아보자.

## 접촉 증거물이란

접촉 증거물은 'Touch DNA' 혹은 'Contact DNA'라고 하는데, 손으로 어떤 물체를 만지거나 피부가 어떤 물체와 접촉했을 때 남겨진 피부세포를 의미한다. 피부는 우리 몸에서 가장 넓은 면적을 갖는 조직으로서 평균 $2m^2$를 넘으며, 신체의 온도와 수분을 조절하고 병원체 등에 대한 방어와 외부 자극에 대한 감각 등 다양한 기능을 수행한다. 피부는 상피와 진피의 두 층으로 구성되어 있는데, 하루 동안 약 40만 개의 피부세포가 인체에서 떨어져 나온다고 한다. 하지만 탈락된 대부분의 피부세포들은 핵을 가지고 있지 않아 DNA감식의 대상이 되지 않는다.

접촉 증거물은 맨눈으로는 확인할 수 없고, 혈흔이나 다른 인체 분비물에 비해 매우 적은 수의 세포밖에 없기 때문에 피부세포가 부착된 부분을 식별하기는 매우 어렵다. 만약 범인이 자신의 의류를 사건 현장에 남겨두었다면, 피부와 가장 많이 접촉되는 상의의 목 부분이나 모자의 헤드밴드 부분, 팬티의 허리 고무줄 부분을 집중적으로 채취하는 것이 좋다. 감정 의뢰되는 대표적인 접촉 증거물은 칼이나 드라이버 등 범행 도구의 손잡이, 모자, 헬멧, 장갑, 의류, 양말, 자동차 운전대, 자전거 손잡이, 서랍 손잡이, 병뚜껑, 결박 끈, 문손잡이, 피부 화장품, 손톱깎이, 귀이개, 비듬, 안경, 문서, 지폐, 돌멩이, 수건, 라이터, 목베개, 운동화, 슬리퍼, 가방, 우산 손잡이, 키보드, 마우스, 복면, 차량 유리, 반지, 목걸이 등이지만 실제로는 한계를 정할 수 없을 정도로 다양하다.

## 접촉 증거물 채취 방법

접촉 증거물에서 완벽한 DNA 프로필을 얻는 것은 쉽지 않은 일이다. 접촉 증거물은 시료의 수집과 보관도 중요하지만, 적절한 채취 방법의 선택이 무엇보다 중요하다. 증거물로부터 최대한 많은 수의 세포를 채취하는 것이 DNA감식의 성공을 결정짓는다고 해도 과언이 아니다. 접촉 증거물의 채취를 위해 전 세계 법과학 실험실에서는 다양한 방법을 사용하고 있다. 가장 일반적인 접촉 증거물 채취 방법은 소위 '이중면봉법(Double swab method)'인데, 먼저 멸균수를 적신 면봉으로 접촉 증거물을 닦고, 마른 면봉으로 남은 물기를 닦아내는 방법이다. 이중면봉법은 주로 비다공성의 매끈한 표면을 갖는 금속, 유리, 플라스틱 등의 증거물에 효과적이며, 사건 현장에서 오염 가능성을 최소화 할 수 있는 방법이다. 반면 의류와 같은 다공성의 부드러운 접촉 증거물인 경우 직접 자르는 방법인 '절단법(Cutting method)'이 더 효과적일 수 있다. 그러나 일반적으로 사용되고 있는 1.5mL 용량의 튜브에는 많은 양의 접촉 증거물을 잘라 넣을 수 없다는 단점이 있다. 너무 많은 양의 접촉 증거물을 잘라 넣게 되면, DNA 정제 과정을 방해할 수도 있기 때문이다. 일부 법과학 실험실에서는 표면이 부드럽고 다공성인 접촉 증거물의 채취를 위해 칼날을 이용해 긁는 '스크래핑법(Scraping method)', 스카치테이프 혹은 포스트잇을 이용하는 '테이프법(Tape lift method)'을 사용하기도 한다. 테이프법은 채취할 수 있는 접촉 증거물의 면적이 절단법에 비해 넓다는 장점이 있지만, 접착제 성분이 DNA 정제를 방해할 수 있다는 단점이 있다.

최근에는 접촉 증거물의 효과적인 채취를 위해 다양한 면봉과 장비들이 개발되어 유효성이 검토되고 있다. 면봉의 표면적을 극대화한 털면봉(Flocked swab)과 흡입 장치를 이용하는 BioTX가 접촉 증거물의 채취를 위해 개발되었고, 최근에는 M-Vac system이 의류나 벽돌 등 표면이 거칠고 다공성인 접촉 증거물의 시료 채취에 유용한 것으로 평가되고 있다. M-Vac system은 원래 식품이나 생물안전 분야를 위해 개발되었지만, 법과학 분야에도 매우 유용하게 활용될 것으로 보인다.

## 접촉 증거물과 오염 문제

사건 현장에서 증거물을 수집하는 과학수사요원은 반드시 개인보호장구(PPE: Personal Protective Equipment)를 착용해야 한다. 장갑, 마스크, 모자는 필수적이며, 경우에 따라 전신 보호복까지 착용해야 한다. 특히 접촉 증거물을 채취하는 경우에는 채취자에 의한 오염 방지에 더 큰 주의를 기울여야 한다. 접촉에 의한 피부세포는 물론이고, 탈락 모발, 땀, 타액 등이 접촉 증거물을 오염시킬 수 있기 때문이다. 과학수사요원이나 검안의 등에 의한 오염이 간혹 발생하고 있는데, 채취도구는 일회용을 사용하는 것이 좋으며, 마스크를 착용했더라도 말을 하는 것은 삼가야 한다. 지문 현출을 위해 사용하는 분말과 브러시도 일회용으로 사용하는 것이 오염을 방지할 수 있다.

접촉 증거물의 채취 방법은 물론이고 이후의 DNA감식 과정도 매우 민감하다. 개인보호장구를 아무리 잘 갖추어도 과학수사요원이나 실험자 등에 의해 시료가 오염될 가능성이 매우 높다. 그래서 소위 '배제 DNA 데이터베이스(Elimination DNA DB)'에는 경찰 과학수사요원 및 법과학 실험실의 모든 사람들이 수록되어야 한다. 심지어 면봉 등 DNA

감식 재료를 생산하는 공장의 직원들까지 수록 대상이 되기도 한다. 또한 접촉 증거물에서 피해자를 포함한 혼합 DNA 프로필이 검출된다면, 피해자의 배우자나 자식들의 DNA가 오염되었을 가능성이 있다는 점을 고려해봐야 한다. 피해자의 몸이나 사건 현장에서 피해자나 관련자의 DNA 프로필이 아닌 다른 남성의 DNA 프로필이 검출되었는데 용의자로 지목된 남성과 상이하다면, 어떻게 판단하는 것이 좋을까? 검출된 DNA 프로필이 진짜 범인의 것일 수도 있고, 사건과 관계없는 무의미한 것일 수도 있다.

## 접촉 증거물의 증거 가치

접촉 증거물의 증거 가치에 대해 생각해보자. 접촉 증거물은 사건과 관련 없이 단순히 '전달'될 수 있기 때문에 피해자와 용의자의 관계를 생각해봐야 한다. 예를 들면 용의자가 피해자와 함께 사는 가족인 경우에는 피해자로부터 용의자의 DNA가 검출되는 것이 큰 의미를 갖지 못한다. 피부세포는 매일매일의 접촉에 의해 쉽게 전달될 수 있기 때문이다. 반면 성범죄 사건의 경우 용의자의 DNA가 피해자의 의류에서 검출된다면, 이는 증거 가치가 매우 높을 것이다. 과학수사요원은 피해자로부터 최대한 많은 정보를 얻어야 하고, 그 정보를 DNA감식 감정인에게 전달하는 것 또한 중요하다. 상세한 사건 개요와 사건 현장 사진 등은 DNA감식에도 매우 유용하게 활용될 수 있다. 살인이나 성범죄와 같은 주요 강력사건에서 혈흔이나 정액반 등 중요 증거물이

항상 발견되는 것은 아니다. 이러한 경우에 피해자를 결박한 끈을 비롯한 접촉 증거물이 사건과 범죄자를 연결시켜주는 결정적인 증거가 되기도 한다. 어떤 경우에는 접촉 증거물이 혈흔이나 정액보다 더 중요한 의미를 갖기도 한다. 평소 알고 지내던 남성이 살인 용의자인 경우, 피해자의 몸에서 검출된 정액은 더 이상 중요한 증거 가치를 갖지 못할 수 있기 때문이다.

## 접촉 증거물의 STR 분석 성공률

2012년 한 해 동안 국과수 남부분원에 DNA감식 의뢰되었던 감정물을 유형별로 나눈 뒤 STR 분석 성공률을 분석하여 한국법과학회 춘계학술대회에 발표한 바 있다. 접촉 증거물은 단순 절도사건에서 살인이나 강도 등 강력사건, 그리고 강간 등 성폭력 사건에 이르기까지 거의 모든 유형의 사건에서 중요한 증거물이다. 먼저 사건을 유형별로 분석해보았는데, 절도사건이 전체의 약 43%를 차지해 압도적으로 많았고, 성폭력 사건이 다음으로 많아 약 18%를 차지했다. 변사 사건은 약 11%, 살인과 강도는 각각 4%씩 차지했으며 폭행, 교통, 마약, 간통, 재물손괴는 5% 미만이었다. 접촉 증거물은 전체 감정물의 약 27%에 이르고 있는데, 29%인 담배꽁초에 이어 두 번째로 많았다. 접촉 증거물의 감정 의뢰가 큰 폭으로 증가하고 있는 이유는 DNA감식의 민감도 향상에 기인하는 것으로 생각된다. 혈흔의 경우 약 79%의 시료에서 STR 프로필을 얻을 수 있었고, 정액반은 약 82%, 타액반은 약

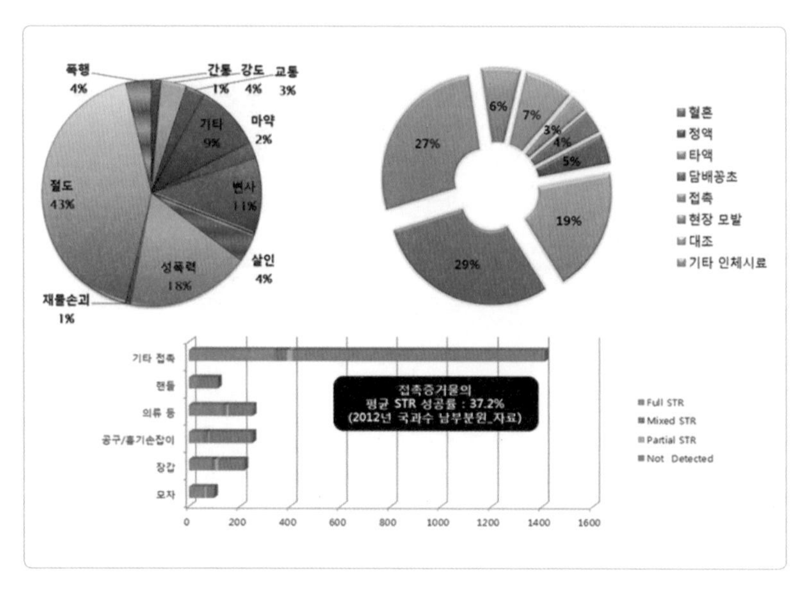


사건 및 증거물 유형과 접촉 증거물의 STR 분석 성공률

72%의 높은 STR 분석 성공률을 보여주었다. 그러나 접촉 증거물에서는 약 37%의 시료에서만 STR 프로필을 얻을 수 있었는데, 이 수치는 2010년도에 비해 상당히 높아진 것이다.

## 지문의 DNA감식

접촉 증거물 중에서도 가장 미량의 DNA를 함유한 시료는 지문일 것이다. 손으로 어떤 물체를 만지면 '지문'이 남게 된다. 우리가 만지는 물체에는 기름과 때가 있는데, 이것들이 피부의 기름과 섞이게 되고 다음에 다른 물체를 만질 때 표면에 지문의 형태로 남겨지는 것이다. 지문 속에는 기름 성분 이외에도 단백질과 피부세포가 포함되어 있으며, 피부세포는 DNA감식의 대상이 된다. 고무장갑의 안쪽 면에서 지문을 현출할 수도 있겠지만 가능성은 매우 낮다. 하지만 앞에서 살펴보았듯이 접촉면에서 DNA 프로필이 검출될 확률은 비교적 높은 편이다. 지문 하나로부터 DNA 프로필을 확보할 수 있다면 더 이상 바랄 것이 없겠지만, 이를 위해서는 채취, DNA 정제, PCR 증폭, CE 전기영동에 이르는 유전자 감식 전체 과정에서 각별한 노력이 필요하다.

## 땀도 DNA감식이 가능할까?

땀은 세 개의 주요 땀샘에서 분비되는데, 손바닥이나 발바닥에 많고 목이나 등에는 상대적으로 그 수가 적다. 하루에 분비되는 땀은 평균적으로 약 500~900g 정도이다. 땀 속에는 수용성인 아미노산 및 비수용성인 단백질과 지방이 포함되어 있다. 아미노산 중에는 세린(Serine)이 가장 풍부하며, 약물이나 알코올 등도 땀 속에서 검출될 수 있다고 한다. 무더운 여름에 사건 현장에 임장하는 과학수사요원들은 많은 땀을 흘릴 수밖에 없다. 온몸이 땀에 젖는 것은 물론이고, 얼굴에서는 땀이 비 오듯 뚝뚝 떨어질 지경이다. 사건 현장에 떨어진 땀방울은 말라서 정체를 알 수 없는 흔적으로 남을 것이다. 과학수사요원이 흘린 땀을 현장에 남겨진 범인의 흔적으로 알고 채취해 의뢰하는 경우도 있었다. 물론 과학수사요원의 DNA 프로필이 검출되었다. 땀에서도 완벽한 DNA 프로필이 검출될 수 있음을 보여준 사례라 할 수 있다. 순수한 땀 속에는 세포가 없다. 하지만 땀이 흐르면서 피부세포가 섞일 수 있다. 최근의 연구에 의하면 세포 밖에도 DNA가 존재한다고 하는데, 이를 CNA(Cell-free Nucleic Acid)라고 부른다. 의류의 피부 접촉면은 DNA감식의 중요한 대상이 되는데, 땀에 의해 피부세포가 더 잘 부착될 수 있는 부분이기 때문이다.

## 서래마을 영아유기사건

접촉 증거물의 DNA감식이 중요한 역할을 했던 주요 사건 중에 서래마을 영아유기사건이 있다. 2006년 여름 전 국민은 흥미로운 추리소설 같은 이 사건의 진실에 대해 많은 관심을 가지고 있었다. 이 사건은 한국 내 프랑스 마을로도 불리는 서래마을의 한 주택 냉동고 안에서 비닐봉지에 싸인 두 명의 영아 사체가 발견되면서 시작되었다. 영아들을 발견하고 신고한 사람은 그 집의 주인인 쿠르조라는 남성이었다. 첫 번째 감정 결과는 3일 만에 보고되었는데, 영아들이 쌍둥이는 아니고, 신고한 쿠르조와 친자관계가 성립되며, 같은 어머니의 자식이라는 것이었다. 그러나 쿠르조와 부인을 비롯한 가족들은 모두 여름휴가를 보내기 위해 이미 프랑스로 출국한 상태였다. 이들 영아들의 어머니가 가장 유력한 용의자로 추정되었다. 먼저 가정부로 일했던 필리핀 여성의 DNA감식이 진행되었지만, 친자관계가 부정되었다. 쿠르조 부부는 프랑스에 머물며 기자회견 등을 통해 본인들은 사건과 관련이 없다고 하였다. 영아들이 발견된 주택에서 칫솔, 빗, 귀이개, 연고 등 생활용품들에 대한 DNA감식이 진행되었으며, 영아들과 친자관계가 성립되는 여성의 DNA 프로필이 검출되었다. 즉 그 집에서 생활했던 여성이 영아들의 어머니라는 사실을 알게 된 것이다. 쿠르조의 부인 베로니크가 유력한 용의자로 지목되었지만, 이들은 계속 강하게 부인하고 있었다. 병원이 아닌 집에서 출산하는 과정에서 병원균에 감염되었을 수 있다는 점에 착안한 경찰은 인근 종합병원에서 수술을 받은 베로니크의 자궁 조직을 발견할 수 있었다. 가장 확실한 증거물이 확보된 것이다. 그러나 파라핀으로 고정된 조직에서 완벽한 DNA 프로필을 얻는 것은 쉬운 일이 아니었다. 여러 번의 반복적인 실험 끝에 베로니크의 DNA 프로필을 확보하게 되었고, 영아들의 친모임이 입증되었다. 프랑스와 한국, 두 나라 사이의 외교 문제로까지 비화될 뻔했던 사건이 우리나라의 DNA감식 기술로 해결된 것이다. 국내는 물론

중앙일보 1면에 실린 서래마을 영아유기사건 해결 기사

이고 외국에서도 국과수 유전자분석과의 우수한 DNA감식 기술을 인정할 수밖에 없었다.

## '유령' DNA

1993년부터 2009년까지 오스트리아, 독일, 그리고 프랑스에서 발생한 여러 사건의 현장 증거물에서 공통적으로 검출되었던 '얼굴 없는 여자 연쇄살인범' 또는 '하일브론(Heilbronn)의 유령'으로 불리는 연쇄살인범이 있었다. 1993년 5월 독일의 62세 할머니가 자신의 집에서 칼에 찔려 살해당한 사건이 발생했다. 유일한 증거는 찻잔에 남아 있던 어떤 여성의 DNA였다. 그로부터 8년 뒤 이번에는 골동품상을 운영하는 61세의 할아버지가 정원에서 칼에 찔려 살해당했는데, 골동품 가게 문손잡이에서 이전에 검출되었던 동일한 여성의 DNA가 검출되었다. 이 두 사건을 포함한 총 6건의 살인사건 중에는 2007년 4월 독일의 하일브론에서 발생했던 22세의 여자 경찰관 살인사건도 포함되어 있었다. 절도에서 살인에 이르는 40여 건의 다양한 사건들을 연결하는 유일한 증거는 동일한 DNA 프로필이 검출되었다는 것이다. 유령 DNA가 검출된 증거물은 과자에서부터 마약 주사기와 도난 차량에 이르기까지 매우 다양했으며, 사건 발생 지역은 동유럽, 독일, 프랑스 등 매우 넓었다. 전 유럽의 경찰관들과 범죄심리학자들은 이 여성 연쇄살인범을 잡기 위해 혈안이 되어 있었는데, 2009년 1월에는 이 여성에 대한 신고 포상금이 30만 유로(한화 약 45억 원)에 이르렀다. 독일의 BKA(Bundeskriminalamt: 미국의 FBI와 유사한 기관)에서는 DNA감식을 위해 1,800만 달러를 사용하였다. 그런데 2009년 3월에 프랑스에서 불에 탄 채 발견된 남성이 발견되었고, 변사자의 지문에서 유령 DNA가 검출되었다. 불탄 변사자의 지문에서 여성의 DNA가 검출될 수는 없는 일이었고, 마침내 오염된 면봉이 원인이었음이 밝혀지게 되었다. 2009년 3월 독일 경찰은 이 유령 같은 DNA는 실제로 존재하지 않으며, DNA 시료를 채취하기 위해 사용했던 면봉에 존재하던 것이었다고 결론지었다. 이 이야기는 CSI 시리즈에도 소재로 사용되었으며, 유령 DNA의 미토콘드리아 DNA 분석 결과 동유럽 혹은 러시아 계통의 여성인 것으로 알려졌다. 조사가 진행되었고, 오염된 면봉은 오스트리아의 한 공장에서 만들어졌으며, 여성 종업원 중 한 명의 DNA로 확인되었다.

어떻게 이런 어처구니없는 일이 가능했을까? 이와 같은 오염 사고는 지금도 언제든지 발생할 수 있다. 접촉 증거물을 포함한 미량 DNA 시료는 DNA의 양이 매우 적기 때문에 외부로부터 조금의 오염만 있어도 엉뚱한 결과를 초래할 수 있다. 따라서 DNA가 검출되었다는 것이 범인을 확정 짓지는 않는다는 것이다. 오염에 의한 DNA감식 결과는 진짜 범인을 풀어줘버릴 수도 있다. 그래서 세계의 많은 DNA감식 실험실은 DNA감식에 사용되는 면봉을 비롯한 각종 용품들에 대해 주기적으로 오염 검사를 수행하고 품질 관리를 강조하고 있는 것이다.

6

# 실종자의 DNA 프로필을 확보하라

자신의 가족 중 한 사람이 어느 날 갑자기 사라져버렸다고 생각해보자. 혹은 사랑하는 가족이 탄 비행기가 추락해 모두 사망했다면……. 이러한 상황이 발생하지 않는 것이 가장 좋겠지만, 남은 가족들에게 견디기 힘든 고통을 주는 실종사건이나 대량재난사고는 끊임없이 발생하고 있다. 생사를 모른 채 실종된 자식이나 부모를 기다리는 가족들이나 대량재난 희생자의 가족들에게 있어서 '신원확인'은 사망을 확인시켜주는 역할을 한다. 사망 처리가 되어야 장례도 치를 수 있으며, 가족들에게 사망자의 신체 일부라도 돌려주는 것은 큰 위안을 줄 수 있다. 심하게 부패되어 형체도 알아볼 수 없고, 지문도 검출되지 않는 변사자가 발견되면, 신원확인을 위해 DNA감식을 수행하게 된다. DNA감식 기술이 급격히 발전해 이제는 웬만큼 부패된 시료에서도 완벽한 DNA 프로필이 검출되고 있지만, 너무 심하게 부패되면 조직에서는 DNA감식을 할 수 없고 뼈로부터 DNA를 추출해 실험하게 되는데, 과정이 복잡하고 더 많은 시간이 소요된다. 이번 호에서는 실종자/불상 변사자, 대량재난사고 희생자의 신원확인을 위한 증거물 혹은 인체 시료에 대해 알아보고자 하였다. 불상 변사자의 신원확인을 위해 신체의 어느 부위를 채취하는 것이 가장 좋을까? 2009년 전국을 뜨겁게 달구었던 강호순 연쇄살인사건의 전모는 어떻게 밝혀지게 되었을까? 실종된 사람들의 DNA 프로필은 어떻게 확보할까? 대량재난사고 희생자의 신원을 확인하기 위해 필요한 시료에는 어떤 것들이 있을까? 이라크전에서 생포된 사담 후세인이 진짜인지 어떻게 확인했을까? DNA감식에 의한 신원확인은 기본적으로 '친자검사'의 원리

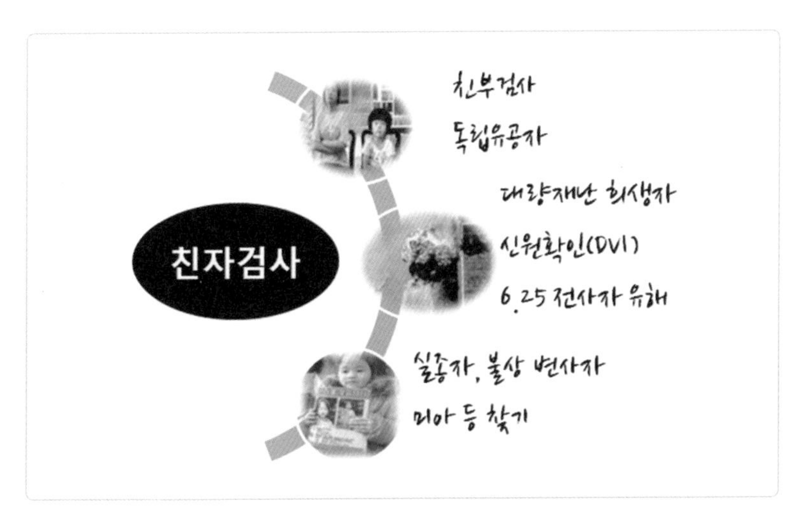


친자검사의 다양한 활용 분야

를 이용한다. 최근 우리나라에서도 친자검사가 크게 증가하고 있는데, 미국의 경우에는 1년에 30만 건 이상의 검사가 이루어지고 있다고 한다. 친자검사를 위해서는 자식이나 부모와 같은 직계 가족이 있어야 하지만, 직계 가족이 없는 경우에도 혈연관계를 확인할 수 있는 방법이 있다.

## 친자검사란 무엇일까?

DNA감식은 각종 사건의 수사를 지원하고 범인을 확증하는 역할 이외에도 친자검사나 친족검사에 이용되고 있다. 사건과 관련된 DNA감식이 용의자와 현장 증거물의 일대일 직접 비교를 통해 '일치 혹은 불일치'를 판정하는 것이라면, 친자검사는 가족 시료와의 비교를 통해 아버지가 누구인지, 실종된 사람 혹은 대량재난사고 희생자가 맞는지 검사하는 것이다. 중국 내 조선족이 국적을 회복하고 싶거나, 미국으로 이민을 가려는 경우에는 비교 대상자와 혈연관계가 있는지 검사하는 친족검사가 이용되고 있다. 친자로 인정받기 위해서는 자식과 추정 아버지가 대립유전자(allele)를 공통으로 가지고 있어야 한다. 모든 STR 마커에서 자식의 DNA 프로필이 추정 아버지의 대립유전자 중 하나를 가지고 있으면 친자관계가 부정되지 않으며, 돌연변이가 없다는 가정하에 하나의 좌위에서라도 대립유전자가 포함되지 않으면 친자관계는 부정된다. 만약 아버지가 어떤 좌위에서 1과 2의 대립유전자를 가지고, 어머니가 3과 4의 대립유전자를 가지고 있다면, 자식은

1, 3/1, 4/2, 3/2, 4의 네 가지 조합 중 하나를 가질 것이다. 또한 어머니가 3과 4의 대립유전자를 갖고, 자식이 1과 3의 대립유전자를 갖는 경우라면, 아버지는 대립유전자 1을 가져야 할 것이라고 추정할 수 있다. 자식의 수를 늘리면 이와 같은 원리를 이용해 아버지의 대립유전자를 모두 추정할 수도 있다. '나'를 기준으로 세대가 올라갈수록 반씩 줄어들게 되는데, 예를 들면 아버지와는 50%, 할아버지와는 25%, 증조할아버지와는 12.5%의 DNA를 물려받게 된다. 또한 Y 염색체는 부계를 따라, 미토콘드리아 DNA는 모계를 따라 유전되는 특성을 갖는다. 친자검사 혹은 친족검사를 수행하기 위해서는 가계도를 참고로 해서 채취 가능한 가까운 친척들부터 찾아야 한다.

추정 아버지가 자식과 친부관계가 부정되지 않을 경우, 아버지와 자식 간의 친자관계는 배제 확률(exclusion probability) 혹은 친부지수

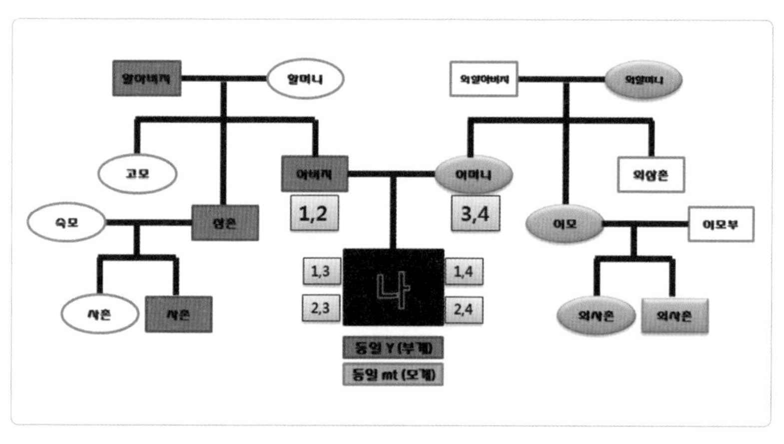


친자검사에 이용되는 대조 가족 시료. 적색은 부계유전되는 Y-염색체이며, 연두색은 모계유전되는 미토콘드리아 DNA를 의미한다

(paternity index likelihood)로 계산할 수 있다. 가장 일반적으로 사용되고 있는 친부지수는 '추정 아버지가 친부일 확률 대 임의의 남성이 친부일 확률의 비'를 의미하는 조건부 확률이다. 즉 서로 다른 두 가설에 기반을 둔 두 가지 확률의 가능성비(likelihood ratio)를 의미한다. 친부지수는 각 마커마다 계산할 수 있고 분석한 모든 마커의 친부지수를 곱한 값을 누적 친부지수라고 하며, 이를 개인의 친부지수라고 한다. 일반적으로 친부지수가 100 이상이면 친자관계가 인정된다. 국과수를 비롯한 대부분의 DNA감식 실험실에서는 친부지수를 자동적으로 계산해주는 컴퓨터 소프트웨어를 개발해 사용하고 있다.

친자검사에서 항상 아버지와 어머니, 그리고 자식의 시료가 완벽하게 준비되는 것은 아니다. 때로는 어머니나 아버지의 시료가 없을 수도 있다. 또한 어머니가 있다면 자식의 DNA 프로필로부터 아버지의 대립유전자를 추정하는 데 도움이 될 수 있다. 아버지와 어머니 중 한쪽이 없는 경우에는 친자검사의 신뢰성을 높이기 위해 Y 및 X 염색체 분석과 미토콘드리아 DNA 분석과 같은 추가적인 유전자 분석을 수행한다. 이들 추가 분석 마커들은 직계가 아닌 친척들(삼촌, 외삼촌 등)도 비교 시료로 이용할 수 있기 때문에 매우 유용하게 활용될 수 있다.

친자검사 및 친족검사는 세대 간의 유전적 관계를 측정하는 것이기 때문에 항상 돌연변이의 가능성을 고려해야 한다. 세대 간의 돌연변이는 생식세포의 돌연변이를 의미하는데, 아버지의 정자와 어머니의 난자가 만들어지는 과정에서 발생한다. 돌연변이의 발생은 친자검사에서 가장 논란이 되는 문제인데, 잘못된 배제(불일치)를 유발할 수 있기 때문이다. 더 많은 마커를 분석할수록 돌연변이가 검출될 확률도 높아진다. 현재 사용되고 있는 상용 STR 키트로 분석할 경우에도 아버지와 자식 사이에 한두 개의 돌연변이가 발견되는 것은 드물지 않은 현상이다. 이때 이러한 불일치를 돌연변이로 볼 것인지 아니면 친자관계가 부정되는 것으로 판단할지에 대한 가이드라인이 필요하다. 이때 분석 마커별로 돌연변이 발생률을 측정해 활용하는 것도 고려해야 한다.

## 실종자 신원확인 시료 – 생활용품

실종자의 DNA 프로필은 어떻게 확보할 수 있을까? 사라져버린 사람으로부터 구강상피세포나 혈액을 채취할 수 없기 때문에 다른 방법을 찾아봐야 할 것이다. 가장 먼저 생각할 수 있는 것은 직계 가족(부, 모, 자식)의 DNA 프로필일 것이다. 그러나 대조 가족의 DNA 프로필은 실종자가 변사체로 발견되었을 때에나 비교할 수 있다. 실종자의 DNA 프로필을 확보하는 가장 좋은 방법은 실종자가 평상시 사용하였던 물품들에 대한 DNA감식을 수행하는 것이다. 빗이나 칫솔, 면도기, 의류 등이 대표적인 생활용품이 될 수 있으며, 대조 가족과의 친자검사를 통해 실종자의 DNA 프로필인지 아닌지 확인할 수 있다. 실종자의 DNA 프로필을 추정하는 것은 나중에 실종자가 변사체로 발견되었을 때 직접 비교가 가능하기 때문이다. 빗이나 칫솔 등의 생활용품이 중요한 역할을 했던 사건은 '서래마을 영아유기사건'이 대표적이다. 살해 후 유기된 영아들의 어머니를 찾는 것이 사건 해결의 관건이었는데, 빗과 칫솔 등에서 검출된 여성의 DNA 프로필이 영아들과 친자관계가 성립되었으며, 나중에 범인인 프랑스인 베로니크의 DNA 프로필과 일치되었다.

## 실종자 수사

미국에서는 매년 수만 명의 사람들이 실종되고 있으며, 이들 중 일부는 범죄와 관련되었을 것으로 추정되고 있다. 실종자 중 일부는 나중에 생존해 있는 것으로 확인되지만 상당수의 실종자들은 신원불상의 변사체로 발견되는 경우가 많다. 불상 변사자의 신원확인이 중요한 이유는 이것으로부터 사건 수사가 시작되기 때문이다. 신원확인을 위한 시료는 실종자가 사용하였던 칫솔이나 빗과 같은 생활용품, 직계 가족이나 친척의 대조 시료, 그리고 불상 변사자의 인체 시료의 세 가지로 나눌 수 있다. 불상 변사자 시료는 뼈, 치아, 조직이 일반적이고, 핵 DNA STR 분석이 불가능한 경우에는 미토콘드리아 DNA 염기서열 분석 결과를 확보해야 한다. 미토콘드리아 DNA는 모계 유전되는 특성이 있어 동일 모계의 자손은 모두 동일하지만, 최후의 수단으로 사용할 수밖에 없다. 또한 직접 비교가 가능한 생활용품 이외에도 의료기관에 보관 중인 생체 시료도 신원확인에 이용될 수 있다. 예를 들면 태어나면서 보관되었던 혈흔이나 검진을 위해 채취되었던 조직을 분석할 수 있다. 직계 가족의 시료를 채취할 수 없는 경우에는 혈연적으로 가장 가까운 친족부터 채취하는데, 이러한 경우에는 부계 및 모계 마커인 Y-STR 분석과 미토콘드리아 DNA 분석이 필요하다. 친족관계가 멀수록 여러 명의 시료를 분석하는 것이 정확성을 높이는 데 필요하다. 실종 후 오랜 시간이 경과한 경우에는 실종자 수사에 DNA 데이터베이스를 활용하는 것이 매우 유용하다. 실종자가 발생하면 먼저 직계 가족의 시료를 채취해 분석한 후 실종자 DNA 데이터베이스를 검색한다. 우리나라는 '실종 아동 등의 보호 및 지원에 관한 법률'에 따라 경찰청, 보건복지부, 그리고 국과수가 함께 실종 아동 등을 찾기 위한 유전자 검사를 시행하고 데이터베이스를 구축하고 있다. 미국은 NDIS에 실종자 및 대조 가족의 DNA 프로필을 포함해 운영하고 있으며, 2007년에는 'National Missing and Unidentified Persons System(NamUs)'이라는 웹사이트를 개설해 운영하고 있다. NamUs는 실종자 데이터베이스와 불상 변사자 데이터베이스로 구성되어 있으며, 상호 검색되고 있다.

## 대량재난 희생자 신원확인

대량재난사고는 지진, 태풍, 쓰나미 등 자연에 의한 것과 화재나 항공기 추락사고, 테러 등과 같이 인간에 의한 것까지 매우 다양한데, 공통점은 매우 많은 희생자가 발생한다는 것이다. 대량재난사고 희생자 신원확인은 'Disaster Victim Identification'의 약자인 'DVI'라는 용어로 많이 사용하고 있다. DVI에는 전쟁 희생자들의 신원확인도 포함될 수 있는데 우리나라의 '6·25 전사자 유해 신원확인'도 여기에 해당된다. 미국에서는 AFDIL(Armed Forces DNA Identification Laboratory)에서 미군 유해 신원확인 업무를 수행하고 있으며, 모든 항공기 사고에 대해서는 NTSB(National Transportation Safety Board)가 맡고 있다. DVI를 위한 시료는 조각나 있거나 심하게 타서 형체를 알아볼 수 없는 경우가 많아 DNA감식을 이용하지 않고는 신원확인이 불가능한 경우도 많다. DNA감식의 가장 큰 장점은 조각난 인체의 어느 부분이라도 분석이 가능하다는 점이다. 조각난 시신을 하나로 모을 수 있는 방법은 DNA 감식에 의해서만 가능하다. 희생자의 수가 매우 많을 경우, DVI는 일반적인 친자검사에 비해 상당히 복잡해진다. 더구나 대량재난사고의 종류에 따라 시료의 상태가 매우 좋지 않아 완벽한 DNA 프로필을 얻지 못하는 경우가 많다. DVI는 그동안 수많은 항공기 추락사고, 테러 사건, 집단 학살, 쓰나미나 허리케인 같은 자연재해에서 큰 역할을 해왔다.

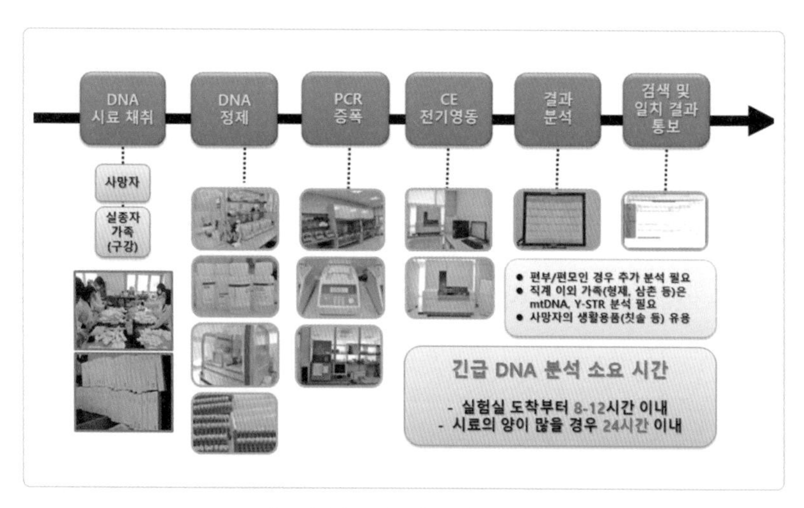


대량재난사고 희생자 신원확인 과정

## 대구 지하철 화재참사와 미국 9·11 테러 희생자 신원확인

우리나라에서도 그동안 대형 화재, 항공기 추락사고 등 다양한 유형의 대량재난사고가 끊임없이 발생해왔다. 특히 90년대 중반부터 연이어 발생한 대량재난사고에서는 DNA 분석을 통해 희생자의 신원확인이 이루어졌다. 2003년 2월 발생한 대구 지하철 화재사건은 많은 희생자가 발생했던 것은 물론이고, 집단사망자관리단(KDMORT: Korea Disaster Mortuary Operational Response Team)이 본격적으로 가동되어 DNA감식을 비롯해 검시, 법치의학, 인류학, 유류품 검사 등 체계적인 희생자 신원확인 시스템이 자리를 잡게 된 대표적인 사례이다. DNA 분석을 위해 현장에서 수집된 인체 시료는 413개였으며, 신원확인을 위해 235 가족으로부터 528명의 시료가 채취되었다. 그 결과 총 5차에 걸친 신원확인 통보를 통해 136명의 신원이 확인되었다.

2001년 9월 11일 미국 뉴욕의 세계무역센터(WTC), 워싱턴 DC의 국방부, 그리고 펜실베이니아에 항공기를 이용한 테러가 발생해 3,000명 이상의 피해자가 발생했다. 펜타곤과 펜실베이니아의 희생자 시료는 AFDIL에서 분석되었으며, 뉴욕 WTC의 희생자 시료는 뉴욕시 법의관사무실(New York City Office of Chief Medical Examiner Department of Forensic Biology)과 다수의 실험실에서 분석되었다. 2002년 5월까지 시료 확보가 마무리되었고, 이후로 3년이 넘는 시간 동안 총 1만 9,917점 이상의 시료들이 분석되었는데, 2008년 말까지 당시 WTC에 있었던 2,749명의 사람들 중 1,600명의 신원이 확인되었다. DNA 분석이 없었다면 지문이나 치과 기록만으로는 일부 희생자만 신원확인이 가능하였을 것이다. WTC의 생체 시료들은 815℃ 이상의 불길과 석 달이 넘는 오랜 시간으로 매우 좋지 않은 상태였다. WTC 건물에 충돌한 두 대의 비행기에서 흘러나온 제트유에 의한 화염은 철근도 녹일 정도로 높아 건물을 붕괴시켰다. 건물 속에 있던 희생자들은 심하게 조각나고 상태도 최악이었는데, 일부는 완전히 타서 없어질 정도였다고 한다. WTC 희생자의 신원확인 과정에서 몇 가지 중요한 발전이 이루어졌는데, 뼈로부터 DNA를 정제하는 새로운 방법, 증폭 산물의 크기를 줄인 소위 'mini-STR'의 개발, 단일염기다형(SNPs) 분석법 개발, 그리고 고속 미토콘드리아 DNA 염기서열 분석법의 개발, 친자검사를 위한 컴퓨터 소프트웨어의 개발 등이 대표적이다. 가장 어려웠던 문제 중 하나는 대량의 데이터를 분석하는 것이었는데, 5만 2,528개의 STR 프로필, 1만 6,938개의 SNPs 프로필, 3만 1,155개의 mtDNA 염기서열이 1만 9,917개의 인체 시료로부터 얻어졌으며, 2,749명의 희생자를 확인할 수 있었다. 이와 같은 대형 참사는 앞으로

인터폴에서 제작된 DVI 가이드 및 관련 참고 문헌

도 언제든지 발생할 가능성이 있기 때문에 법과학 실험실은 항상 만일을 대비해 준비 상태를 유지하고 있어야 할 것이다. 인터폴 등 국제기구에서는 DVI 대응 매뉴얼을 제작해 배포하여 효율적이고 체계적인 업무 수행이 가능하도록 돕고 있다.

## 인체 어느 부위가 가장 좋은 시료일까?

대량재난사고 현장에서는 생존자의 구조가 완료된 이후에 희생자 시신을 찾게 된다. 시신 및 시료 수집에 앞서 현장에 도착해 구조 및 응급 처치를 담당하는 팀은 가능한 모든 시신과 시료를 손상시키지 않도록 주의해야 한다. 대량재난사고 현장은 매우 혼란스럽고 질서가 없지만, 시신을 수습하고 시료를 채취하는 작업은 관련 팀들과의 협동이 필요하며, 작업 지시서에 따라 체계적으로 수행되어야 한다. 화재나 폭발 등이 발생하면 시신은 심하게 훼손되는데, 이러한 경우에도 시신 내부는 비교적 온전한 상태를 유지하게 된다. 또한 근육이나 내부 장기 등은 사망 후 급속히 부패가 진행되기 때문에 뼈나 치아가 좋은 시료가 되는 경우도 많다. 뼈는 대퇴골이 가장 좋은데, 뼈 중에서 가장 단단하고 두껍기 때문이다. 신원확인을 위한 시료는 하나만 채취하는 것보다 서로 다른 부위에서 두세 부분을 채취하는 것이 좋다. 예를 들면 비교적 부패되지 않은 근육 조직과 대퇴골을 함께 채취한다.

## 사담 후세인과 오사마 빈 라덴의 신원확인

2003년 12월 마침내 이라크의 독재자 사담 후세인이 체포되었다. 그러나 사담 후세인은 자신과 비슷하게 생긴 가짜를 많이 만들어 갑작스러운 공격에 대비해왔다고 알려져 있기 때문에 DNA감식을 통해 체포된 사담 후세인이 진짜인지 검사할 필요가 있었다. 사담 후세인의 신원확인을 위한 대조 가족 시료는 7월에 사살된 두 아들 우다이와 쿠사이가 있었다. 두 아들과 사담 후세인에 대해 핵 DNA STR 분석과 Y 염색체 STR 분석이 시행되었다. DNA감식은 AFDIL에 의해 매우 신속하게 수행되었다. STR 분석에는 ABI 사의 Profiler Plus와 COfiler 키트가 사용되었으며, 이로부터 13개 좌위의 DNA 프로필을 얻을 수 있었다. Y-STR 분석에는 Y-PLEX 6 키트가 사용되었는데, 두 아들과 동일한 Y-STR 프로필이 검출되었다.

미국은 2001년 알카에다 조직에 의해 테러를 당한 이후로 아프가니스탄의 산속에 숨어 있는 것으로 알려진 오사마 빈 라덴을 찾는 데 주력해왔다. 2012년 드디어 빈 라덴의 은신처가 발견되어 그를 사살할 수 있었는데, 이때에도 오사마 빈 라덴임을 확인하기 위해 DNA 감식이 필요했다. 지금까지 공식적으로 알려진 바에 따르면, 미국에 살다 암으로 죽은 그의 여동생으로부터 채취된 조직이 있었다고 한다. 오사마 빈 라덴의 신원확인은 매우 신속하게 진행되었는데, 소위 'rapid DNA typing technology'가 적용되었다고 알려지고 있다.

## 독립유공자 후손 확인과 6·25 전사자 유해 신원확인

국과수 법유전자과에서 수행하고 있는 DNA감식 업무 중에 독립유공자 후손 확인이 있다. 국가보훈처와의 MOU 체결을 통해 일제 강점기에 독립운동을 하신 유공자의 유족들을 대상으로 유족관계 확인의 객관성과 과학성을 높이는 데 기여하고 있다. 독립유공자 후손의 확인은 일제 강점기 당시의 서류가 미흡하여 심사에 많은 어려움을 겪어왔다. 또한 최근 들어 위조 및 변조된 증명서류 등으로 심사에 더 많은 주의가 요구되고 있는데, 이러한 경우에는 DNA감식이 큰 역할을 할 수 있다.

아주 오래전에 베트남 전쟁에서 전사한 미군들의 유해가 수십 년 만에 미국으로 돌아왔다는 뉴스를 들었다. 발굴된 유해는 뼈밖에 남지 않았고 DNA감식을 통해서 신원을 확인하다는 것이었다. 지금도 전 세계에 파병되어 임무를 수행 중인 수많은 군인들도 이러한 사실을 알고 있기 때문에 '조국은 너를 잊지 않고 있다(You Are Not Forgotten)'는 구호처럼 국가를 믿고 자신의 역할에 자긍심을 가질 수 있을 거라는 생각이 들었다. 국가를 위해 희생한 분들을 잊지 않고 끝까지 책임진다는 것은 후손들의 마땅한 도리가 아닐까 생각한다. 미국은 '포로 및 전투 중 실종자 확인 통합사령부(JPAC: Joint POW/MIA Accounting Command)'라는 조직 내에 중앙신원확인소(CIL: Central Identification Laboratory)를 두고 유해 발굴 및 신원확인 업무를 수행하고 있다. 하와이에는 미토콘드리아 DNA 분석을 전담하는 CILHI가 설치되어 있다.

6·25 전쟁을 치른 우리나라에서도 국방부 산하에 '유해발굴감식단'을 설립하였으며, 국방부 조사본부의 유전자실과 함께 발굴된 유해의 신원을 확인하고 있다.

## 세월호 침몰사고와 유병언

아마도 저를 포함한 많은 사람들에게 2014년은 '세월호'와 '유병언'으로 기억될 것 같다. 세월호 참사가 발생한 지 벌써 3년이 넘었지만, 아직도 다섯 명이 실종 상태에 있다. 실종자 수색 지원에 참여했던 소방 헬기가 추락해 다섯 명이 사망했고, 검찰과 경찰이 거액의 현상금까지 걸고 검거를 위해 찾아 헤매던 유병언은 부패된 채 발견되었다. DNA감식을 통해 유병언으로 밝혀진 사체에 대해 많은 국민들이 아직도 믿지 못하고 있다. 지금까지 DNA감식을 이용해 개인 식별과 신원확인 업무를 수행해오면서 크고 작은 수많은 사건 사고들의 해결에 큰 역할을 담당했다고 자부하고 있는 본인을 비롯한 많은 직원들에게 이러한 상황은 많이 당황스럽고 혼란스러운 것이었다. 법과학은 다른 순수과학과 달리 종합적인 판단이 필요한 분야이며, 사회 속에서 살아 숨 쉬고 있다. 한편으로는 국민들의 신뢰가 절대적이며, 이를 바탕으로 '진실을 밝히기 위한 과학'으로서의 역할에 더욱 충실해야겠다는 생각을 해본다. 유병언의 신원확인과 관련된 많은 의혹과 음모론의 대부분은 의외로 과학에 대한 무지와 이해 부족에 기인하는 것 같다.

전국을 떠들썩하게 만들었던 유병언의 신원확인은 어떻게 진행되

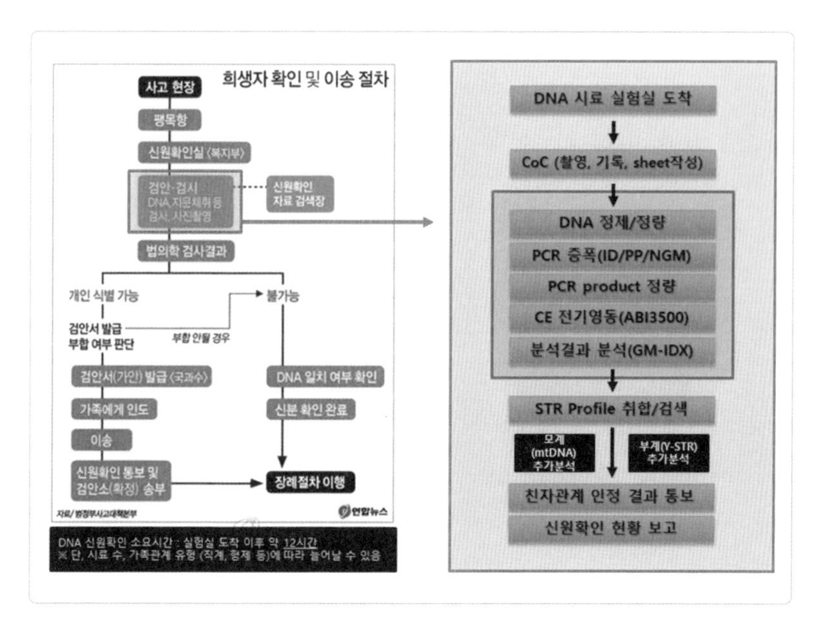


세월호 희생자 신원확인 체계

었는지, 정말 믿어도 되는 것인지 알아보자. 당시 검찰과 경찰은 거액의 현상금까지 걸고 유병언을 검거하기 위해 전력을 다하고 있었다. 이를 위해 유병언의 도주 경로를 파악할 필요가 있었으며, 따라서 도피에 이용되었을 것으로 추정되는 차량의 내부나 은신처로 추정되는 장소에서 유병언의 DNA 프로필이 검출되는지를 분석해야 했다. 먼저 유병언의 거주지에서 다양한 생활용품들이 수거되어 분석되었으며, 유병언의 친형과 형제관계 성립 여부를 통해 '유병언 추정 DNA 프로필'을 확보하였다. 유병언의 직계 가족인 자녀들은 해외 도피 등으로 모두 시료 채취가 불가능하였기 때문에 친자관계 성립 여부는 분석할 수 없는 상황이었다. 즉 유병언의 주거지인 금수원에서 수거된 빗에서 검출된 남성의 DNA 프로필이 유병언의 친형과 Y-STR 및 mtDNA가 일치해 동일 부계 및 동일 모계 관계, 즉 '형제관계' 성립이 부정되지 않았다. 또한 같은 장소에서 수거된 면도기에서는 유병언 추정 DNA 프로필과 친자관계가 성립되는 또 다른 남성의 DNA 프로필이 검출되었으며, 이는 유병언의 친형 및 유병언 추정 DNA와 mtDNA가 달라 동일 모계 관계는 부정되었다. 이렇게 확보한 유병언 추정 DNA 프로필은 수사기관이 마지막 은신처로 추정해 검거 직전 놓친 순천의 송치재 별장에서 수거한 침대보의 체액흔에서 검출된 DNA 프로필과도 일치하였다. 유병언의 DNA 프로필은 계속적인 검색을 위해 범죄현장 등 DNA 데이터베이스에 수록되었으며, 이후 유병언의 도주 동선 파악 및 검거를 위한 수사에 활용되었다. 이러한 상황에서 순천의 송치재 별장 인근 매실밭에서 부패한 신원불상의 변사체가 발견되었

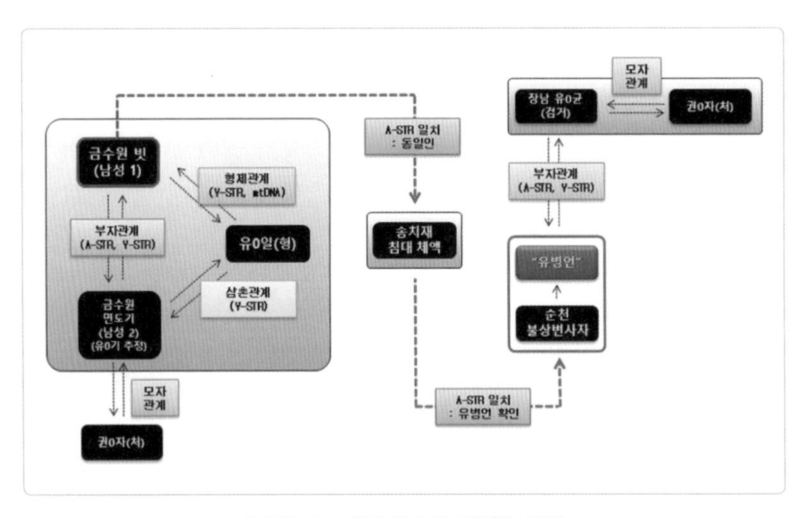


유병언 DNA 추정 근거 및 신원확인 결과

고, DNA감식 결과 DNA 데이터베이스에 수록되어 있던 유병언 추정 DNA 프로필과 정확히 일치되었다. 본인을 포함한 누구도 유병언이 부패한 변사체로 발견되리라고는 생각하지 못했다. DNA 데이터베이스가 없었다면 유병언의 생사는 영원히 알 수 없었을지도 모른다. 유병언의 신원확인에는 DNA감식 이외에도 지문, 치과 기록, 기타 신체 특징 등도 활용되었으며, 모두 유병언과 일치되었다. 얼마 후 유병언의 장남이 검거되었고, 보다 확실한 친자검사 과정을 통해 불상 변사체가 유병언이라는 것을 재확인할 수 있었다.

## 성인 실종자도 많다

누구인지 알 수 없는 변사체가 발견되었다고 하자. 이 사람은 부패가 심해 지문도 남아 있지 않았고, 신분을 추정할 만한 어떤 소지품도 가지고 있지 않았다. 실종 신고한 가족들의 DNA 자료와 비교 검색을 하였으나 친자관계가 성립되는 것은 없었다. 실종 아동의 부모들과 범죄자들의 DNA 자료와도 검색하였으나 일치되는 것은 없었다. 이 사람은 누구일까? 누군가에 의해 살해된 채 버려진 것은 아닐까? 우울증에 시달리다 홀로 자살한 사람일까? 아니면 불의의 사고로 생을 마감한 사람일까?

이 사람을 간절히 찾고 있을 가족이 있을 것이다. 실종자는 18세 미만의 아동도 아니고, 지적장애인도 아니고, 치매노인도 아니기 때문에 성인 실종자의 가족들은 DNA 검사 대상에서 제외된 채 생업도 포기

하고 전국을 헤매고 다니고 있을지도 모른다. 성인 실종자의 가족들도 모두 DNA 데이터베이스에 수록해 관리할 수 있도록 법률이 제정되어야 한다. 실종자는 언제 어떻게 우리 앞에 나타날지 모르기 때문이다. 이것은 국민에 대한 국가의 책임이고 의무다. 개인의 DNA 정보는 민감한 개인정보에 해당되므로 반드시 '법률'로 규정해야 한다. 그래서 기존의 다른 DNA 데이터베이스 관련 업무도 모두 각각의 '법률'로 규정하고 있다. 우리나라는 2005년 '실종 아동 등의 보호 및 지원에 관한 법률'을 제정하였고, 2010년 '디엔에이신원확인정보의 이용 및 보호에 관한 법률' 제정으로 관련 DNA 데이터베이스가 구축되어 지금

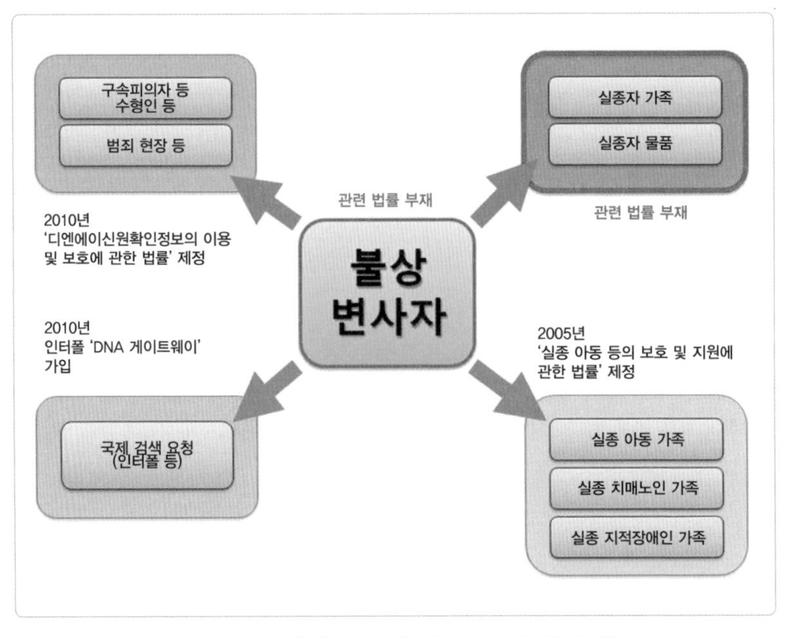


신원불상 변사자 신원확인을 위한 성인 실종자법 제정의 필요성

까지 성공적으로 운영되고 있다. 그러나 아직까지 성인 실종자와 불상 변사자에 대한 DNA 데이터베이스 구축 등을 규정한 법률이 없어 체계적인 관리가 이루어지지 않고 있다. DNA감식과 데이터베이스 구축은 가장 정확하고 효과적인 '신원확인' 방법이다. 현재 우리나라는 성인 실종자의 경우 처음에는 가출자로 분류되며, 사건 피해가 의심되는 경우에 한해 '심의위원회'를 거쳐 실종자로 변경되어 수사에 착수하고, 실종자 가족의 DNA 시료도 이때 채취하고 있다.

제 2 장

# 궁금한 D&A 이야기

Curious D&A Story – Find DNA Evidence!

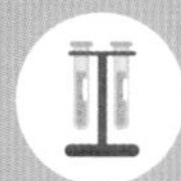

DNA감식 기술은 단 몇 개의 세포만 있어도 분석이 가능할 정도로 발전하였다. 그러나 한편으로는 단 몇 개의 세포만 오염되어도 전혀 엉뚱한 결과가 나올 수 있을 정도로 위험하게 되었다는 말이기도 하다. 오염은 DNA감식의 전 과정에 걸쳐 일어날 수 있다. 과학수사요원의 증거물 수집에서부터 실험실에서의 DNA 정제, PCR 증폭, CE 전기영동에 이르기까지 어느 한 과정도 오염으로부터 자유로울 수 없는 것이다. 과학수사요원이나 실험자 모두 오염을 방지하기 위해 최대한 노력해야 하는 것은 물론이고, 오염이 발생하였을 때 이를 최대한 빨리 알아낼 수 있는 시스템이 구축되어야 한다. 오염으로 인해 발생하는 경제적 비용은 물론이고, 자칫 진짜 범인을 배제함으로써 사건을 미제로 만들 수 있다는 점은 오염의 가장 큰 문제점이다. 오염을 방지하는 첫 번째 단계는 사건 현장에서 이루어지는 증거물의 수집, 채취, 포장, 보관 및 운송 과정의 무결성 확보다. 사건 현장에서 혈흔, 정액반, 타액반, 모발, 피부세포 등 다양한 생물학적 시료들을 얼마나 온전하고 오염되지 않게 수집하고 채취하느냐에 따라 DNA감식의 성패가 결정되며, 사건이 해결되느냐 미해결 상태로 남느냐가 결정될 수 있다. 최근에는 국민참여재판과 증거재판주의의 확대로 증거물 취급 과정이 더욱 중요해지고 있다. 먼저 DNA감식의 대상이 되는 생물학적 증거물의 채취, 포장, 보관, 운송 및 CoC에 대해 알아보자.

범죄 현장에는 인체로부터의 매우 다양한 생물학적 증거물이 남게 된다. 범죄 현장에서 과학수사요원이 수행하는 가장 중요한 임무 중 하나는 DNA감식의 대상이 될 수 있는 인체 증거물을 찾는 것이다. 이들 중에서 혈흔은 가장 중요한 인체 시료 중 하나다. 한겨울 추위만큼이나 많은 사람들을 공포에 떨게 하였던 수원 팔달산 토막 살인사건은 깨알같이 작은 한 점의 혈흔 때문에 그 전모가 밝혀지게 되었고, 아직도 기억 속에 남아 있는 2009년 경기 서남부 연쇄살인사건도 강호순의 점퍼에서 발견된 눈에 보이지 않는 극미량의 혈흔이 결정적 역할을 하였다. 혈흔은 용의자와 피해자를 연결시켜주는 것은 물론이고, 사건 현장의 재구성과 사망의 원인을 밝히는 데에도 매우 중요하다. 최근 범죄 통계에 의하면 성폭력 범죄가 크게 증가하고 있다. 우리나라의 성폭력 사건 발생은 다른 나라에 비해 높은 편이다. 또한 절도와 함께 연쇄범이 많은 범죄다. 다양하고 많은 생물학적 증거물 중에서 정액은 혈흔과 함께 DNA감식에 가장 중요한 증거물이다.

DNA감식 의뢰되는 증거물 중 가장 많은 것은 담배꽁초를 포함한 타액 증거물이다. 타액 관련 증거물은 종류도 다양하고 DNA감식 성공률도 매우 높아 사건 수사와 범행 입증에 중요한 물증이다. 살인사건 현장의 포도씨와 이쑤시개에서 검출된 범인의 DNA와 다른 사건 용의자가 일치하기도 하였고, 성폭력 사건 피해자의 몸에서 발견된 타액과 씽크대에 버려 훼손된 담배꽁초에서 검출된 DNA를 데이터베이스 검색해 범인을 지목한 사건도 있었다. 무심코 남긴 종이컵 하나가 결정적인 증거가 될 수 있으며, 먹다 버린 음식물 쓰레기가 귀중한 증거가 되기도 한다. 타액의 검사 방법, 타액 증거물의 수집 및 채취 방법과 유의해야 할 점 등에 대한 궁금증에 대해서도 알아볼 것이다,

지난 30년 동안 DNA감식 기술은 눈부신 발전을 거듭해왔다. 과거에는 상상할 수 없었던 유형의 증거물에서 완벽한 DNA 프로필을 얻을 수 있게 되었다. 이는 DNA 정제기술, PCR 증폭 및 CE 전기영동 기술의 발전이 있었기 때문에 가능하였다. DNA감식 분야에서 에드몽 로카르의 '물질교환 법칙'이 가장 잘 적용되는 시료가 소위 '접촉 증거물'로 분류되는 피부세포다. 로카르의 말대로 모든 접촉은 흔적을 남기게 되는데, 손으로 만진 물건, 피부와 접촉한 모든 물체에는 피부세포가 전달된다. 과학수사의 첫 번째 혁명적 발견인 지문도 접촉 증거물에 포함되는데, DNA감식의 대상 시료 중 검출률이 가장 낮고 결과 해석도 어렵다. 접촉 증거물은 오염에 특히 취약하다. DNA감식 기술의 발전을 극명하게 보여주고 있는 접촉 증거물이 무엇인지, 유용성과 한계에 대해 궁금한 사항들을 알아보자.

7

# DNA 증거물이 궁금해요

**Q DNA감식 대상 증거물에는 어떤 것들이 있나요?**

**A** 우리 신체는 수십조 개의 세포로 구성되어 있으며, 거의 모든 세포에는 핵이 있고, 핵 속에 DNA가 들어 있습니다. DNA감식은 핵을 가지고 있는 세포들을 대상으로 하는데, 약 15개 정도의 세포만 있어도 완벽한 DNA감식이 가능합니다. 그러나 대부분의 생물학적 증거물들은 어느 정도 파괴된 상태이기 때문에 이보다는 더 많은 수의 세포가 필요합니다. DNA감식의 대상이 되는 가장 일반적인 세포는 혈액 내의 백혈구, 정액반 내의 정자, 타액반 내의 구강상피세포, 모발 모근부 세포, 그리고 피부의 상피세포이며, 이들이 묻을 수 있는 모든 물

건들도 증거물이 됩니다. 담배꽁초나 컵, 마스크 등에는 침 속의 상피세포가 묻을 수 있고, 모자나 장갑의 안쪽 면, 범행 도구의 손잡이 등에서는 비듬이나 피부 상피세포 등을 채취할 수 있습니다. 인체의 모든 세포나 인체 분비물에서 DNA를 얻을 수 있는 것은 아닙니다. 일반적으로 땀이나 소변에는 세포가 포함되어 있지 않다고 알려져 있습니다. 최근 미량의 DNA(cell-free DNA)가 땀에도 존재한다는 연구 결과도 보고되었지만, 땀이나 소변 속에는 상피세포가 함께 존재하는 경우가 많아 DNA감식이 가능한 것으로 생각됩니다. 적혈구에는 핵이 없어 DNA감식을 할 수 없지만, 혈액 속에 함께 존재하는 백혈구로부터 DNA를 얻을 수 있습니다. 모발의 모간부(hair shaft)에도 핵 DNA는 존재하지 않지만, 미토콘드리아 DNA를 분석할 수 있습니다. 장 내용물이나 대변도 DNA감식이 가능하지만, 충분한 양의 DNA를 얻는 것이 쉽지 않습니다. DNA감식의 성공 여부는 생물학적 증거물의 상태에 따라 결정되는데, 일반적으로 시료의 양, DNA의 파괴 정도, 그리고 시료의 순도 및 증폭 저해물질의 존재가 가장 중요한 요인이 됩니다. 최근에는 범죄 현장이나 피해자 혹은 용의자의 의류 등에서 발견되는 반려동물의 털도 DNA감식 대상이 됩니다.

### Q 과학수사요원이나 실험자에 의한 증거물 오염을 확인할 수 있나요?

A 범죄 현장에서 증거물을 수집하고, 생물학적 시료를 검사하고 채

취하는 과학수사요원들과 DNA감식을 수행하는 실험자들은 자신도 모르는 사이에 증거물을 오염시킬 수 있습니다. 증거물 취급자는 전신복, 모자, 마스크, 장갑, 덧신, 보안경 등 개인보호장구(PPE)를 갖추는 것이 오염 방지의 기본입니다. 그러나 DNA감식의 검출 한계가 크게 높아져 아주 작은 실수나 부주의에 의해서도 증거물이 오염될 수 있습니다. 문제는 오염 발생은 증거물에서 DNA 프로필이 검출되고 나서야 알 수 있다는 점입니다. 범죄 현장에 출입하고, 증거물을 취급하는 모든 사람들은 기본적으로 미리 자신의 DNA 프로필을 제출해 DNA 데이터베이스에 수록해야 하는데, 이는 자신도 모르게 발생한 오염을 확인하기 위해서입니다. 이를 '배제 데이터베이스(Elimination Database)'라고 하는데, 현재 국과수에도 많은 경찰 과학수사요원과 실

1. 개인보호장구 착용: 전신 보호복, 마스크, 모자(캡), 장갑, 고글, 신발 싸개 등
2. 한 번에 하나의 증거물만 취급하며 증거물마다 글러브 교환
3. 가능한 DNA-free 일회용 채취 도구 사용
4. 증거물 포장 박스 등은 청결 상태 유지하며 재사용 금지
5. 알맞은 크기 및 모양의 포장 용기를 사용해 찢어지지 않도록 주의
6. 증거물은 가능한 빨리 개별 포장하고 밀봉
7. 피해자 대조시료 및 피해자 의류와 용의자 대조시료 및 용의자 의류는 서로 접촉하지 않도록 주의
8. 사건 현장을 출입하는 인원은 최소화
9. 스테이플러, 핀 등을 사용해 밀봉하지 말 것: 찔려서 피 등이 오염될 수 있음
10. 증거물 수집 시 음식을 먹거나 음료수를 마시거나 담배를 피우지 말 것

험자 등의 DNA 프로필이 보관되어 있으며, 매년 수십 건의 증거물 오염을 찾아내는 데 활용되고 있습니다.

## Q 2차 전이 또는 2차 오염이란 무엇인가요?

A 범죄 현장에서 생물학적 시료를 채취하는 과정에서 발생할 수 있는 오염 중에는 첫 번째 사람이 만진 물건을 두 번째 사람이 만져서 첫 번째 사람의 세포가 다른 물건으로 옮겨져 발생하는 소위 '2차 전이(secondary transfer)'에 의한 오염이 있습니다. 또한 잠재지문현출에 사용되는 브러시를 교체하지 않고 계속 사용하는 경우에도 의도하지 않게 오염이 발생할 수 있습니다. 미국에서 수행된 한 연구 결과에 의하면, 51개의 지문 브러시 중 86%에서 DNA 프로필이 검출되었다고 합니다. 만약 오염된 지문 브러시를 계속 사용한다면, 2차 전이에 의해 전혀 엉뚱한 사람의 DNA가 지문에서 검출될 수도 있습니다. 지문현출에 사용되는 브러시는 주기적으로 바꿔주거나 세척 과정을 거친 후 사용해야 합니다. 2차 전이에 의한 오염은 과거에는 생각할 수 없었던 것이었는데, 최근 단 몇 개의 세포만으로도 성공적인 DNA감식이 가능할 정도로 민감도가 높아졌기 때문에 대두된 문제입니다. 2차 전이는 증거물의 표면 재질과 습도에 따라 큰 차이를 보입니다. 연구 결과에 의하면, 건조된 다공성 재질의 물건에서는 0.36% 미만의 세포만 2차 전이되지만, 플라스틱과 같은 비다공성 재질이 건조되지 않은 상태에서는 50%에서 95%까지 전이가 발생하였다고 합니다. DNA감

식의 민감도는 현재도 매우 높지만, 앞으로 더욱 높아질 수 있습니다. 따라서 오염의 발생도 비례적으로 증가할 것으로 예측됩니다. 2차 전이를 비롯한 미량의 오염으로도 잘못된 DNA감식 결과가 제출될 수 있습니다. 더욱 세심한 오염 방지 노력이 필요합니다.

### Q 증거물 수집 및 채취 시 특히 주의해야 할 점은 무엇인가요?

A '오염'과 '부패'를 방지하는 것이 생물학적 증거물의 수집과 채취에서 가장 중요합니다. 오염을 막기 위해서는 증거물 채취 및 포장에 많은 주의를 기울여야 하며, 부패를 막기 위해서는 채취된 증거물의 포장 및 보관에 유의해야 합니다. 이를 위해 채취 대상 DNA감식 시료의 유형과 상태를 고려해 적절한 채취 방법을 선택해야 하며, 적합한 포장과 최적의 보관 조건을 고민해야 합니다. 증거물을 채취하는 사람은 반드시 장갑과 마스크를 착용해야 하며, 증거물 간의 상호 오염을 막기 위해 증거물마다 장갑을 교체해가며 채취해야 합니다. 사건 현장에서의 실수나 오류는 이어지는 DNA감식 과정을 근본적으로 망칠 수 있고, 더 심각한 문제를 야기할 수 있다는 점을 항상 명심해야 합니다. 법정에서도 변호인이 과학수사요원들에게 가장 많이 문제를 제기하는 것이 증거물의 채취, 포장, 보관, 운송 등 CoC와 관련된 것입니다. 범죄 현장에서 채취된 모든 증거물 중에서 중요성이 높은 것과 중요성이 떨어지는 것들을 구분할 수 있는 과학수사요원의 능력도 중요합니다. 용의자의 옷에서 발견된 혈흔이나 성폭력 피해자의 질 내용물은

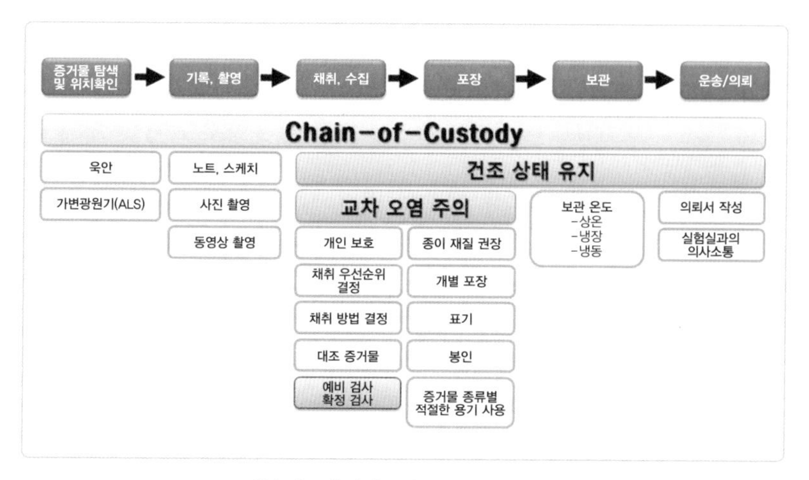

DNA감식 시료의 탐색, 채취, 포장, 보관, 운송 과정

매우 중요한 증거물이지만, 노상의 담배꽁초나 많은 사람들이 이용하는 시설의 문에서 채취된 상피세포는 사건과 관련이 없는 것일 수도 있습니다. 생물학적 시료는 종류에 따라 DNA가 충분한 경우도 있고, 그렇지 않은 경우도 있습니다. DNA감식이 어렵고, 오염에 취약한 접촉 증거물 같은 시료들은 증거물 수집 시 더 많은 주의가 요구됩니다.

## Q 증거물의 CoC(Chain-of-Custody)란 무엇인가요?

A CoC는 'Chain-of-Custody'의 약자인데, 증거물의 채취, 보관, 운송 및 인수인계 전 과정의 시간대별 문서화를 의미합니다. 증거물이 법정에서 증거 가치를 인정받기 위해서는 증거물의 CoC가 매우 중요

합니다. CoC가 무너지면 증거물의 가치가 없어지며, 법정에서 증거로 받아들여지지 않을 수 있습니다. 범죄 현장에서 증거물을 수집하고 채취할 때에는 증거물의 위치, 상태와 형상 등 전체적인 상황에 대해 매우 상세하게 기록해야 하며, 경우에 따라 사진과 동영상 촬영을 수행하는 것이 좋습니다. 증거물의 인수인계 과정에서도 일시와 인수인계자 등에 대한 명확한 기록이 남아 있어야 합니다. 증거물을 고의로 만들어내거나 조작한다면 과학수사와 법과학은 아무런 의미가 없게 되는 것입니다. 90년대 세기의 재판으로 유명했던 'O. J. 심슨 살인사건'에서 한 경찰관의 잘못된 증거물 조작으로 결국 모든 물적증거가 무효화되어 무죄 판결을 받게 된 사실을 되새겨보아야 합니다. 과학수사의 생명은 신뢰성입니다. 진실을 밝히고 정의를 구현하는 과학수사는 정직해야 합니다. 아무리 정확하고 신속한 과학수사도 거짓이 있어서는 아무 소용이 없고, 더 나쁜 범죄가 되는 것입니다. 아무리 정확한 분석 결과라도 국민들이 믿어주지 않는다면 쓸모없는 일이 됩니다. 적어도 과학수사에 있어서는 최고의 직업윤리가 요구되어야 합니다. 과학수사가 정의 수호의 마지막 보루이기 때문입니다.

## Q 증거물을 채취하는 가장 좋은 방법은 무엇인가요?

**A** 사건 현장 증거물을 채취하는 방법은 증거물의 종류와 상태에 따라 다릅니다. 가장 일반적인 생물학적 증거물 채취 방법은 멸균수를 적신 면봉을 이용하는 것인데, 마른 상태의 혈흔이나 타액반 등을 멸

균수를 적신 면봉으로 잘 닦고 남은 물기를 마른 면봉으로 닦는 방법입니다. 그러나 증거물의 상태에 따라서는 면봉을 이용하는 것보다 긁어내거나 테이프를 이용하는 것이 효과적일 때도 있습니다. 면봉을 이용할 경우에는 채취 후 충분히 건조시켜 포장해야 합니다. 증거물의 크기가 포장이 가능할 정도로 작은 경우에는 채취 과정에서의 오염을 방지하기 위해 DNA감식 실험실로 그대로 보내는 것이 더 좋습니다. 특히 용의자의 의류 등에서 피해자의 세포를 찾아야 하는 경우에는 포장에 유의하여 실험실로 송부하는 것이 좋습니다.

## Q 성폭력 사건 증거물의 채취 시 특히 주의할 점이 있나요?

A 성폭력 사건의 경우 가능한 빠른 시간 내에 증거물을 채취하는 것이 중요하며, 성폭력 응급키트를 이용하여 병원에서 전문 의료인에 의해 채취되어야 합니다. 성폭력 사건은 피해자로부터 사건 정황과 용의자에 대한 많은 정보를 얻는 것이 중요합니다. 피해자의 진술에 따라 질 내용물, 가슴 타액 면봉, 손톱, 음부 빗질 음모 등을 채취할 수 있습니다. 피해자의 질 내용물을 채취한 면봉은 특히 부패에 취약하므로 충분히 건조해 가능한 빨리 의뢰해야 합니다. 기온이 높은 여름철이나 습도가 높은 장마철에는 더욱 많은 주의가 요구됩니다. 피해자의 신체나 의류 이외에도 사건 현장에서 채취할 수 있는 생물학적 시료들을 찾아 채취하는 것도 중요합니다. 범인이 흘린 마스크나 장갑, 마시던 음료수, 접촉한 물건 등을 꼼꼼히 챙겨 채취해야 합니다. 피해자의 손

톱도 중요한 증거물이 될 수 있는데, 직접 깎거나 면봉으로 닦거나 막대로 긁어 채취할 수 있습니다.

### Q 구강상피세포와 혈액은 대조증거물로서 서로 차이가 없나요? 대조증거물은 어떤 방법으로 채취해야 하나요?

A DNA감식은 기본적으로 대조시료와의 비교를 통해 개인을 식별하고 신원을 확인할 수 있기 때문에 사건 현장 증거물의 채취와 함께 대조증거물을 함께 채취하는 것이 매우 중요합니다. 가장 기본적으로 피해자의 대조시료가 필요하며, 남편이나 남자 친구, 그리고 기타 피해자나 사건 현장에 생물학적 시료를 유류했을 가능성이 있는 사람들에 대한 대조시료가 채취되어야 합니다. 과거에는 일반적으로 혈액을 채취하였지만, 현재는 면봉을 이용해 구강상피세포를 채취하거나 FTA 카드에 타액을 묻히는 방법이 주로 사용되고 있습니다. 혈액과 구강상피세포 속의 DNA는 같기 때문에 어느 시료를 채취해도 무방하지만, 채취 시의 고통을 줄이고 포장과 보관이 용이한 구강상피세포 채취법이 더 선호되고 있습니다. 모발을 뽑아 대조시료로 사용할 수 있지만, 추출되는 DNA의 양이 사람마다 차이가 있는 등의 이유로 많이 이용되고 있지 않습니다. FTA 카드는 상온에서 장기간 보관할 수 있으며, DNA 정제가 용이하다는 장점으로 인해 최근 들어 가장 선호되고 있는 채취 방법입니다.

## Q 증거물은 어떻게 포장하고 보관하는 것이 좋은가요?

A DNA감식을 위해 채취된 생물학적 시료들은 부패를 최소화할 수 있는 조건에서 보관해야 합니다. 낮은 온도와 습도를 유지하는 것이 가장 중요합니다. 면봉으로 채취한 경우에는 충분히 건조 후 시원하고 바람이 잘 통하는 곳에서 보관해도 되지만, 토양이나 음식물이 묻은 경우에는 세균에 의한 부패로 DNA가 파괴될 수 있으니 냉장 또는 냉동 보관하는 것이 좋습니다. FTA 카드에는 항균 성분이 포함되어 있어 상온에서 보관해도 DNA의 파괴를 막을 수 있습니다. 의류 등의 증거물은 종이봉투에 넣어 상온에서 보관하는 것이 좋습니다. 의류가 젖은 경우에는 상온에서 충분히 말린 후 포장해야 합니다. 비닐이나 플라스틱 통에 보관하면 바람이 통하지 않아 습기가 찰 수 있으며, 세균의 번식을 도와 DNA를 파괴할 수 있으므로 피해야 합니다. 따라

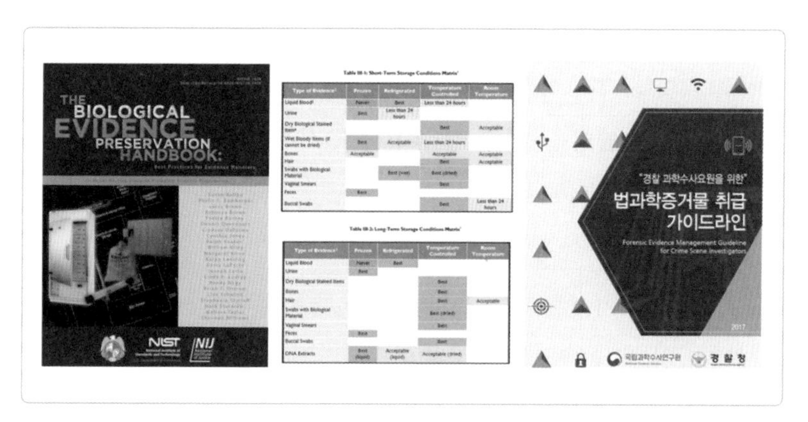


Table III-1: Short-Term Storage Conditions Matrix

| Type of Evidence | Frozen | Refrigerated | Temperature Controlled | Room Temperature |
|---|---|---|---|---|
| Liquid Blood | Never | Best | Less than 24 hours | |
| Urine | Best | Less than 24 hours | | |
| Dry Biological Stained Item | | | Best | Acceptable |
| Wet Bloody Items (if cannot be dried) | Best | Acceptable | Less than 24 hours | |
| Bones | Acceptable | | Acceptable | Acceptable |
| Hair | | | Best | Acceptable |
| Swabs with Biological Material | | Best (wet) | Best (dried) | |
| Vaginal Smears | | | Best | |
| Feces | Best | | | |
| Buccal Swabs | | | Best | Less than 24 hours |

Table III-2: Long-Term Storage Conditions Matrix

| Type of Evidence | Frozen | Refrigerated | Temperature Controlled | Room Temperature |
|---|---|---|---|---|
| Liquid Blood | Never | Best | | |
| Urine | Best | | | |
| Dry Biological Stained Items | | | Best | |
| Bones | | | Best | |
| Hair | | | Best | Acceptable |
| Swabs with Biological Material | | | Best (dried) | |
| Vaginal Smears | | | Best | |
| Feces | Best | | | |
| Buccal Swabs | | | Best | |
| DNA Extracts | Best (liquid) | Acceptable (liquid) | Acceptable (dried) | |

미국 NIST의 생물학적 증거물 보존 핸드북과
국립과학수사연구원의 법과학증거물 취급 가이드라인

서 생물학적 시료의 포장은 항상 종이 재질의 봉투나 박스를 이용해야 합니다. 습기를 제거할 수 있는 제습제를 증거물과 함께 포장하면 좋습니다. 끝이 날카로운 칼이나 주사기 등의 증거물은 오염 방지와 안전을 위해 별도로 제작된 용기를 이용해야 합니다. 증거물 포장의 기본은 오염 방지를 위해 증거물을 하나씩 개별적으로 포장하는 것입니다. 장기 보관해야 하는 경우에는 영하 20℃ 이하에서 냉동 보관하는 것이 좋습니다.

## Q 'CSI 효과'란 무엇인가요?

A 2000년부터 방송되기 시작한 CSI 시리즈는 선풍적인 인기와 함께 'CSI 효과'라는 신조어까지 만들어냈습니다. 실제 사건 현장에서 사건 해결에 결정적인 증거물을 찾아내는 것은 쉬운 일이 아닙니다. 그러나 CSI 드라마에서는 언제나 사건 현장에서 너무나 쉽고 빠르게 증거물을 찾아냅니다. 이러한 비현실적인 상황은 판사는 물론이고 배심원들에게 많은 영향을 줄 수 있습니다. 즉 사건 현장에서 명백한 증거물이 발견되지 않으면 뭔가 부족한 느낌을 갖게 되어 '증거 불충분'에 의한 무죄 판결이 늘어나는 경향을 보입니다. 또한 과학수사요원들에게도 영향을 주어서 너무 많은 증거물을 채취해 실험실에 의뢰함으로써 실험실의 분석 속도를 크게 떨어뜨리기도 하였습니다. 지능화되어 가고 있는 범죄자들은 지문을 남기지 않기 위해 장갑을 끼고 콘돔을 사용하고 있습니다. CSI 드라마는 물론이고, 인터넷과 SNS의 발달로

과학수사 기법이 일반인들에게까지 공개되었습니다. 증거물을 사이에 두고 범죄자와 과학수사의 전쟁은 지금도 치열하게 진행 중입니다.

### Q 분석이 끝난 증거물과 DNA 잔량은 계속 관리하나요? 보관한다면 그 기간은 얼마인가요?

A 범죄 현장에서 수거된 증거물의 경우 DNA감식이 끝나면 남은 증거물은 기본적으로 의뢰 관서로 반환하며, DNA 잔량은 냉동 보관합니다. 면봉으로 채취된 증거물이나 담배꽁초와 같이 DNA감식에 증거물을 전량 사용하는 경우를 제외하면, 범행 도구나 의류 등의 증거물은 감정서 회보 시 의뢰 관서로 반환됩니다. 미해결 사건 증거물의 DNA 잔량은 추후에 재분석이나 추가 분석 등을 위해 실험실에서 보관하고 있습니다. 그러나 DNA법에 따라 데이터베이스에 수록되는 구속피의자 등의 시료와 DNA 잔량은 분석 후 즉시 폐기되고 있습니다. 증거물이나 DNA 잔량의 보관은 범인의 검거는 물론이고 향후 재판

DNA 잔량 보관을 위한 대용량 냉동 시스템

과정에서 중요한 역할을 할 수 있기 때문에 다른 나라의 수사기관이나 법과학연구소에서도 많은 신경을 쓰고 있습니다. 첨단 과학기술의 발전 속도는 상상을 초월하기 때문에 미래에 어떤 DNA감식 기술이 개발될지 예측하기 어렵습니다. 지금의 기술로는 얻을 수 없는 정보를 가까운 미래에는 수사에 활용할 수 있을 것입니다. DNA 잔량의 보관이 중요한 이유입니다.

### Q 혈액 속에는 어떤 물질들이 들어 있나요?

A 혈액은 물, 세포, 효소, 단백질, 포도당, 호르몬, 유기물 및 무기물로 구성된 약알칼리성의 유동체입니다. 보통 남성은 약 5~6리터, 여성은 약 4~5리터의 혈액을 가지며, 이는 체중의 약 8%에 해당됩니다. 혈액 속에는 세 가지 종류의 세포가 존재합니다. 혈액의 45%를 차지하는 적혈구는 헤모글로빈을 함유해 산소 전달 기능을 수행하며, ABO 혈액형을 결정하는 혈액형 그룹 항원을 가지고 있습니다. 면역 기능을 수행하는 백혈구는 핵을 가져 DNA감식의 대상이 됩니다. 혈소판은 상처 부위에서 혈액의 응고에 관여하는 세포입니다.

### Q 눈에 보이지 않는 혈흔을 찾는 방법 중 어떤 것이 가장 좋은가요?

A 빨간색의 혈흔은 맨눈으로도 쉽게 식별할 수 있습니다. 그러나

이는 범인의 눈에도 잘 보여 증거를 인멸할 수 있다는 말이기도 합니다. 지금까지의 경험으로 볼 때, 사건 해결에 결정적인 혈흔은 눈으로 쉽게 찾을 수 없는 경우가 많습니다. 범인의 눈으로도 찾기 어렵기 때문에 과학수사요원의 눈에도 잘 보이지 않습니다. 검은색의 옷이나 세탁한 신발에서 혈흔을 찾는 것은 쉬운 일이 아닙니다. 사건 현장에서 가장 먼저 세밀한 관찰이 필요합니다. 충분히 꼼꼼하게 사건 현장과 증거물을 살펴본 후에도 혈흔을 찾을 수 없다면, 화학반응을 이용해 찾을 수 있습니다. 루미놀(3-amino-phthalhydrazide)이라는 시약은 너무나도 유명해 이를 모르는 과학수사요원은 없을 것입니다. 현재는 몇 가지의 루미놀 제형이 상품화되어 판매되고 있지만, 과거에는 실험실에서 제조하여 사용하였습니다. 실험실에서 직접 제조한 루미놀 시약은 발광 강도가 약하고 지속시간도 짧아 혈흔을 찾는 데 많은 경험과 노하우가 필요하였습니다. 10여 년 전 우리나라에 처음 소개된 '블루스타(Bluestar)'는 발광 강도와 발광 지속시간이 크게 향상된 제품으로서 빛 차단이 완벽하지 않아도 미량의 혈흔을 찾아낼 수 있고 사진도 찍을 수 있습니다. 혈흔을 찾기 위해 사건 현장이나 증거물에 직접 분사하기 때문에 루미놀 시약은 DNA에 영향을 주지 않아야 합니다. 지난 몇 년간 블루스타와 유사한 루미놀 제형을 국산화하려는 노력이 있었지만, 결정적으로 DNA가 파괴되는 문제를 해결하는 데 실패하였습니다. 그러나 계속적인 시행착오를 거친 끝에 2017년 국산화에 성공하였습니다. 블루스타 이외에도 루미놀에 기반을 둔 루미신(Lumiscene)과 플루오레세인(Fluorescein)에 기반을 둔 헤마세인(Hemascein) 제품도 출시되었습니다. 헤마세인 시약은 빛을 차단할 필요가 없는 장점이 있지만 450nm 파장의 청색광과 오렌지색 가글이 추가로 필요합니다. 415nm 파장의 빛을 방출하는 가변광원기를 이용해 혈흔을 찾을 수도 있는데, 주변보다 짙은 검은색으로 보이게 됩니다.

## Q 혈흔 탐색을 위해 블루스타를 분무할 때 가장 조심해야 할 것은 무엇인가요?

A 혈흔을 찾기 위해 블루스타를 분무할 때 주의해야 할 사항이 몇 가지 있습니다. ① 개인보호장구를 갖추어야 합니다. 루미놀이 유해한 물질이기 때문입니다. ② 바람이 불지 않는 곳에서 대상물과 적당한 거리를 유지하며 분무해야 합니다. 대상물과의 거리는 약 50cm 정도가 적당합니다. ③ 분무되는 방울의 크기가 일정한 분무기를 사용해야 합니다. 루미놀이 대상물에 골고루 그리고 적당량 분무되기 위해 분무액의 크기가 작은 것이 좋습니다. ④ 표면이 매끈한 재질인 경우 분무액이 흘러내리지 않도록 해야 합니다. 자칫 루미놀과 반응한 혈흔이 흘러내려 유실될 수 있기 때문입니다. ⑤ 위양성 반응 여부를 확인하기 위해 2차로 LMG 검사를 수행해야 합니다. 루미놀과 반응하여 위양성 반응을 나타내는 물질이 매우 많기 때문입니다. 인혈 확인은 대상물의 양이 충분한 경우에만 수행합니다. ⑥ 작은 크기의 증거물인 경우에는 바로 루미놀을 분무하지 말고 멸균수를 묻힌 면봉으로 전체를 닦아 LMG 검사를 시행하는 것이 좋습니다. ⑦ 루미놀 시약은 기본적으로 검사 전 신선하게 제조하여 사용해야 합니다. 루미놀은 매우 불

안정한 물질이라 8시간 이상 경과하면 새로 만들어야 합니다. 블루스타나 국산 블러드플레어 제품은 안정성이 개선되어 1주일까지 사용이 가능하지만 사용 전에 반드시 표준 혈흔을 대상으로 시약의 성능을 확인해야 합니다. ⑧ 빛을 차단한 환경이나 암실에서 루미놀을 분무하기 전에 충분히 어둠에 눈을 적응시켜야 미세한 발광을 식별할 수 있습니다. ⑨ 루미놀을 너무 많이 분무하면 혈흔이 희석될 우려가 있습니다.

## Q 루미놀의 발광 원리는 무엇이며, 위양성 반응을 나타내는 물질에는 어떤 것이 있나요?

A 루미놀은 혈액 내 적혈구의 헤모글로빈과 반응합니다. 헤모글로빈의 중심에 있는 철(Fe)을 가지고 있는 헴(heme) 그룹이 페록시다아제(peroxidase)와 같은 활성을 가져 촉매의 역할을 합니다. 즉 헤모글로빈이 과산화수소(hydrogen peroxide)로부터 산소를 떼어내고 이 산소가 환원 상태의 루미놀을 산화시키며 높아진 에너지가 낮아지면서 화학발광에 의한 빛이 발생하게 됩니다. 과산화수소는 산화제의 역할을 하는 것입니다. 루미놀은 페록시다아제를 포함하는 식물, 예를 들면 감자, 양파 등과 반응해 위양성 반응(false positive)을 보일 수 있습니다. 또한 과산화수소를 분해할 수 있는 물질과 반응해 위양성 반응을 보일 수 있는데, 구리가 포함된 동전에 루미놀 시약을 분무해보면 혈흔에서와 유사한 발광을 볼 수 있습니다.

### Q 혈흔 예비검사 방법에는 어떤 것들이 있으며, 민감도는 어느 정도인가요?

A 인체 분비물의 확인을 위한 검사 방법은 예비검사와 확증검사로 구분할 수 있습니다. 혈흔의 경우 많은 법과학 실험실에서 일반적으로 사용하고 있는 예비검사 방법은 페놀프탈레인(Kastel-Meyer test), 루미놀, LMG, 헤마스틱스(TMB)입니다. 우리나라에서는 LMG 시험법이 가장 일반적으로 사용되고 있는데, TMB(Tetramethylbenzidine)보다 민감도는 떨어지지만, 위양성 반응은 상대적으로 낮기 때문입니다. 민감도가 가장 높은 혈흔 예비검사 방법은 루미놀인데, 약 100만 배로 희석된 혈흔도 검출 가능합니다. 예비검사에서 양성 반응을 보이는 경우 DNA감식을 수행하지만, 위양성 반응을 보이거나 인혈 여부가 의심스러우면 확증검사를 시행합니다. 그러나 시료의 양이 충분하지 않은데 무리하게 인혈검사를 수행하는 것은 바람직하지 않습니다. 루미놀을 제외한 다른 예비검사 시약들은 DNA감식에 영향을 주기 때문에 시료의 일부를 떼어내거나 면봉으로 일부를 채취해 별도로 검사를 수행해야 합니다.

### Q 혈흔 예비검사에서 양성인 혈흔에서 모두 DNA감식이 성공할 수 있나요?

A LMG 검사 결과 양성인 혈흔이라도 모두 DNA감식이 성공하는

것은 아닙니다. DNA감식의 한계가 혈흔 예비검사 시약의 한계보다 높기 때문입니다. 즉 극미량의 혈흔은 LMG 양성이지만, DNA감식에서는 불검출이 될 수 있다는 말입니다. 루미놀 시약도 마찬가지인데, 혈흔을 확인하고도 누구의 혈흔인지 알 수 없는 경우가 발생할 수 있습니다. 그러나 최근 DNA감식의 민감도가 크게 높아지고 있어 그 차이가 줄어들고 있습니다.

### Q 혈흔 확증 시험 및 인혈검사를 사건 현장에서 수행할 수 있나요?

A 루미놀 등을 이용해 찾은 혈흔 추정 물질이 진짜 혈흔인지, 그리고 사람의 혈흔인지 알아볼 필요가 있습니다. 혈흔 확증 및 인혈검사는 항원-항체 반응을 이용한 신속 검사 키트(FOB, ABA card 등)를 이용해 간단히 수행할 수 있습니다. 혈흔검사 양성 반응인 시료라도 사람으로부터 유래된 것인지 혹은 동물에서 유래된 것인지 알 필요가 있습니다. 이와 같은 인혈검사 방법은 항원-항체 반응에 기초한 'Ouchterlony Precipitin test'가 일반적인데, 최근 사람 헤모글로빈의 단클론항체(monoclonal antibody)를 이용한 신속 검사 키트(FOB 키트, RSID-blood 키트 등)가 개발되어 사용되고 있습니다. FOB 키트는 면역크로마토그래피 방법(immuno-chromatographic sandwich capture method)를 이용하여 헤모글로빈 농도가 50ng/mL 이상인 경우 검출될 수 있도록 고안되었습니다. 검사용 디바이스는 플라스틱 카세트 외부에 타

원형의 검사 용액 점적 부위(S)가 있고, 직사각형의 표시창에 대조선(C)과 검사선(T) 위치가 표시되어 있으며, 대조선과 검사선 밴드의 현출에 따라 음성과 양성으로 판정합니다. 그러나 동물들 중에서 페럿(ferret)의 혈액은 예외적으로 사람의 항체와 반응하여 인혈반응 양성으로 판정될 수 있습니다. 또한 혈액을 직접 떨어뜨리면 소위 'Hook effect'에 의해 위음성(false negative) 결과가 나타나므로 적당히 희석하여 검사에 사용해야 합니다. 신속 인혈검사 키트는 민감도가 매우 높고, 특이성도 높으며, 부패된 혈흔에서도 결과를 얻을 수 있어 사건 현장에서의 혈흔 확증검사 및 인혈검사 방법으로 많이 활용되고 있습니다. 최근에는 증거물로부터 정제된 RNA(HBB, SPTB, PBGD 유전자 등)를 분석하거나, 메틸화 정도를 분석해 인체 분비물의 유래를 밝히는 연구가 진행되어 활용되고 있습니다. 만일 인혈검사 결과가 음성이라면 DNA를 분석해 종 식별을 수행할 수 있습니다.

## Q 혈흔의 유형에 따라 채취 방법이 다른가요?

A 사건 현장에 흥건한 혈액은 면봉을 이용해 손쉽게 채취할 수 있습니다. 혈흔이 묻은 범행 도구(칼, 망치 등)는 포장하여 실험실로 보내는 것이 가장 좋은데, 부위별로 채취하여 DNA감식을 수행하게 됩니다. 나무에 묻은 혈흔은 칼로 오려낼 수 있습니다. 토양의 혈흔은 면봉을 이용해 채취하고 토양 성분은 털어내 건조시키는 것이 좋습니다. 마약 투약 주사기의 경우에는 주삿바늘을 포함해 실험실로 의뢰합니

다. 변사자의 대조 혈액을 채취할 경우에는 심장혈을 채취하며, 피해자 등의 대조 혈액을 채취할 때는 항응고제가 들어 있는 용기를 사용합니다. 피해자의 수혈 여부, 골수이식 수술 여부도 함께 파악해야 합니다.

## Q 혈흔형태분석, 혈족흔, 혈지문의 증강을 위해 혈흔검사 시약에 첨가하는 고형제는 DNA감식에 영향을 미치지 않나요?

A 루미놀, LMG 등 혈흔검사 시약들은 혈흔의 탐색 및 검사뿐 아니라 혈흔형태분석이나 혈액이 묻은 채 찍힌 족흔이나 지문의 형태분석에도 사용될 수 있습니다. 이러한 경우에는 혈흔의 형태를 보존하고 더 진하게 증강시키기 위해 고형제를 첨가해 사용합니다. 그러나 혈흔검사 시약에 첨가하는 고형제들은 DNA에 좋지 않은 영향을 주게 됩니다. DNA감식이 필요한 시료인 경우에는 먼저 채취한 후 고형제가 첨가된 혈흔검사 시약을 처리하는 것이 바람직합니다.

## Q 혈흔의 오래된 정도를 추정할 수 있나요?

A 사건 현장의 혈흔이 얼마나 오래된 것인지를 알 수 있다면 매우 유용한 정보가 될 것입니다. 혈흔의 오래된 정도가 사건의 판결에 결정적 요인이 되었던 사례가 있었습니다. DNA감식 결과는 동일하지만,

사건과 관련된 혈흔인지 그렇지 않은 혈흔인지가 핵심이었던 사건이었습니다. 변사자의 사후경과시간 추정도 혈흔의 오래된 정도와 기본적으로 같은 개념입니다. 혈흔의 오래된 정도를 분석하기 위해 다양한 연구가 시도되었습니다. 혈흔으로부터 DNA와 함께 RNA를 정제할 수 있는데, 특정 RNA의 분해 정도를 분석해 혈흔이 얼마나 오래된 것인지 추정하는 방법입니다. 그러나 아직까지 실무에 적용할 수 있는 수준은 아닌 것 같습니다. 첨단 과학기술의 급속한 발전과 새로운 분석장비의 개발로 머지않은 미래에는 혈흔을 비롯한 인체 분비물의 오래된 정도, 변사자의 사후경과시간 추정이 가능할 것으로 기대하고 있습니다.

## Q 정액은 무엇이며, DNA감식에 왜 중요한가요?

A 정액은 성적 자극에 의해 남성의 생식기관에서 생산되어 분비되는 점액성 물질입니다. 정액은 적어도 4개의 분비선(정낭: seminal vesicle gland, 전립선: the prostate, the epididymis, bulbourethral glands)에서 분비됩니다. 정액 속에는 정자(spermatozoa)를 비롯해 다양한 아미노산, 당, 지질, 호르몬, 염, 이온 등이 혼합되어 있으며, 특히 정액의 탐색과 예비검사에 이용되는 산성인산화효소(acid phosphatase), 콜린(phosphorylcholine), 염기성 아민류인 스퍼민(spermin), 플래빈(flavin)이 포함되어 있습니다. 한 번에 약 2~6mL의 정액이 사정되며, 정액 1mL당 1억~1억 5,000개의 정자가 들어 있습니다. 정자의 길이는 약 55㎛

이며, DNA는 머리 부분에 들어 있습니다. 정액은 혈액이나 타액에 비해 훨씬 많은 DNA를 가지고 있으며, 부패 등에 의한 파괴에도 강한 증거물입니다. 정액은 성교를 입증하는 가장 확실한 기준이 되기 때문에 정액의 존재는 성폭력 사건의 가장 중요한 증거물입니다.

## Q 정자의 생존 기간은 얼마인가요?

A 정자는 여성의 질 내로 사정된 후 여성의 자궁경부액(cervical mucus) 또는 생식관 상부(upper genital tract)에서 약 3~5일간 생존할 수 있다고 알려져 있습니다. 그러나 정자의 생존 기간은 여러 환경 조건에 따라 차이가 날 수 있습니다. 질 속에서는 사정 후 26시간까지 관찰되었다는 보고가 있으며, 꼬리가 떨어진 머리 부분은 3일 후까지도 발견되었다고 합니다. 자궁경부(Cervix)에서는 생존 기간이 더 길어지는데, 직장(rectum)에서는 사정 후 65시간 후에도 완전한 정자가 발견되기도 하였습니다. 그러나 구강 내에서는 6시간 정도로 생존 기간이 크게 줄어듭니다.

## Q 가변광원기를 이용해 정액을 찾을 수 있나요?

A 정액(반)은 성폭력 사건의 피해자 신체로부터는 물론이고, 피해자의 의류나 휴지, 그리고 사건 현장에서도 발견될 수 있습니다. 정액

검사는 보통 3단계로 진행됩니다. 1단계는 정액반의 탐색이고, 2단계는 정액 예비검사, 그리고 마지막 3단계는 정액 확증검사입니다. 정액(반)을 탐색하는 가장 간편한 방법은 가변광원기(ALS)를 이용하는 것입니다. 정액은 254~265nm의 자외선(UV)을 쬐어주면 청색의 형광을 발산하는데, 맨눈으로도 식별할 수 있습니다. 가변광원기를 이용한 인체 분비물 탐색에 대한 연구 결과에 의하면, 정액의 경우 450nm의 청색광을 쬐어주고 오렌지색 고글을 착용하고 관찰하면 정액 특유의 독특한 형광을 가장 쉽게 식별할 수 있다고 합니다. 광원을 이용한 정액 탐색의 가장 큰 장점은 빠른 시간 내에 광범위한 면적을 탐색할 수 있다는 점입니다. 그러나 광원을 이용하는 방법은 정액 이외에도 유사한 형광을 내는 질액, 타액, 뇨 등 다른 인체 분비물을 식별하는 데 어려움이 있을 수 있습니다.

### Q 산성인산화효소는 정액에만 존재하나요?

**A** 산성인산화효소(acid phosphatase)는 거의 모든 생명체에서 볼 수 있는 일반적인 효소 중 하나이며, 인간의 경우 전립선 상피세포에서 분비되어 정액에 특히 다량 존재하지만 질액이나 타액에도 미량 존재합니다. 산성인산화효소는 sodium-α-naphthyl phosphate를 sodium phosphate와 naphthol로 분해하는데, 이때 brenthamin fast blue(또는 o-dianisidine)가 무색에서 보라색으로 변하게 됩니다. 산성인산화효소 검사를 위해 제조하는 시약은 pH 5.0의 산성 상태입니

다. 산성인산화효소 검사의 결과는 보통 발색의 정도를 +++, ++, +, -로 표현합니다. 최근에는 간편하고 신속하게 산성인산화효소를 검사할 수 있는 제품(phosphatesmo KM)이 판매되고 있는데, 종이에 산성인산화효소의 기질이 도포되어 있어 1분 이내에 정액을 검사할 수 있습니다. 이 제품은 상온에서 오랜 기간 동안 보관할 수 있어 특히 범죄 현장에서의 정액 예비검사에 활용하면 좋을 것으로 생각됩니다.

## Q 정액 확증검사에는 어떤 것이 있나요?

A 정액 예비검사인 산성인산화효소 검사법이 신속하게 정액 존재 여부를 검사하는 것이라면 정액 확증검사는 정액에만 특이적으로 존재하는 물질을 대상으로 정액인지 아닌지를 확인하는 검사법입니다. 정액 예비검사 양성인 시료에 대해 확증검사를 시행하지만, 시료의 양이 제한적인 경우에는 확증검사 없이 DNA감식으로 넘어가는 것이 일반적입니다. 가장 대표적인 정액 확증검사는 전립선에서 분비되는 P30 혹은 PSA(prostate-specific antigen)로 알려진 물질을 검사하는 방법인데, 현재 PSA에 대한 항체를 이용하는 간편하고 신속한 검사 키트가 개발되어 실험실과 사건 현장에서 활용되고 있습니다. PSA는 세린(serine)계 단백질 분해효소인데, 전립선 상피세포에서 분비됩니다. 신속 PSA 검사 키트는 인간의 PSA 항체를 이용하기 때문에 사람의 정액인지도 알 수 있습니다. PSA는 전립선에서 분비되는 분자량 30kDa의 당단백질인데, 정액 내에 보통 $2.0\times10^5-5.5\times10^6$ng/mL

로 존재합니다. PSA는 대변, 땀, 여성의 소변이나 모유에서도 미량 검출되었다는 보고가 있지만, 정액 확증검사에 이용되고 있습니다. 또한 반감기가 약 3년으로 매우 안정적이라 잘 건조된 시료의 경우에는 아주 오래되어도 검출될 수 있습니다. 또 다른 정액 확증검사 방법으로 세미노젤린(Sg: seminogelin)을 이용한 'RSID-Semen' 키트(Independent Forensics)를 구매해 사용할 수 있는데, 다른 인체 분비물(뇨, 혈액, 타액, 땀, 모유, 질액, 대변 등)이나 다른 동물의 정액과 교차반응이 없으며, 오래되었거나 부패된 정액반의 검사에 유용하다고 알려져 있습니다. Sg는 SVSA(seminal vesicle specific antigen)로도 알려져 있으며, 정낭에서 분비되는 PSA 단백질의 기질입니다. RSID 키트를 사용할 경우에는 먼저 유통기한을 확인하고, 음성 및 양성 대조시료를 사용해 키트에 문제가 없는지 점검해야 합니다. 또한 면봉이나 천에 부착된 정액이 충분히 추출될 수 있도록 15분 이상 추출해야 하며, 정액반응이 미약하거나 정액반 시료의 부피가 큰 경우에는 밤새 추출하는 것이 좋습니다. 혈액과 마찬가지로 정액 원액은 'hook effect'를 유발해 위음성으로 판정될 수 있으므로 적당히 희석해 검사해야 합니다. 가장 확실한 정액 확증검사는 현미경으로 정자의 존재 여부를 직접 확인하는 것입니다.

## Q 정자를 염색하여 현미경으로 관찰할 수 있나요?

A 정액으로 추정되는 흔적에서 정자를 현미경으로 확인하면 다른 예비검사나 확증검사를 시행할 필요가 없습니다. 정자는 오직 정

액 속에서만 발견되기 때문입니다. 피해자의 질 내용물을 채취한 면봉을 슬라이드 유리판 위에 도말하고, 고정한 후 nuclear fast red와 picroindigocarmine을 이용하는 소위 '크리스마스트리(christmas tree)'법으로 정자를 염색해 200× 배율의 현미경으로 관찰할 수 있습니다. 정자의 앞부분인 아크로솜(acrosome)은 밝게 염색되고, 뒷부분은 어둡게 염색되어 관찰이 용이하도록 도와줍니다. 이 밖에도 헤마톡실린(haematoxylin)과 에오신(eosin)을 이용하는 염색법, alkaline fuchsin을 이용하는 염색법도 많이 사용되고 있습니다. 정자는 시간이 경과함에 따라 머리 부분과 꼬리 부분이 서로 떨어지기 때문에 다른 세포와 구별이 쉽지 않습니다. 따라서 사정 후 최대한 빨리 질 내용물을 채취하는 것이 정자의 염색에 유리합니다. 최근에는 Independent Forensics 사에서 정자를 형광 염색할 수 있는 'SPERM HY-LITER'라는 제품을 개발하였는데, 형광현미경을 이용해 정자를 관찰할 수 있습니다. 염색된 정자를 레이저 광선을 이용해 오려내 모을 수 있는 'Laser Micro-dissection(LMC)' 장비도 있습니다, 성폭력 사건 피해자의 질 내용물의 경우, 혼합된 범인의 정액에 비해 피해자의 상피세포가 매우 많은 경우에는 범인의 DNA 프로필을 얻는 데 어려울 수 있습니다. 이와 같은 경우에 LMC 장비를 이용해 정자만을 오려낼 수 있습니다. LMC 기술은 미량 DNA 시료에도 효과적으로 활용될 수 있는데, 증거물에 매우 적은 수의 세포만 존재하더라도 이들을 모아 DNA감식에 사용할 수 있기 때문입니다.

### Q 정관수술을 받은 남성의 정액은 DNA감식이 불가능한가요?

A 남성 중에는 불임을 위해 정관수술을 받은 사람도 있고, 여러 원인으로 정자가 생성되지 않거나 정자의 수가 매우 적은 사람이 있습니다. 이런 남성들의 정액 속에는 정자가 없거나 수가 적어 DNA감식이 불가능할 수 있습니다. 정자 생성 과정에 영향을 주어 무정자증 또는 비정상 정자 생산 등을 유발하는 요인에는 유전, 질병, 부상, 화학물질 및 약물, 술, 연령 등이 있습니다. 정액검사는 정자와 관련 없이 가능합니다.

### Q 정액 증거물 채취 및 정액검사 시 주의해야 할 사항이 있나요?

A 성폭력 사건의 경우 피해자는 반드시 의사에게 검진을 받고 적절한 치료를 받아야 합니다. 이때 성폭력 응급키트를 사용하여 매뉴얼에 따라 시료를 채취하면 됩니다. 성폭력 응급키트는 정액은 물론 혈액, 타액, 음모, 손톱, 피부세포 등 피해자로부터 가능한 모든 시료들을 채취할 수 있도록 구성되어 있습니다. 질 내용물, 구강 내용물 등을 채취할 경우에는 최소한 2개 이상의 면봉을 사용하는 것이 좋습니다. 성폭력 사건의 경우 특히 피해자와의 면담으로부터 중요한 정보를 얻을 수 있는데, 시료 채취에도 큰 도움이 될 수 있습니다. 정액반은 항상 그렇지는 않지만 종종 의류, 담요, 종이 등에 묻어 발견될 수 있는데, 공기 중에 건조되도록 하고 종이로 싸서 종이봉투에 개별 포장하는

것이 좋습니다. 플라스틱 용기나 비닐봉지에 넣어서는 안 됩니다. 침대보와 같은 넓은 면적의 증거물에서 정액반을 찾을 때에는 암실에서 가변광원기를 이용하는 것이 좋습니다. 인체 분비물 검사는 기본적으로 시료를 원래 상태 그대로 보존해야 합니다. 즉 정액 예비검사 시약을 시료에 직접 처리하면 안 됩니다. 시료의 일부를 떼어내어 검사에 사용하고 시료를 최대한 남겨 DNA감식에 사용해야 합니다. 산성인산화효소는 예비검사일 뿐이며, 정액 여부는 확증검사를 통해 결정해야 합니다. 또한 질액, 타액, 대변을 비롯해 곰팡이나 세균, 일부 식물에 존재하는 미량의 산성인산화효소에 의해서도 자주색 발색반응이 나타날 수 있기 때문에 위양성 반응을 배제하기 위해 반응시간은 2분 이내로 한정해야 합니다. 정액검사의 대상인 산성인산화효소나 PSA는 정자에 비해 쉽게 파괴될 수 있습니다. DNA감식은 정자 속의 DNA를 대상으로 하기 때문에 정액검사 결과가 음성인 경우에도 DNA감식이 성공적인 경우가 있습니다. 즉 정액검사 결과에 관계없이 DNA감식을 시행하는 것이 좋습니다.

## Q 정액과 타액, 혈액, 뇨 등이 혼합되어 있을 경우 어떻게 검사하나요?

**A** 정액과 혈액이 섞여 있을 경우 산성인산화효소 검사 양성 반응인 보라색이 혈액의 빨간색과 혼합되어 판정이 어려울 수 있습니다. 이러한 경우에는 PSA 검사 키트를 이용하는 것이 좋습니다. 피해자가

생리 중인 경우 정액과 생리혈이 혼합될 수 있으며, 이 밖에도 여러 이유로 정액과 혈액이 혼합되어 존재할 수 있습니다. 성폭력 관련 증거물에는 정액과 타액이 혼합되어 있는 경우도 많은데, 필요한 경우 정액검사와 함께 타액검사도 실시해야 합니다.

### Q 정액 증거물에는 어떤 것들이 있나요?

A 정액 증거물은 성폭력 범죄에서 매우 중요한 증거물입니다. 성폭력 응급키트의 채취 매뉴얼에 따라 병원에서 질 내용물 등 증거물을 채취할 수 있습니다. 질 내용물은 정액검사 음성인 경우에도 DNA감식을 수행하므로 반드시 채취해야 합니다. 사건 현장이나 피해자의 의류 등에서도 정액이 발견될 수 있는데, 질 내용물과 함께 가장 중요한 정액 증거물은 피해자의 팬티, 생리대입니다. 사건 현장에서 피해자가 닦은 휴지나 범인이 사용한 콘돔이 있는 경우 함께 의뢰해야 합니다. 콘돔의 경우에는 안쪽과 바깥쪽을 따로 채취하여 DNA감식을 수행하게 됩니다. 이불이나 침대보처럼 면적이 큰 증거물의 경우에는 가변광원기를 이용해 꼼꼼하게 정액반을 탐색해야 합니다.

### Q 침(타액)은 무엇이며, 아밀라아제는 어떤 기능을 갖나요?

A 타액은 설하선(혀밑샘), 악하선(턱밑샘), 이하선(귀밑샘)에서 구강으

로 분비되는 무색의 액체로서 일반적으로 하루에 약 1~1.5리터가 분비됩니다. 이하선에서 분비되는 타액 속에는 아밀라아제(Amylase)라는 효소가 포함되어 있는데, 탄수화물을 분해하는 기능을 가지고 있습니다. 즉 아밀라아제는 전분(starch)과 글리코겐(glycogen)의 $\alpha$1-4 glycosidic bond를 절단하는 기능을 갖습니다. 이 밖에도 타액 속에는 다양한 전해질과 효소들이 포함되어 있습니다. 타액 속의 아밀라아제는 $\alpha$-아밀라아제이며, 식물이나 세균은 $\beta$-아밀라아제를 만들어냅니다. 아밀라아제는 타액 이외에 땀, 질액, 모유, 췌장액 등에서도 발견되지만, 타액에 비해 그 양이 매우 적습니다.

## Q 증거물에서 타액의 위치를 확인할 수 있는 방법이 있나요?

A 타액반을 맨눈으로 식별하는 것은 매우 어렵습니다. 다른 인체 분비물과 마찬가지로 가변광원기(ALS)를 이용해 타액반을 찾을 수 있는데, 자외선(UV) 아래에서 타액반은 청백색을 나타내며 470nm에서도 식별할 수 있지만, 정액반에서와 같이 효과적이지 않습니다. 가변광원기로 증거물을 훑어본 후, Phadebas 종이를 이용해 타액이 부착된 부위를 찾을 수 있습니다. Phadebas 종이는 파란색의 염색 시약이 결합된 전분을 종이에 발라놓은 제품인데, 타액 내 아밀라아제에 의해 분해되면 파란색으로 변화되어 타액의 부착 부위를 알 수 있습니다. 파란색으로 변화된 Phadebas 종이에 정액 예비검사인 산성인산화효소 검사 시약을 직접 처리해 정액의 혼합 여부를 검사할 수 있습니다.

타액 이외의 인체 분비물, 예를 들면 땀, 정액, 질액 등은 10분 이내에 색 변화가 관찰되지 않지만, 대변이 묻은 경우에는 타액과 유사한 정도의 아밀라아제 활성이 나타나기 때문에 주의해야 합니다.

## Q 타액 예비검사에는 어떤 것들이 있나요?

A 타액 예비검사를 통해 증거물에 타액의 존재 여부를 추정할 수 있습니다. 타액 예비검사는 $\alpha$-아밀라아제 활성을 검사하는 것인데, 많은 법과학 실험실에서 사용되고 있는 두 가지 예비검사 방법은 Phadebas 검사법과 SALIgAE(Abacus Diagnostics) 검사법입니다. 과거에는 전분 요오드 염색법(starch iodine radial diffusion) 검사법이 많이 사용되었으나, 시간이 오래 걸리고 민감도가 낮으며, 별도의 배양기가 필요한 단점이 있습니다. Phadebas는 전분이 청색의 염색제와 공유결합되어 있는 불용성의 물질로서 $\alpha$-아밀라아제에 의해 분해되면 물에 녹으며, 떨어져 나온 청색 염색제에 의해 용액의 색이 변하게 되는데, 620nm에서의 흡광도를 측정해 결과를 판정하게 됩니다. 최근에는 SALIgAE 검사법과 RSID-Saliva 키트를 이용하는 방법이 주로 사용되고 있는데, 무엇보다 검사 결과를 빨리 알 수 있고 사용이 간편하기 때문입니다. SALIgAE 시약은 타액을 첨가하면 노란색으로 변하는데, 약 1/1,000로 희석된 타액도 검출할 수 있습니다. 특히 RSID-Saliva 키트는 호기 혈흔과 같이 혈액과 혼합된 타액도 검사할 수 있습니다.

## Q 타액검사 시 주의해야 할 점에는 어떤 것들이 있나요?

**A** 타액검사는 반응시간을 염두에 두고 결과를 판정해야 합니다. 전분 요오드 염색법은 보통 37°C의 배양기 내에서 6~12시간 정도 반응시킨 후 생성되는 투명한 원의 크기를 측정합니다. SALIgAE 시약과 RSID-Saliva 키트는 10분 이내에 색 변화 또는 검출선 생성을 확인해야 합니다. 또한 항상 표준 양성 시료를 사용해 시약이나 키트에 문제가 없는지 확인한 후 증거물에 적용해야 합니다. 유효기간이 경과된 키트는 사용하지 않는 것이 좋습니다. RSID-Saliva 키트는 같은 방식의 인혈 또는 PSA 검사 키트와 마찬가지로 너무 고농도의 시료에 대해 위음성 반응을 보일 수 있습니다. 췌장염이나 췌장암 등을 앓고 있는 환자의 혈액에서는 아밀라아제가 검출될 수 있습니다. 이런 이유로 RSID-Saliva 키트를 이용해 호기 혈흔을 검사하는 경우에는 대조 혈액(혈흔) 시료를 먼저 검사해야 합니다.

## Q 타액 확증검사법이 있나요?

**A** 현재까지 개발된 타액검사법 중에는 타액 확증검사가 없습니다. 최근 개발된 RSID-Saliva(Independent Forensics) 키트가 타액검사에 많이 사용되고 있는데, 타액에 대한 특이성과 민감도가 높으며, 신속하게 검사할 수 있다는 장점이 있지만, 타액 확증검사는 아닙니다. 이는 타액검사가 기본적으로 사람의 $\alpha$-아밀라아제를 대상으로 하는데, 타

액 이외의 인체 분비물이나 다른 생물종에서도 $\alpha$-아밀라아제가 발견되기 때문입니다. 타액에만 존재하는 mRNA를 분석하는 분자생물학적 방법들이 개발되고 있으며, 입속에 서식하는 미생물을 검출하는 방법도 활발히 연구되고 있습니다.

## Q 모든 증거물에서 타액검사를 수행해야 하나요?

A 타액이 부착되었을 것으로 추정되는 증거물은 일반적으로 타액검사를 수행하지만, 모든 타액 증거물을 검사할 필요는 없습니다. 즉 피운 담배꽁초나 껌, 사탕 등과 같은 증거물은 타액이 확실히 묻어 있을 것으로 생각되므로 별도의 타액검사를 하지 않고 DNA감식 단계로 바로 넘어가게 됩니다. 그러나 성폭력 사건의 증거물에 대해서는 정액검사와 함께 타액검사도 병행하는 것이 바람직합니다. 콘돔 등을 사용해 정액을 남기지 않는 범인들도 많이 있기 때문입니다. 마스크의 경우에도 어느 쪽이 입과 닿은 부분인지 알 수 없기 때문에 타액검사가 필요합니다. 또한 혈흔형태분석을 위해 꼭 필요한 호기 혈흔의 확인을 위해서도 타액검사가 필요합니다.

## Q 타액과 관련된 증거물에는 어떤 것들이 있나요?

A 타액 증거물에는 입이 닿을 수 있는 모든 물건이 해당될 수 있습

니다. 가장 많은 타액 증거물은 담배꽁초이며, 편지 봉투나 우표, 사탕이나 껌, 빨대나 컵, 커피 잔, 병 입구, 먹던 과일이나 음식, 립스틱, 수저나 포크, 구토물, 이쑤시개, 물린 자국, 마스크나 복면, 피해자의 신체(귓불, 가슴 등), 전화 수화기 등에서도 타액이 검출될 수 있습니다.

## Q 타액 증거물 채취 시 주의해야 할 사항이 있나요?

A 가장 일반적인 타액 증거물 채취 방법은 '이중 면봉법'입니다. 다른 인체 분비물의 채취와 마찬가지로 멸균수를 적신 면봉으로 타액 부착 부위를 잘 닦고, 마른 면봉으로 남은 물기를 닦아내는 방법입니다. 성폭력 피해자의 피부에 부착된 타액반을 닦을 경우에는 너무 세게 문지르지 말아야 하는데, 피해자의 피부 상피세포가 과다하게 채취되어 정작 범인의 구강상피세포가 묻혀버릴 수 있기 때문입니다. 마스크 등에서 타액을 채취할 경우에는 멸균수를 적신 면봉으로 한번 닦은 부위를 여러 번 계속 닦지 말아야 하는데, 이미 채취된 구강상피세포가 다시 증거물로 전달될 수 있기 때문입니다. 빨대나 이쑤시개와 같이 좁은 면적에 부착된 타액은 면봉으로 닦아내는 대신 잘게 잘라 DNA 정제에 직접 사용하는 것이 좋습니다. 사건 현장에서 발견되는 작은 크기의 타액 증거물은 채취하지 말고 DNA감식 실험실로 보내는 것이 더 좋습니다. 또한 종이컵과 같은 증거물은 지문이 검출될 가능성이 높으므로 아랫부분은 지문 검출에 사용하고, 윗부분은 DNA감식을 의뢰하는 것이 좋습니다. 담배꽁초는 종류를 명시하고, 개별 포장

하여 서로 오염되지 않도록 해야 합니다.

### Q DNA감식 대조시료로 타액을 채취하는 것이 좋은가요?

A DNA감식을 통해 개인을 식별하거나 신원을 확인하려면 반드시 대조시료가 있어야 합니다. 즉 범죄 현장에서 검출된 DNA가 피해자의 것인지 혹은 용의자의 것인지 알려면 피해자나 용의자의 대조시료가 필요합니다. 과거에는 혈액이나 모발이 대조시료로 많이 채취되었지만 현재는 면봉 등 채취 도구를 이용해 구강상피세포를 채취하는 것이 일반적인데, 이는 피채취자의 신체적 고통이 가장 적으면서도 다량의 시료를 채취할 수 있기 때문입니다. 최근에는 FTA 카드 등도 많이 사용되고 있는데, 상온에서 장기간 보존할 수 있고 DNA 정제과정 없이 바로 PCR 증폭을 수행할 수 있다는 장점이 있습니다.

### Q 담배꽁초는 어떤 증거물인가요?

A 담배꽁초는 국과수에 DNA감식을 위해 접수되는 감정물 중 약 30~40%를 차지하고 있는 가장 중요한 증거물 중 하나입니다. DNA 감식의 대상은 담배꽁초의 필터 부분에 부착되어 있는 흡연자의 타액인데, 오래되었거나 훼손된 담배꽁초에서도 95% 이상의 높은 DNA 검출률을 보여주고 있습니다. 우리나라의 남성 흡연율은 OECD 17개

국가 중 1위를 차지할 정도로 매우 높은 편입니다. 또한 우리나라에서 시판되고 있는 담배의 종류는 국산과 외산을 합쳐 100종을 넘을 정도로 다양합니다. 담배는 매우 개인적인 기호품이며 필터 부분의 크기, 문양과 색상이 모두 다릅니다. 예를 들면 에쎄 담배의 경우 11종, 던힐 담배의 경우 13종이 시판되고 있는데, 한눈에 어떤 종류의 담배인지 식별하는 것이 쉽지 않습니다. 담배, 특히 필터 부분의 사진과 정보를 데이터베이스로 구축하고 웹이나 스마트폰 앱을 통해 검색할 수 있다면 빠르고 쉽게 담배의 종류를 식별할 수 있어 사건의 수사와 법과학적 감정에 큰 도움이 될 것입니다. 특히 용의자 등이 특정되지 않는 사건의 경우 어떤 담배를 피우는지가 수사의 실마리가 될 수 있습니다.

## Q 접촉 증거물이란 무엇인가요?

A 접촉 증거물은 영어로 'Touch DNA', 'Contact DNA', 또는 'Transfer DNA'라고 표현되는데, 용의자 등이 손으로 만지거나 피부와 접촉해 전달되는 피부 상피세포를 의미합니다. 피부는 우리 몸의 내부 및 외부의 대부분을 덮고 있습니다. 타액 속에는 구강상피세포가 있고, 여성의 질액 속에는 질 상피세포가 존재하는 것처럼 피부로부터는 피부 상피세포가 떨어져 나옵니다. 상피세포의 형태는 인체의 어느 부분으로부터 유래된 것인지에 따라 다양합니다.

## Q 접촉 증거물에는 얼마나 많은 피부 상피세포가 부착되어 있나요?

A 접촉에 의해 피부로부터 전달된 세포의 양은 피부가 물체와 접촉한 시간, 접촉의 강도, 그리고 땀과 같은 액상 매개 물질의 존재 여부에 따라 달라집니다. 사람에 따라, 계절에 따라, 혹은 여러 가지 기타 요인들에 따라 전달되는 피부세포의 양은 다를 수 있다는 것입니다. 범죄자는 범행을 하는 동안 긴장을 하게 되며, 평소보다 많은 양의 땀을 흘릴 수도 있습니다. 우리 몸으로부터 보통 하루에 40만 개의 피부 상피세포들이 떨어져 나간다고 합니다.

## Q 지문이나 손으로 접촉한 물건에서도 충분한 양의 DNA를 얻을 수 있나요?

A 접촉 증거물에 남겨진 피부 상피세포는 대부분 매우 소량입니다. 접촉 증거물의 DNA감식 성공률도 매우 낮은 편입니다. 그러나 간혹 지문에서도 DNA 프로필을 얻을 수 있습니다. DNA 증거를 찾고 채취하는 임무 외에 과학수사요원들이 범죄 현장에서 가장 많이 수행하는 임무 중 하나는 지문을 찾는 것입니다. 비다공성(non porous) 표면의 증거물은 지문 현출이 가능하지만, 불규칙하거나 다공성인 표면을 갖는 증거물에서는 지문을 찾기 어렵습니다. 지문을 찾을 수 있다면 DNA보다 더 가치 있는 정보를 제공할 수 있기 때문에 증거물에서

지문 현출이 가능한지를 판단하는 것은 매우 중요합니다. 지문 현출이 불가능하다고 판단될 경우에는 DNA감식을 위해 면봉으로 표면을 닦아냅니다. 지문 현출을 시도하였으나 판독이 불가능할 경우에도 DNA감식은 수행할 수 있습니다. 단, 지문 현출을 위해 사용한 브러시에 의해 오염이 발생하지 않도록 주의해야 합니다. 물컵의 경우에는 타액 부착 부위와 피부 접촉 부위가 명확히 나누어져 있으므로 지문 현출과 DNA감식을 동시에 수행할 수 있습니다. 종이나 지폐는 접촉 증거물 중에서도 비교적 DNA감식 성공률이 낮은 증거물이므로 먼저 지문을 찾는 것이 좋습니다.

### Q 지문현출 시약은 DNA감식에 영향을 주나요?

**A** 범죄 현장에서 지문을 찾기 위해 사용하는 각종 시약들(닌히드린 등)은 피부 상피세포의 부착 위치를 찾는 데 도움이 될 수 있습니다. 그러나 대부분 화학물질인 지문현출 시약들은 DNA에 좋지 않은 영향을 줄 수 있다는 점도 염두에 두어야 합니다.

### Q 접촉 증거물을 채취하는 가장 좋은 방법은 무엇인가요?

**A** 피부와의 접촉에 의해 남겨진 세포를 채취하는 일반적인 방법은 멸균수를 적신 면봉을 이용하는 것입니다. 최근에는 접촉 증거물의 효

과적인 채취를 위해 털면봉(Flocked swab)이 개발되어 사용되고 있습니다. 최대한 많은 피부 상피세포를 채취하는 것은 DNA감식의 성공을 좌우하는 가장 중요한 단계입니다. 면봉 전체를 멸균수로 적시지 말고 한쪽 면만 적셔 증거물 표면을 닦은 후 반대쪽 면을 이용해 한번 더 닦아주는 것이 좋습니다. 이때 같은 부위를 여러 번 닦지 않는 것이 좋은데, 이는 이미 채취된 상피세포가 다시 증거물 표면에 남을 수 있기 때문입니다. 일반적으로 면봉 하나로 약 15cm$^2$의 면적을 닦는 것이 적당합니다. 두 개의 면봉을 사용하는 경우에는 먼저 완전히 적신 면봉을 돌려가며 채취하고, 나머지 하나의 마른 면봉으로 물기를 완전히 닦아줍니다.

## Q 접촉 증거물 채취 시 주의해야 할 점은 무엇인가요?

A 접촉 증거물을 포함한 미량 DNA 증거물을 채취할 때는 각별히 '오염'에 주의해야 합니다. 개인보호장구를 착용해야 하는 것은 기본이고, 반드시 멸균된 증류수를 사용해 채취해야 하며, 개별적으로 포장해야 합니다. 또한 극미량의 DNA를 분석해 얻어진 DNA 프로필은 사건과 관련성이 없을 수도 있다는 점을 항상 염두에 두어야 합니다. 범행 도구의 손잡이 부분에는 범인의 피부 상피세포가 존재할 가능성이 있기 때문에 오염과 유실을 방지하기 위해 별도로 포장해 DNA감식 실험실로 보내는 것이 좋습니다. 접촉 증거물에서 검출된 DNA 프로필이 범인의 것인지를 추정하기 위해 피해자나 관련자의 대조시료

가 필요합니다. 지문 현출을 위해 사용하는 브러시와 파우더는 증거물 상호 간의 오염을 막기 위해 일회용을 사용하는 것이 가장 좋습니다.

## Q 접촉 증거물에는 어떤 것들이 있나요?

A 범죄 현장에 남겨지는 대표적인 접촉 증거물은 문손잡이, 의류, 범행 도구의 손잡이 등입니다. 손이나 피부를 통해 상피세포가 전달될 수 있지만, 한 번의 접촉으로 충분한 양의 상피세포를 얻는 것은 어렵습니다. 손으로 자주 반복적으로 만지는 물건이나, 장시간 착용하는 의류나 모자, 안경 등에서는 비교적 많은 상피세포를 얻을 수 있으며, DNA감식도 가능합니다. 의류나 마스크 등에서는 피부 상피세포와 타액을 찾게 되는데, 하나씩 개별 포장해 실험실로 보내는 것이 좋습니다. 자동차 내부의 여러 곳에서도 피부 상피세포를 채취할 수 있습니다. 핸들, 오디오, 작동 버튼들, 그리고 의자나 팔걸이 등에서 운전자의 DNA 프로필을 얻을 수 있는 것입니다. 피해자를 결박하는 데 사용한 끈, 밧줄, 전선, 벨트, 스카프, 케이블 타이, 테이프 등에서도 범인의 피부 상피세포를 얻을 수 있는데, 특히 매듭 부위가 중요합니다.

## Q 땀, 귀지, 비듬 등에서도 유전자 감식이 가능한가요?

A 흔히 땀으로 DNA감식을 수행하였다는 것은 땀 속의 피부 상피

세포로부터 DNA를 정제해 분석하였다는 의미입니다. 빗, 귀이개 등 개인용품들(personal items)에서도 DNA감식이 가능합니다. 빗에는 두피로부터 전달된 비듬이 있고, 귀이개에는 기름 성분과 혼합된 상피세포가 존재합니다. 최근의 연구에 따르면 땀 속에서 미량의 Cell-free DNA가 검출된다고 합니다.

8

# DNA감식의 기초 지식

DNA는 무엇이고, 법과학 분야에서 DNA가 어떻게 활용되고 있는지, 신원확인을 위한 DNA감식은 어떤 과정을 거쳐 분석되는지, 결과의 해석과 판단은 어떻게 이루어지는지 등 DNA감식과 관련하여 궁금한 것들은 무엇인지 알아보고자 합니다.

**Q DNA란 무엇인가요? 유전자와 DNA는 같은 것인가요?**

**A** 생명의 단위는 세포입니다. 우리 몸은 100조 개의 세포로 구성되어 있습니다. DNA는 세포의 핵 안에 존재하며, 생명 현상의 모든

정보를 담고 있는 물질입니다. 세포 하나에는 30억 쌍의 DNA가 들어 있는데, 우리 몸 전체의 DNA를 풀어놓으면 달까지 갈 수 있을 정도로 깁니다. DNA는 단지 네 개의 염기(A, G, T, C)로 구성되어 있으며, 수소 결합을 통해 상보적으로 결합하고 있습니다. DNA의 구조는 1953년 영국의 케임브리지 대학에서 왓슨과 크릭(James Watson and Francis Crick)에 의해 이중나선(double helix) 구조라는 것이 밝혀졌습니다. 세포 하나 속의 모든 DNA를 지놈(Genome)이라고 하며, 유전정보를 가지고 있는 DNA를 유전자(gene)라고 합니다. DNA는 아버지와 어머니로부터 정확히 반반씩 물려받습니다. DNA가 단백질과 함께 꼬여 이루어진 것이 염색체(chromosome)이며, 인간은 22쌍의 상염색체(autosomal chromosome)과 1쌍의 성염색체(sex chromosome)로 구성되어 있습니다. DNA는 매우 집약적인 저장매체라고 할 수 있는데, 1g의 DNA가 갖는 정보를 저장하려면 300만 개의 CD가 필요합니다. 세포 속에는 핵 이외에 미토콘드리아라는 소기관이 존재하는데, 핵 DNA와 여러 가지로 매우 다른 형태의 DNA가 존재합니다. 미토콘드리아 DNA는 크기가 매우 작고, 원형의 구조를 가져 매우 안정적이며, 세포 내에 많이 존재해 고도로 부패된 시료나 뼈와 모발 등에서도 분석될 수 있습니다. DNA의 95%는 단백질의 합성에 관여하지 않는 소위 '정크 DNA(junk DNA)'이며, 단지 2%의 DNA만이 단백질 합성에 관여합니다.

## Q 모든 사람의 DNA는 서로 다른가요? DNA 분석으로 모든 사람을 구별할 수 있나요?

A 일란성 쌍둥이를 제외한 모든 사람의 DNA는 서로 다릅니다. 엄밀히 이야기하면, 모든 사람의 DNA는 99.9%는 같지만 0.01%가 서로 다릅니다. 이러한 작은 차이가 사람들 사이의 큰 차이를 만들어내는 것입니다. 1990년부터 2003년까지 진행된 '인간 유전체 분석사업(Human Genome Project)'으로 한 사람의 전체 지놈 염기서열을 알게 되었고, 이후 10년간은 사람 사이의 차이를 결정하는 DNA에 대한 연구에 집중하였습니다. 현재는 100만 원만 지불하면 자신의 전체 지놈을 분석해주는 '개인 유전체 분석'의 시대가 도래하였으며, 지구상에 존재하지 않는 인공 생명체가 만들어지기에 이르렀습니다. DNA감식은 근본적으로 DNA상에 존재하는 이러한 개인 간의 차이를 분석하여 '개인을 식별'하는 것입니다. 생체인식(biometrics) 분야도 사람들 사이의 차이를 이용하는데, 지문이나 홍체를 식별하는 것이 대표적입니다. DNA 분석이 아직 생체인식의 도구로 사용되지 못하는 이유는 분석에 긴 시간이 필요하기 때문입니다. 그러나 머지않은 미래에 아주 짧은 시간 안에 DNA를 분석할 수 있는 기술이 개발될 것으로 예상되고 있어 새로운 생체인식 도구가 될 것 같습니다. DNA 분석만큼 확실한 생체인식 방법은 없으니까요. DNA감식 이전에 법과학적 개인 식별은 주로 지문에 의존하였는데, 일란성 쌍둥이도 지문은 다르기 때문에 구별할 수 있다는 장점이 있습니다.

## Q DNA가 과학수사에서 왜 이렇게 중요하게 되었나요?

A 일란성 쌍둥이를 제외한 모든 사람은 자신만의 고유한 DNA를 가지고 있습니다. DNA감식은 높은 식별력을 가지고 있어 거의 모든 사람을 구별할 수 있습니다. DNA는 인체 어느 곳에나 존재합니다. 즉 DNA는 뼈, 모발, 혈액, 타액, 뇌, 심장 등 우리 인체 모든 곳에 존재하며, 모두 동일하기 때문에 사건 현장의 모발 하나, 극미량의 혈흔, 백골화된 사체의 뼈에서 모두 같은 DNA 프로필을 얻을 수 있습니다. DNA는 부모로부터 반반씩 물려받기 때문에 이를 친자검사와 신원확인에 이용할 수 있습니다. DNA는 돌연변이만 없다면 죽을 때까지 변하지 않습니다. DNA는 매우 안정해서 부패되거나 파괴된 생체 시료에서도 분석이 가능합니다. 또한 PCR 증폭 기술의 개발로 매우 적은 양의 DNA만으로도 성공적인 DNA감식 결과를 얻을 수 있습니다. 이러한 이유들 때문에 DNA감식은 법과학 분야의 두 번째 혁명적인 발전을 이끌어오게 되었습니다. DNA감식은 잘못 기소된 사건을 바로잡을 수 있습니다. 즉 DNA감식은 수사기관과 법정 사이에서 사건의 수사를 지원하고 판사의 올바른 판결을 돕는 매우 중요한 역할을 수행하고 있습니다. 강요된 자백이나 목격자의 오인 지목 등으로 억울한 옥살이를 하고 있는 사람들의 석방을 위해 미국 등에서 시작된 '결백 프로젝트(Innocence Projet)'의 핵심은 과거 DNA감식 기술이 활용되지 않았던 사건의 증거물을 다시 분석함으로써 결백을 입증하는 것입니다. DNA의 구조를 밝혔던 제임스 왓슨 박사도 사형수의 누명을 벗겨주고 새로운 삶을 찾아주는 DNA감식이야말로 가장 만족스러운 사례

라고 말한 바 있습니다.

## Q DNA감식 결과는 얼마나 정확한가요? DNA감식 결과가 틀릴 수 있나요?

A DNA감식은 다양한 생체 증거물로부터 추출한 DNA를 분석하고 대조시료와 비교해 개인을 식별하고 신원을 확인하는 것입니다. DNA 감식 결과는 그 자체로는 아무 의미가 없으며, 항상 대조할 수 있는 시료가 필요합니다. 즉 범죄 현장 증거물에서 분석된 DNA 프로필은 사건과 관련된 피해자, 용의자, 관련자 등의 시료가 필요하며, 실종자나 불상 변사자의 신원을 확인하기 위해서는 가족의 시료가 필요합니다. 일대일로 일치 여부를 검사하는 경우에는 개인식별지수를 계산할 수 있는데, DNA 분석 결과가 서로 일치할 경우 개인식별지수(다른 사람임에도 우연히 서로 일치할 확률)는 현재의 기술로 약 100조 명당 1명 이상으로 매우 높습니다. 과학에 있어 100%란 있을 수 없지만, DNA감식에 의한 개인 식별이 잘못될 확률은 거의 없다고 알려져 있습니다. 또한 불상 변사자의 신원확인이나 대량재난 희생자의 신원확인, 미아 찾기, 독립유공자 후손 확인 등을 위해 부모와 자녀 사이에 시행하는 친자검사는 '배제' 또는 '배제되지 않음'으로 표현하며 친부지수(Paternity Index)를 계산할 수 있습니다. DNA감식 결과에 오류가 발생하는 경우는 첫 번째로 증거물의 탐색, 예비검사, 수집, 포장 및 운송 과정에서의 오염, 부패, 유실 등에 기인할 수 있으며, 두 번째로 DNA감식 실험

과정 중에 발생할 수 있는 오염이나 혼동, 실험 결과 해석 과정에서의 착오나 경험 부족 등을 생각할 수 있습니다. 그래서 사건 현장의 과학수사요원이나 DNA감식 실험실의 감정인은 모두 증거물 채취와 실험 과정을 통틀어 항상 주의해야 합니다. 과학수사는 과학적이어야 합니다. 과학수사가 다른 과학과 다른 점은 100%의 정확성을 추구한다는 점입니다. 인간의 생명을 좌우할 수 있기 때문입니다. 과학적이지 않았던 과학수사로 인해 억울한 삶을 살았던 사람들도 많습니다. 조금이라도 과학적 신뢰성이 부족하다면 적용 이전에 심각하게 고민해야 합니다. 과거의 과학수사 기법이 지금 돌아보면 너무나 과학적이지 않았고, 지금의 과학수사 기법도 일부는 과학적 신뢰성에 문제가 제기되고 있습니다. 시간이 흐른 후 결국에는 진실은 밝혀지기 때문입니다. 형사소송법의 대원칙인 "100명의 범인을 놓치더라도 1명의 억울한 사람을 처벌해서는 안 된다."는 문구의 의미를 다시금 새겨볼 필요가 있습니다. 2009년 발간된 미국 의회의 법과학 보고서에서는 이미 DNA감식을 제외한 모든 법과학 분야에서의 과학적 신뢰성을 높일 것을 요구한 바 있습니다.

## Q DNA감식으로 일란성 쌍둥이를 구별할 수 있나요? 형제관계 성립 여부는 어떻게 판단하나요?

**A** 쌍둥이는 이란성과 일란성으로 구별됩니다. 말 그대로 이란성 쌍둥이는 두 개의 난자가 두 개의 서로 다른 정자와 수정하여 형성되며,

일란성 쌍둥이는 하나의 난자와 하나의 정자가 수정하여 생성된 수정란이 두 개로 나뉘어 형성됩니다. 일란성 쌍둥이는 돌연변이가 없다면 DNA가 똑같기 때문에 유전적으로 동일합니다. 2006년의 세계 통계에 따르면, 일란성 쌍둥이는 전 세계 인구의 약 0.2%인 1,000만 명 정도로 추산되고 있으며, 이란성 쌍둥이에 비해 1/10에 불과합니다. 간혹 일란성 쌍둥이 중 한 명이 범인으로 지목되는 경우가 있는데, DNA 감식으로는 식별할 수 없습니다. 그러나 일란성 쌍둥이라도 지문은 서로 다르며, 사건과 관련된 다른 정황적 증거들을 통해 범인을 지목한 사례도 보고된 바 있습니다. 형제관계는 부계 또는 모계 DNA 검사를 통해 판단할 수 있습니다. 즉 동일 부계라면 Y 염색체가 같아야 하고, 동일 모계라면 미토콘드리아 DNA가 같아야 합니다. 그러나 형제관계가 아닌 사람도 같은 Y 염색체 또는 미토콘드리아 DNA를 가질 수 있기 때문에 상염색체 분석을 통한 친자검사와 마찬가지로 '배제' 또는 '배제되지 않음'으로 표현합니다. 동일 부계 혹은 동일 모계인 사람들은 같은 유전자형(하플로타입)을 가지지만, 혈연관계가 아닌 다른 사람도 같은 유전자형을 가질 수 있기 때문입니다. 그러나 Y 염색체나 mtDNA가 서로 불일치하는 경우에는 동일 부계 혹은 동일 모계 관계가 100% '배제'됩니다.

## Q DNA감식은 언제부터 시작되었나요?

A 100년이 넘는 법과학의 역사와 비교하면 DNA감식의 역사는 매

우 짧습니다. DNA감식이라는 용어가 처음 등장한 것은 1984년으로 거슬러 올라가는데, 영국 레스터 대학의 알렉 제프리스(Alce Jeffreys) 교수가 DNA분석을 통해 개인을 식별할 수 있음을 세계 최초로 발견하였습니다. 이듬해인 1985년 영국 내무성의 요청에 의해 이민소송을 해결하는 데 DNA감식이 최초로 활용되었으며, 1986년에는 레스터 지방에서 발생한 두 건의 강간살인사건을 해결하기 위해 처음으로 범죄 사건에 DNA감식 기법이 사용되었습니다. 흥미로운 것은 DNA감식의 첫 성과는 자신이 범인이라고 자백하였던 한 남성이 범인이 아님을 밝혀내 석방시킨 것입니다. 이후 이어진 5,000여 명의 대대적인 검색 과정에서 진짜 범인을 밝혀내게 되었는데, 이와 같은 초기 성과는 DNA감식이 공익적 목적은 물론이고 범죄 수사에도 유용하게 활용될 수 있다는 것을 보여주어 전 세계적으로 확산되기 시작했습니다. 우리나라는 1991년 국과수에 유전자분석실이 설치되었고, 1992년 5월 최초의 DNA감식 감정서가 작성되었습니다. 현재 국과수는 물론이고 대검찰청, 국방부조사본부 등에서 범죄와 관련된 DNA감식 업무를 수행하고 있으며, 친자검사 등을 위해 대학교와 민간업체에서도 DNA감식이 활용되고 있습니다. 최근에는 사람 이외에도 동물, 식물, 미생물에 대한 DNA감식 수요가 크게 증가하고 있으며, 대량재난사고 등에서의 피해자, 실종자의 신원확인에도 필수적으로 이용되고 있습니다.

## Q DNA감식 기법은 어떻게 발전되어왔나요?

A 현재와 같은 식별력 높은 DNA감식 기법이 확립되기 전에는 어떤 방법을 사용했을까요? 가장 먼저 떠오르는 것이 ABO식 혈액형일 것입니다. ABO식 이외에도 수많은 혈액형이 존재한다는 것이 밝혀져 법과학적으로 활용되었지만, 모두 식별력이 낮은 한계를 가지고 있었습니다. 단백질 분석도 개인 식별에 사용되었는데, 환경에 노출되면 쉽게 파괴되는 문제가 있었습니다. 그래서 1960년대와 1970년대에 이룩한 분자생물학의 눈부신 발전에 힘입어 1978년 'DNA 다형성'이 보고되었으며, 1980년대에는 DNA상의 다형성 마커들이 처음으로 밝혀지게 되었습니다. 1984년 9월 10일, 앞에서 언급했던 영국의 알렉 제프리스 교수가 제한효소를 이용해 DNA를 자르고 프로브 혼성화(probe hybridization) 실험을 수행해 X-선 필름상에 바코드와 유사한 형태인 'DNA 지문'을 처음으로 만들어내게 되었습니다. 이후 DNA의 특정 부위와만 결합하는 프로브를 이용하는 분석법이 개발되었고, 1985년 캐리 멀리스(Kary Mullis)에 의해 PCR 증폭 기술이 개발되면서 미량의 DNA도 분석할 수 있게 되었습니다. PCR 증폭 기술은 DNA감식에 획기적인 전환점을 마련해주었는데, 무엇보다 민감도를 높여 몇 개의 세포만으로도 분석이 가능하게 되었습니다. 이후 현재 DNA감식의 표준으로 자리 잡은 STR(Short Tandem Repeat) 마커들이 발견되면서 상용화된 키트들을 이용해 과거에는 분석할 수 없었던 파괴된 DNA도 분석할 수 있게 되었습니다. 1989년에는 DNA감식 결과의 신뢰성이 중대한 도전을 받게 되어, 법과학 분야의 표준화와 품질보증에 대한

요구가 증가하였습니다. DNA감식은 최근 10년 동안 더욱 급속한 속도로 발전이 이루어졌는데, 지금도 그 속도는 줄지 않고 있습니다. 차세대 염기서열 분석(NGS)이 개발되어 이제 3억 2,000개의 염기로 구성된 DNA 전체를 엄청나게 빠른 속도로 분석할 수 있는 시대가 되었습니다.

## Q DNA감식의 전체 과정이 궁금합니다!

A 법과학 실험실에서 수행되는 DNA감식은 크게 다섯 단계로 나눌 수 있습니다. 첫 번째 단계는 사건 현장 등에서 수거된 혈흔, 정액반, 타액반, 모발, 피부세포 등 다양한 생물학적 시료들로부터 DNA만을 순수하게 정제하고 그 양을 측정하는 것입니다. 두 번째 단계에서는 정제된 DNA에 존재하는 STR 마커들을 증폭하는데, 개인 식별을 위해 선별된 16개 또는 24개 이상의 STR 마커들을 모아 만든 상용화된 제품들이 사용됩니다. 세 번째 단계는 모세관 전기영동(CE) 장치를 이용해 DNA 증폭 산물을 크기별로 분리합니다. 네 번째 단계에서는 전용 소프트웨어를 사용해 분석 결과를 해석하고, 최종 DNA 프로필을 얻게 됩니다. 마지막으로 다섯 번째 단계는 확보한 DNA 프로필을 DNA 데이터베이스에 수록하고 검색하는 것입니다. 이와 같이 DNA 감식은 연속된 일련의 과정으로 구성되는데, 최종 결과는 수사기관 등에 제공되어 사건 수사는 물론이고, 더 나아가 법정에서 판사가 올바른 판단을 할 수 있도록 돕게 됩니다. DNA감식을 통해 얻어진 DNA

프로필은 그 자체로는 아무 의미가 없으며 용의자, 피해자, 실종자, 가족 등 대조시료와의 비교를 통해 의미를 갖게 됩니다. 즉 증거물과 대조시료의 DNA 프로필을 비교해 일치 또는 불일치, 포함 또는 배제로 결과를 표현하게 되며, 일치 또는 포함되는 경우에는 확률값을 표시합니다. 실험실이나 국가별로 DNA감식 과정은 다소 차이가 나는데, 어떤 실험실에서는 시료 채취부터 감정서 발송까지 전 과정을 한 사람이 수행하는 반면, 어떤 실험실에서는 DNA감식 단계별로 업무를 분업화하기도 합니다. 규모가 큰 주요 법과학 실험실일수록 각 과정을 분업화하여 전문성을 높이는 추세에 있습니다.

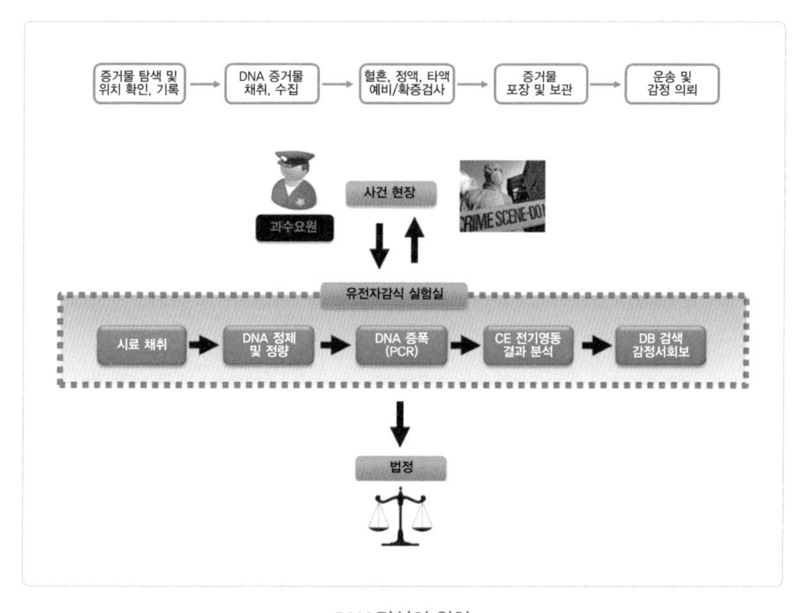


DNA감식의 위치

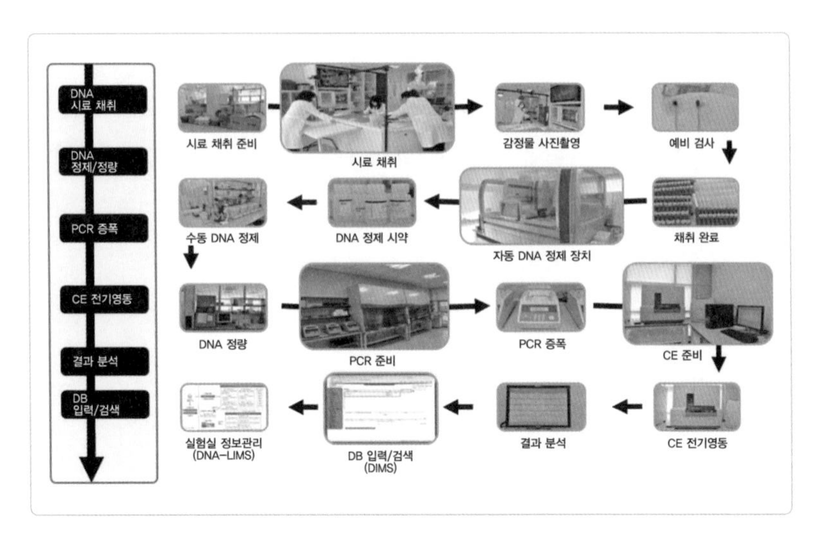
DNA
시료 채취
DNA
정제/정량
PCR 증폭
CE 전기영동
결과 분석
DB
입력/검색
시료 채취 준비
시료 채취
감정물 사진촬영
예비 검사
채취 완료
자동 DNA 정제 장치
DNA 정제 시약
수동 DNA 정제
DNA 정량
PCR 준비
PCR 증폭
CE 준비
CE 전기영동
결과 분석
DB 입력/검색
(DIMS)
실험실 정보관리
(DNA-LIMS)

DNA감식 과정

9

# DNA감식의 표준, STR 분석

현재 전 세계 DNA감식의 표준 기술은 'STR 다중증폭과 모세관 전기영동법'으로 요약할 수 있습니다. 1990년대 처음으로 STR 마커들이 DNA감식에 사용된 이후로 20여 년의 시간 동안 많은 발전을 거듭하고 있습니다. 또한 1995년 영국에서 처음으로 구축된 이후로 우리나라를 포함한 전 세계 많은 국가들이 운영하고 있는 DNA 데이터베이스는 STR을 표준으로 구축되어 왔습니다. 국가별로 DNA감식에 사용하고 있는 STR 마커의 종류에 다소 차이가 있는데, 우리나라는 현재 미국 CODIS의 13개 STR 마커들을 표준으로 하고 있습니다. 1990년대 중반 3개의 STR을 동시 증폭하는 키트가 개발된 이후로 식별력을 높이고, 민감도를 높이며, 분석 시간을 단축할 수 있는 새로운

STR 다중증폭 키트들이 계속 개발되었습니다. 특히 미량 DNA 시료로부터의 부분 검출 프로필 및 혼합 검출 프로필의 식별력 향상 등을 위해 미국은 2017년부터 CODIS 표준 STR 마커를 13개에서 20개로 확장(CODIS Core Loci Expansion)하였습니다. 우리나라도 사정이 다르지 않으며, 2014년부터 STR 마커 확장을 위한 준비를 시작해 2018년 1월 1일부터 미국 CODIS와 동일한 20개의 마커로 확장하였습니다.

## Q STR이란 무엇인가요?

A DNA상에는 몇 개의 염기로 구성된 단위가 반복적으로 존재하는 서열 부위가 있습니다. DNA감식 초창기에는 VNTRs(Variable Number of Tandem Repeats)가 분석되었고, 1990년부터 현재까지 STR(Short Tandem Repeat)이 주로 분석되고 있으며, DNA 데이터베이스에 수록되는 정보도 STR 분석 결과입니다. 22쌍의 상동 염색체와 X 및 Y 염색체상에는 수천 개의 STR이 존재하는 것으로 보고되어 왔습니다. STR은 반복되는 단위가 2~6개의 염기(보통 4염기)로 매우 짧고 증폭되는 DNA의 길이도 400염기 이하(보통 100~300염기)로 짧아 상태가 좋지 않은 시료의 분석에 특히 장점이 있습니다. 또한 식별력이 매우 높고, 극미량의 시료도 분석이 가능하며, 비교적 간단한 분석 과정을 통해 좋은 결과를 얻을 수 있어 DNA감식의 표준으로 자리 잡게 되었습니다.

## Q SNP란 무엇인가요?

A SNP(Single Nucleotide Polymorphism)는 말 그대로 DNA 염기서열 상의 염기 하나가 사람마다 다른 것을 의미합니다. SNP는 근본적으로 DNA 복제 과정에서 발생한 돌연변이에 의해 만들어진 것인데, 전체 DNA상에 매우 많이 존재합니다. STR 10개에 해당하는 개인 식별력을 얻기 위해 약 50~80개의 SNP를 분석해야 하지만, 파괴된 DNA의 분석에는 STR보다 좋은 결과를 얻을 수 있는 장점을 가지고 있습니다. 가장 대표적인 SNP 분석은 미토콘드리아 DNA 분석인데, 특히 HV1과 HV2라고 불리는 두 곳에서 많은 변이가 존재합니다. SNP 분석은 개인 식별 목적 이외에도 여러 분야에서 유용하게 활용될 수 있는데, 생물지리학적 인종 추정, 머리색, 피부색, 눈동자 색 등 외향적인 특성의 추정, 약물에 대한 민감도 차이 등이 대표적입니다. 표현형 분석의 경우 일부 가시적인 성과가 보고되고 있으며, 가까운 미래에는 DNA 몽타주도 가능할 것으로 예상하고 있습니다. NGS 등 새로운 기술 개발로 유전체 분석 비용이 크게 낮아져 개인 유전체 분석 분야도 크게 발전하고 있는데, 특히 질병과 관련된 SNP 분석이 주요 대상입니다.

## Q DNA감식에 이용되는 STR 마커는 어떤 기준으로 선정되었나요?

A DNA감식 대상 시료들은 환경에 노출되어 심하게 파괴되었거나

PCR 증폭 억제 물질이 오염된 경우가 많습니다. 또한 피해자의 질 내용물 등과 같은 성폭력 범죄 증거물에서는 두 사람 이상의 시료가 혼합되어 있는 경우도 많아 결과 해석이 쉽지 않습니다. 1990년대 중반부터 도입되기 시작한 STR 마커들은 증폭 산물의 길이가 100~400bp 정도로 짧아서 법과학 시료의 분석에 적합한 장점을 가지고 있어 DNA감식의 표준으로 자리잡게 되었으며, 지금까지 많은 발전을 거듭해오고 있습니다. STR은 2~6bp 길이의 단위가 직렬로 반복되는 구조를 가지고 있는데, 4bp 반복단위를 갖는 STR 마커들이 DNA감식에 주로 사용되고 있습니다. DNA감식의 목적인 개인 식별을 위해서는 사람 사이의 변이가 높은 STR 마커를 사용하는 것이 좋으며, 식별력을 높이기 위해 더 많은 STR 마커들을 분석하는 것이 좋습니다. 현재 사용되고 있는 STR 마커들은 질병 등과의 연관성이 없으며, 개인 간 식별력을 고려하여 선정되었습니다.

## Q STR 분석 결과는 숫자로 표시되는데, 어떤 의미인가요?

**A** DNA감식 실험실 사이에 결과를 공유하고 상호 검색을 위해 분석 결과 표기를 표준화할 필요가 있습니다. 즉 실험실마다 서로 다른 방식으로 분석 결과를 표시한다면 서로 다른 실험실에서 분석된 결과를 비교할 수 없기 때문입니다. 전 세계적으로 DNA 데이터베이스가 구축되기 시작하면서 STR 분석 결과 표기의 표준화가 중요한 문제로 부각되기 시작했습니다. STR 분석 결과는 반복단위의 개수를 숫자로

표시하는데, 한 사람은 두 가닥의 DNA를 갖기 때문에 하나 혹은 두 개의 숫자로 표현됩니다.

### Q STR 키트는 어떻게 개발되어왔나요?

A 지난 20여 년 동안 DNA감식을 위한 다양한 STR 키트들이 개발되어왔습니다. 처음에는 단지 몇 개의 STR 마커들을 분석하는 수준이었으나, 형광물질과 모세관 전기영동장치의 개발 등에 힘입어 한번의 PCR 증폭을 통해 다수의 STR 마커들을 동시에 분석할 수 있는 다중증폭(multiplex) 키트들이 개발되었습니다. 상용 STR 키트의 개발은 미국의 프로메가(Promega Co.) 사와 AB(Applied Biosystems) 사가 주도해왔으며, 최근 키아젠(Qiagen) 등 유럽의 몇 개 회사에서도 STR 키트를 개발해 공급하고 있습니다. 다중증폭 STR 키트들은 1990년대 후반부터 급속한 발전을 이루었는데, 보다 빠르고(rapid), 보다 민감하고(sensitive), 보다 식별력이 높은(accurate) 키트를 개발해왔습니다. 대부분의 DNA감식 실험실은 독자적으로 STR 키트를 개발할 여력이 없기 때문에 거의 상용화된 키트를 구매해 사용하고 있는데, 법과학 시료의 특성상 품질이 보증된 키트를 사용하는 것이 증거물의 안정적인 분석에 유리하고, 여러 실험실 사이의 표준화에도 기여할 수 있기 때문입니다.

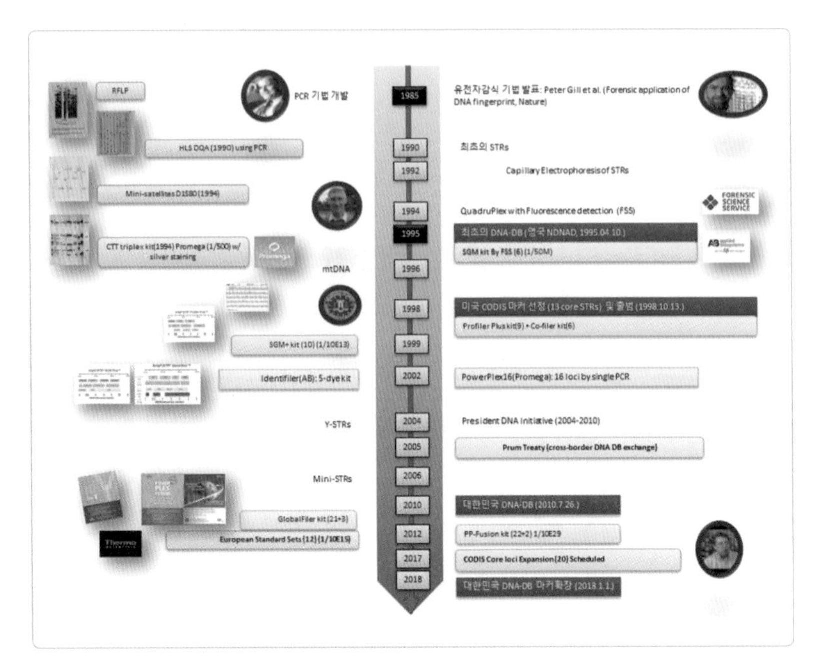


STR 마커 확장의 역사

## Q 우리나라와 미국은 왜 DNA 데이터베이스 마커를 13개에서 20개로 확장하였나요?

A 1998년부터 구축되기 시작한 미국의 DNA 데이터베이스인 CODIS는 13개의 STR 마커를 표준으로 하고 있습니다. DNA 데이터베이스 초창기인 2000년에는 이들 13개의 CODIS 마커를 분석하기 위해 적어도 두 가지 이상의 STR 키트를 이용해 두 번 이상의 PCR 증폭을 수행해야 했습니다. 이후 키트 하나를 사용해 13개의 STR 마

커를 동시에 증폭할 수 있는 키트가 개발되는데, 2001년 출시된 AB 사의 Identifiler 키트는 이러한 요구를 충족시켜 주었습니다. 즉 기존의 네 가지 형광 라벨(6FAM, VIC, NED, PET)을 다섯 가지 형광 라벨(5FAM, JOE, NED or FL, ROX, TMR)로 늘려 동시에 15개의 STR 마커를 증폭할 수 있게 되었던 것입니다. 반면 프로메가 사의 PowerPlex16 키트는 형광 라벨의 수를 4개로 유지하면서 STR 마커의 수를 늘리는 전략을 택했는데, 이를 위해 PCR 프라이머를 변경할 수밖에 없었습니다. Identifiler와 PowerPlex16 키트는 개발된 이후로 10년이 넘는 오랜 시간 동안 DNA감식의 주력 STR 키트로 사용되어왔으며, DNA 데이터베이스의 정착에 크게 기여하였다는 평가를 받고 있습니다. 그러나 DNA 데이터베이스의 규모가 커지면서 검색 일치에 대한 신뢰성이 낮아지고, 미량 DNA 시료의 증가로 인한 부분 검출 프로필이 많아지면서 STR 마커의 수를 대폭적으로 늘려야 한다는 의견이 대두되기 시작했습니다. 또한 친자검사를 비롯한 신원확인 업무에는 기본적으로 더 많은 STR 마커들이 필요하였습니다. 나라마다 서로 다른 조합의 STR 마커들을 사용해왔는데, 점차 국가 간의 DNA 데이터베이스

DNA 데이터베이스 표준 마커 확장 (13→20)

검색 요구가 증가하고 있는 것도 STR 마커 확장이 필요한 이유가 되고 있습니다. 이를 위해 2012년 개발된 제품들이 GlobalFiler(Applied Biosystems)와 PowerPlex16 Fusion(Promega) 키트들인데, 50pg의 극미량 DNA만으로 2시간 이내의 짧은 시간에 24개의 DNA 마커를 동시에 증폭할 수 있을 정도로 막강해졌습니다. 이들 두 키트에는 CODIS 핵심 확장 마커로 선정된 20개의 STR 마커들이 공통적으로 포함되어 있습니다. 미국과 우리나라는 여러 DNA감식 기관이 참여하는 유효성 검토 과정과 법률적, 행정적 절차를 거친 후 각각 2017년, 2018년부터 본격적으로 사용하고 있습니다.

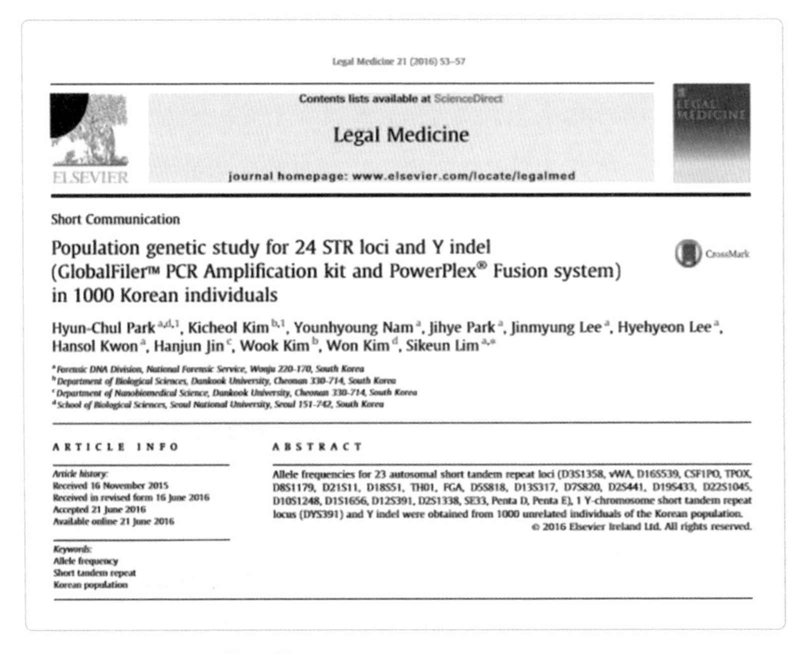
Legal Medicine 21 (2016) 53–57

Contents lists available at ScienceDirect

Legal Medicine

journal homepage: www.elsevier.com/locate/legalmed

Short Communication

Population genetic study for 24 STR loci and Y indel (GlobalFiler™ PCR Amplification kit and PowerPlex® Fusion system) in 1000 Korean individuals

Hyun-Chul Park[a,d,1], Kicheol Kim[b,1], Younhyoung Nam[a], Jihye Park[a], Jinmyung Lee[a], Hyehyeon Lee[a], Hansol Kwon[a], Hanjun Jin[c], Wook Kim[b], Won Kim[d], Sikeun Lim[a,*]

[a] Forensic DNA Division, National Forensic Service, Wonju 220-170, South Korea
[b] Department of Biological Sciences, Dankook University, Cheonan 330-714, South Korea
[c] Department of Nanobiomedical Science, Dankook University, Cheonan 330-714, South Korea
[d] School of Biological Sciences, Seoul National University, Seoul 151-742, South Korea

ARTICLE INFO

Article history:
Received 16 November 2015
Received in revised form 16 June 2016
Accepted 21 June 2016
Available online 21 June 2016

Keywords:
Allele frequency
Short tandem repeat
Korean population

ABSTRACT

Allele frequencies for 23 autosomal short tandem repeat loci (D3S1358, vWA, D16S539, CSF1PO, TPOX, D8S1179, D21S11, D18S51, TH01, FGA, D5S818, D13S317, D7S820, D2S441, D19S433, D22S1045, D10S1248, D1S1656, D12S391, D2S1338, SE33, Penta D, Penta E), 1 Y-chromosome short tandem repeat locus (DYS391) and Y indel were obtained from 1000 unrelated individuals of the Korean population.


참고문헌: Legal Medicine 2016 21:53–57

Int J Legal Med
DOI 10.1007/s00414-017-1592-8

POPULATION DATA

**Evaluation of forensic genetic parameters of 12 STR loci in the Korean population using the Investigator® HDplex kit**

Ju Yeon Jung[1] · Eun Hye Kim[2] · Yu-Li Oh[1] · Hyun-Chul Park[1] · Jung Ho Hwang[1] · Si-Keun Lim[1]

참고문헌: International Journal of Legal Medicine 2017 131(5):1247–1249

## Q DNA 미세변이와 스터터는 무엇인가요?

**A** 하나의 STR 마커에서 증폭되는 모든 대립유전자(allele)가 완벽한 반복단위를 갖는 것은 아닙니다. 예를 들면 4bp 반복단위를 갖는 STR 마커에서 하나의 염기가 부족하거나 많은 경우가 나타날 수 있는데, 이와 같이 일반적으로 검출되는 길이에서 벗어나는 대립유전자상의 변이를 미세변이(microvariant)라고 합니다. 대표적인 미세변이는 THO1 마커에서 일반적으로 나타나는 9.3 대립유전자인데, 9개의 완벽한 4bp 반복단위(AATG)와 하나의 3bp 반복단위(ATG)로 구성되어 있습니다. 미세변이는 어떤 사람이든, 그리고 모든 STR 마커에서 나타날 수 있는 현상이며, 2개 혹은 3개의 염기가 차이 날 수도 있습니다. DNA 데이터베이스에 프로필을 수록할 때에는 일반적으로 사용한 STR 키트의 대립유전자 사다리(allelic ladder)에 가까운 쪽의 반복 횟수를 기재하고 있습니다. PCR 증폭 과정에 수반되어 나타나는 현상 중

하나가 스터터(stutter)인데, 일반적으로 하나의 반복단위만큼 작은 크기의 증폭 산물을 의미합니다. 스터터는 분석 결과를 해석할 때 심각한 혼란을 줄 수 있으며, 특히 두 사람 이상이 섞인 혼합 프로필의 경우에는 심각한 오류를 유발할 수 있습니다. 너무 많은 DNA가 PCR에 사용될 경우에는 DNA 합성효소가 최종 A(adenin) 추가 반응을 완결짓지 못하는 경우가 발생합니다.

## Q 대립유전자 사다리는 무엇인가요?

**A** STR 키트 생산 업체에서는 정확한 분석을 위해 대립유전자 사다리(allelic ladder)를 공급하고 있습니다. 그런데 동일한 STR 마커임에도 이 사다리들이 제조사에 따라 차이가 납니다. 예를 들면 D5S818 마커에서 프로메가(Promega) 사의 사다리는 7~15인데, AB(Applied Biosystems) 사의 사다리는 7~16입니다. 제조사에 따른 혼란을 막기 위해 각 실험실에서는 STR 키트 하나를 선정해 표준으로 삼고 있으며, DNA 데이터베이스에 수록할 경우에도 사용한 STR 키트를 명시하도록 하고 있습니다. 최근에 출시되는 STR 키트들에는 최대한 많은 대립유전자가 포함되도록 사다리를 제조하여 이러한 문제를 줄이고 있습니다. 만약 분석된 대립유전자가 사다리 밖에 존재하게 되면, OL(Off-Ladder)로 표시되는데, DNA 데이터베이스에 수록할 때 특정 사다리 값보다 크거나(>) 또는 작다(<)라고 표기합니다.

## Q 미량 DNA 시료의 경우 STR 증폭에 어떤 영향을 주나요?

A DNA의 양이 극히 적거나 여러 요인들에 의해 파괴된 DNA는 STR 분석이 매우 어렵습니다. STR이 기본적으로 100~400bp 정도의 짧은 DNA이지만, 심하게 파괴된 경우에는 큰 사이즈의 STR 마커들은 증폭이 되지 않을 수도 있습니다. 또한 증폭 대상 DNA의 양이 너무 적은 경우에는 대립유전자 전체 혹은 일부가 증폭되지 않을 수도 있는데, 이러한 현상을 'allele drop-out'이라고 부릅니다. 2개의 대립유전자가 증폭되어야 하는 STR 마커에서는 두 대립유전자의 증폭 정도가 달라져 피크의 크기가 현저하게 차이가 나기도 합니다. 이와 같은 현상들은 미량 DNA 시료를 대상으로 한 STR 분석 결과를 해석하는 데 큰 어려움을 주고 있습니다. 그래서 DNA감식 실험실에서는 미량 DNA 시료의 STR 분석 결과의 해석에 대한 가이드라인을 정해 적용하고 있습니다. 일단 세 번 이상의 반복적인 실험을 요구하고 있으며, 일정 수준 이하의 분석 결과에 대해서는 '해석 불능'으로 처리하도록 규정하고 있습니다. 증폭 프라이머가 붙는 DNA 부분에 돌연변이가 발생하면 해당 STR 마커에서 증폭 산물을 얻을 수 없으며, 이러한 현상을 'null-allele'이라고 부릅니다. 이러한 경우에는 다른 회사에서 제조된 STR 키트로 다시 분석해보는 것이 좋은데, 제조사마다 사용하는 프라이머에 차이가 있기 때문입니다.

## Q 상용 STR 분석 키트는 특허로 보호받고 있나요?

A 두 회사는 경쟁적으로 신제품을 내놓고 있는데, 프로메가 사는 특허를 통해 프라이머 정보를 공개하고 있는 반면, AB 사는 공개하지 않는 차이가 있습니다. DNA감식 초창기에 몇 건의 사건 재판에서 상용 STR 키트의 유효성이 검토되지 않아 증거로 받아들일 수 없다는 미국 법원의 판결이 있었습니다. 이후 프로메가 사에서는 STR 증폭을 위한 프라이머의 염기서열을 공개하기로 결정했고, 지금까지 공개해왔습니다. 그러나 AB 사는 프라이머 염기서열이 공개되면 유사 상품이 개발되어 회사의 지적재산이 침해된다고 주장하며 공개 요청을 거부해왔습니다. 중국 등에서는 자체 기술로 보다 저렴한 STR 키트를 만들어 사용하고 있는데, 우리나라도 국과수와 대검찰청의 주도로 국산 STR 키트를 개발하려는 연구를 수행하고 있으나, 아직 실제 감정 업무에 적용하고 있지는 않은 상황입니다.

10

# 신원불상 변사자와 실종자 DNA 데이터베이스

2014년 4월, 진도 앞바다에서 여객선 세월호가 침몰해 300명이 넘는 많은 사람들이 사망하였습니다. 나라 전체가 이 엄청난 사고로 멘붕 상태에서 쉽게 헤어 나오지 못하였습니다. 대한민국의 안전사고 대응체계에 큰 구멍이 발견되었습니다. 사고 초기의 구조 작업은 물론이고 희생자의 수습과 신원확인에 이르기까지 너무 미숙하였고 실망스러웠습니다. 대량재난사고(Mass Disaster) 희생자의 신원확인, 특히 DNA 분석을 이용한 희생자 신원확인과 관련하여 몇 가지 궁금한 질문들에 대해 알아보고자 합니다. 이미 소를 잃어버린 상황이지만 지금이라도 외양간을 고쳐야 나중에 또 다른 소를 잃지 않을 것이라 생각합니다.

역시 2014년에 나이지리아에서 '보코하람'이라는 이슬람 무장단체에 의해 수백 명의 소녀들이 납치되어 노예로 팔렸다는 충격적인 뉴스를 보았습니다. 아직 세월호 희생자도 모두 찾지 못했는데, 이런 뉴스를 접하니 더욱 만감이 교차합니다. 전 세계적으로 행해지고 있는 많은 범죄 중에서 우리를 가장 분노하게 하고 피해 가족들에게 가장 큰 상처를 주는 것이 바로 아동이나 청소년을 대상으로 한 범죄입니다. 미성년 강간이나 아동 유괴 사건이 발생할 때, 아무것도 모르는 어린 학생들이 허무하게 죽어갈 때 우리 기성세대들은 모두 죄인이 되고 맙니다. 우리나라의 경우, 해마다 5월이면 어린이날, 어버이날, 스승의 날, 성년의 날, 부부의 날 등 가정 혹은 가족과 관련된 많은 기념일들이 있습니다. 5월 25일은 '세계 실종 아동의 날'입니다. 우리나라에서도 이즈음 실종 아동의 날 행사가 매년 열리고 있습니다. 너무 어린 나이에 길을 잃어 부모와 헤어지게 되었거나 유괴와 같은 범죄로 인해 가정으로 돌아가지 못한 실종 아동들과 가족들을 위한 날입니다. 우리나라는 2005년 '실종 아동 등 보호 및 지원에 관한 법률' 제정과 함께 실종 아동 등 찾기 사업이 시작되었는데, 어느새 10년이 되어갑니다. 그러나 아직도 실종된 자녀를 찾지 못한 수많은 부모들이 하루하루 고통의 나날을 보내고 있습니다. 또한 자신이 누구인지 모르는 채 수많은 아동들이 보호시설 등에서 생활하고 있습니다. 실종은 비단 나이 어린 아동들에게만 한정된 것이 아닙니다. 현행 법률에 따르면 실종 당시 18세 미만의 청소년들도 실종 아동의 범주에 포함되며, 장애인 중 지적장애인, 자폐성 장애인 또는 정신장애인, 그리고 치매환자도 해당됩니다. 또한 이들 이외의 성인들 중에도 장기간 실종 상태인 사람이 많이 있습니다. 국립과학수사연구원은 '유전자 검사기관'으로 지정되어 경찰청 및 보건복지부와 함께 실종 아동, 치매노인, 장애인 등이 하루빨리 가족의 품으로 돌아갈 수 있도록 노력하고 있습니다. 즉 실종 아동 등 군(群)과 신원불상 변사자 군(群), 그리고 실종 가족(보호자) 군(群)으로 나누어 채취된 검체의 DNA 프로필을 분석하고 자료를 데이터베이스화하고 있습니다.

정상적인 성인이라도 여러 가지 이유로 실종될 수 있습니다. 범죄의 피해자, 자살, 혹은 사고 등의 이유로 소재를 알 수 없는 성인 실종자도 매우 많습니다. 그러나 성인 실종자 수색과 신원불상 변사자의 신원확인을 위한 법률이 우리나라에는 없습니다. 해마다 발견되는 200명 가까운 시신의 신원이 밝혀지지 않은 상태입니다. 누군가는 애타게 찾고 있을 가족이고, 신원이 밝혀져야 사건의 수사가 진행될 수 있는 범죄의 피해자일 수도 있습니다. 2015년부터 성인 실종자와 신원불상 변사자의 수색과 DNA 데이터베이스 구축에 대한 법률 제정을 위해 노력해왔지만, 아직까지 제정된 법률이 없는 상태입니다.

**Q 고도로 부패된 시료나 백골 사체, 모근부가 없는 모발도 DNA감식으로 신원확인이 가능한가요? 사체를 화장하고 남은 재로부터 DNA를 분석할 수 있나요?**

**A** 사망한 지 오래되어 심하게 부패되었거나 완전히 백골화된 사체도 DNA감식으로 신원확인이 가능합니다. 구강 면봉이나 신선한 혈액,

근육 조직 등을 사용하는 일반적인 DNA감식과 달리 뼈나 치아 등 경조직에서는 DNA를 정제하는 데 많은 시간과 노력을 필요로 합니다. 비교적 부패가 심하지 않은 조직이나 연골을 우선적으로 채취하는 것이 좋지만, 여의치 않을 경우에는 가장 두꺼운 뼈인 대퇴골이 가장 좋은 시료로 알려져 있습니다. 그러나 대퇴골에서 DNA를 정제하기 위해서는 탈회(De-calcification) 과정을 거쳐 뼈에서 칼슘을 제거해야 합니다. 뼈 외부의 이물질을 깨끗이 제거하고 EDTA를 처리하면 칼슘이 제거되는데, 약 2~3주 정도의 시간이 소요됩니다. 나머지 실험 과정은 일반적인 DNA감식과 동일하게 진행됩니다. 뼈도 상태에 따라 핵 DNA 분석이 불가능한 경우가 있는데, 마지막 수단으로 미토콘드리아 DNA 분석을 시행할 수 있습니다. 미토콘드리아 DNA는 2만 년 전의 네안데르탈인 화석에서도 분석이 가능할 정도로 안정적입니다. 모근부가 없는 모발도 미토콘드리아 DNA 분석만 가능한데, 단백질 분해효소와 함께 강력한 환원제인 DTT를 첨가해 모발을 분해한 후 DNA를 정제하게 됩니다. 북한에 의해 납치되었던 메구미라는 일본 여성이 있었는데, 북한에서 사망한 후 화장하고 남은 뼈를 일본에 돌려보낸 사건이 있었습니다. 일본의 한 대학에서 메구미의 탯줄과 미토콘드리아 DNA를 비교해 신원을 확인하려 하였는데, 서로 일치하지 않아 일본 측에서 메구미의 사망을 믿을 수 없다고 항의하였습니다. 그러나 화장한 뼛가루에서는 미토콘드리아 DNA도 분석이 불가능하다는 것이 전문가들의 공통된 의견이었으며, 나중에 알려진 사실이지만 시료가 오염되었던 것으로 판정되었습니다. 이와 같이 완전히 탄화된 뼈에서는 DNA감식이 불가능합니다. 그러나 대구 지하철 화재사고에서와

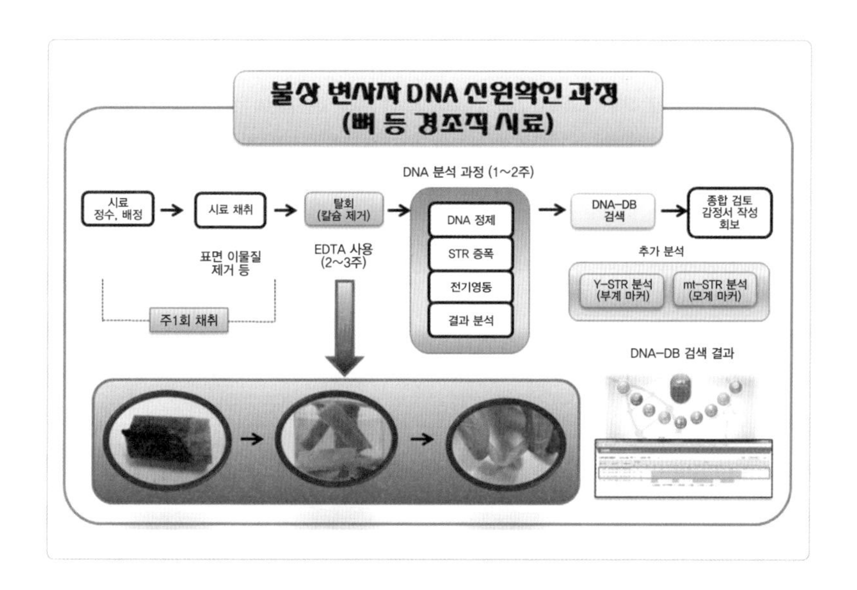


같이 타다 남은 뼈에서는 온전한 DNA를 얻을 수도 있습니다.

## Q 실종자의 DNA 프로필을 확보할 수 있는 증거물이 있나요?

A 실종자의 DNA 프로필을 확보하는 것은 실종자가 신원불상의 변사체로 발견될 수 있기 때문입니다. 일차적으로 실종자의 부모나 자녀와 같은 직계 가족들로부터 시료를 채취하고 DNA 프로필을 분석해 데이터베이스에 수록하게 됩니다. 그러나 직계 가족이 사망 등의 이유로 존재하지 않거나, 시료 채취가 불가능한 경우도 있습니다. 이러한 경우에는 실종자의 주거지 등에서 생활용품들을 수거하는 것이 큰 도움이 될 수 있습니다. 즉 빗이나 칫솔, 면도기, 의류 등 실종자가 사용

하였던 물품들로부터 얻은 DNA 프로필을 실종자의 가족들로부터 얻은 DNA 프로필과 비교하여 실종자의 DNA 프로필로 추정할 수 있는지 판단하게 됩니다. 직계 가족 시료가 없는 경우에는 형제나 삼촌, 조카 등과의 Y 염색체 및 미토콘드리아 DNA 분석을 통해 부계 혹은 모계 동일성 여부를 검사할 수 있습니다. 또한 추정된 실종자의 DNA 프로필은 불상 변사자로부터 얻어진 DNA 프로필과 일대일로 일치 여부를 비교할 수 있다는 장점도 가지고 있습니다.

## Q 우리나라에 실종자 DNA 데이터베이스가 구축되어 있나요?

A 앞에서 언급한 대로 국립과학수사연구원 법유전자과에서 구축해 활용하고 있는 불상 변사자 및 실종자 DNA 데이터베이스가 있습니다. 그러나 2005년부터 시행되고 있는 실종 아동 등 DNA 데이터베이스나 2010년부터 시행되고 있는 범죄 관련 DNA 데이터베이스처럼 법률로 뒷받침되고 있지 않으며, 전담 조직과 인력이 없는 상황입니다. 매년 많은 수의 신원불상 변사체들이 발견되고 있지만, 국가 차원에서의 체계적인 관리는 크게 부족한 상태입니다. 미국 등 선진국에서는 이미 오래전부터 '실종자 DNA 데이터베이스'가 구축되어 불상 변사자의 신원확인과 실종자 수사에 큰 역할을 하고 있습니다. 미국 연방수사국(FBI)은 범죄 관련 DNA 데이터베이스인 CODIS(Combined DNA Index System)와 별개로 2001년부터 실종자 수사를 위해 NMPDD(National Missing Person DNA Database)를 구축해 운영하고 있습

니다. NMPDD는 불상 변사자, 실종자, 실종자 가족(친척)의 세 가지 데이터베이스로 구성되어 있습니다. 또한 최근 들어 인터폴 등 국제기구를 통한 해외 불상 변사자의 DNA 데이터베이스 검색 요청이 크게 늘고 있습니다. 불상 변사자의 DNA 프로필과 실종자 가족들의 DNA 프로필 중 친자관계가 성립되는 것이 있는지 검색하게 되는데, 불상 변사자가 사건의 피해자일 수 있기 때문에 범죄 현장 등 DNA 데이터베이스에서도 검색을 수행하게 됩니다. 또한 실종 아동 등 DNA 데이터베이스에 수록된 실종 아동 등의 가족들과도 검색이 이루어지고 있습니다. 불상 변사자의 신원확인은 사건 수사의 시작이 될 수 있다는 점과 실종자 가족들의 기약 없는 기다림을 끝낼 수 있다는 점에서 큰 의미를 가지고 있습니다.

## Q 일본 등에서 발견된 한국인 추정 시신의 신원확인은 어떤 과정을 거쳐 이루어지나요?

**A** 우리나라의 남쪽 바다에서 실종된 사람 중 상당수는 해류를 타고 일본의 해안가 흘러가로 발견되고 있습니다. 의류나 소지품 등으로부터 한국인으로 추정되는 경우에는 DNA 분석 결과를 경찰청 외사과나 해양경찰청 등에 보내 국과수의 실종자 DNA 데이터베이스 검색을 요청하게 됩니다. 국가 간의 DNA 데이터베이스 검색 요청은 일반적으로 인터폴의 'DNA 검색 요청 양식'(그림 참고)을 통해 이루어집니다. 국과수의 실종자 DNA 데이터베이스에는 실종자의 직계 가족 DNA

프로필이 수록되어 있어 불상 변사자의 DNA 프로필과 친자관계 성립 여부를 검색하게 됩니다. 이때 불상 변사자의 법의학적, 법인류학적, 법치학적 감정과 실종자의 성별, 실종 당시의 나이, 실종 지역, 기타 실종자와 관련된 정보들이 함께 검토되어 최종 신원확인이 이루어지게 됩니다. 최근 몇 달 새 일본의 나가사키, 후쿠오카 등지에서 발견된 3구의 신원불상 변사체는 수개월 전 경남과 전남에서 실종되었던 사람으로 밝혀진 바 있습니다. 또한 아직도 찾기 못하고 있는 10명의 세월호 침몰사고 관련 실종자의 경우에도 가족의 DNA 프로필을 실종자 DNA 데이터베이스에 수록해 언제 어떻게 발견될지 모를 실종자 검색에 대비하고 있습니다.

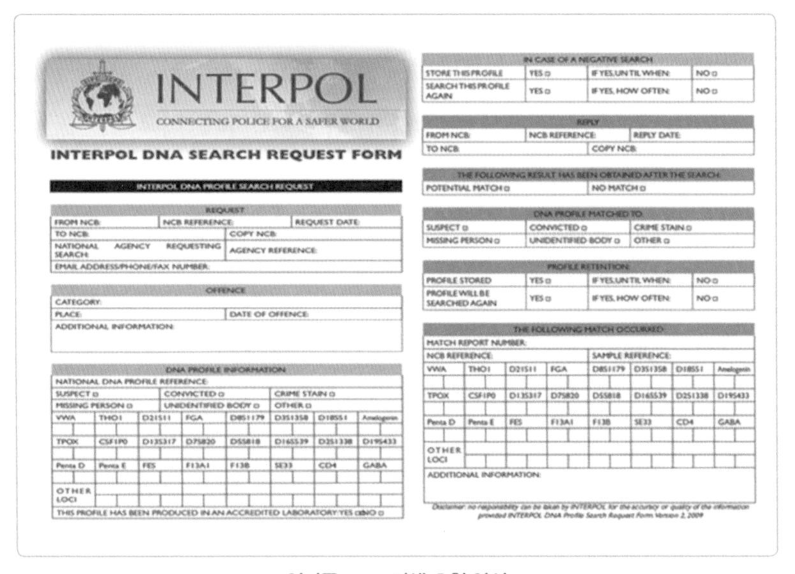

INTERPOL
CONNECTING POLICE FOR A SAFER WORLD

INTERPOL DNA SEARCH REQUEST FORM

INTERPOL DNA PROFILE SEARCH REQUEST

REQUEST
FROM NCB: | NCB REFERENCE: | REQUEST DATE:
TO NCB: | COPY NCB:
NATIONAL AGENCY REQUESTING SEARCH: | AGENCY REFERENCE:
EMAIL ADDRESS/PHONE/FAX NUMBER:

OFFENCE
CATEGORY:
PLACE: | DATE OF OFFENCE:
ADDITIONAL INFORMATION:

DNA PROFILE INFORMATION
NATIONAL DNA PROFILE REFERENCE:
SUSPECT □ | CONVICTED □ | CRIME STAIN □
MISSING PERSON □ | UNIDENTIFIED BODY □ | OTHER □

| VWA | THO1 | D21S11 | FGA | D8S1179 | D3S1358 | D18S51 | Amelogenin |
|---|---|---|---|---|---|---|---|
| | | | | | | | |
| TPOX | CSF1PO | D13S317 | D7S820 | D5S818 | D16S539 | D2S1338 | D19S433 |
| | | | | | | | |
| Penta D | Penta E | FES | F13A1 | F13B | SE33 | CD4 | GABA |
| | | | | | | | |
| OTHER LOCI | | | | | | | |

THIS PROFILE HAS BEEN PRODUCED IN AN ACCREDITED LABORATORY YES □ NO □

IN CASE OF A NEGATIVE SEARCH
STORE THIS PROFILE | YES □ | IF YES, UNTIL WHEN: | NO □
SEARCH THIS PROFILE AGAIN | YES □ | IF YES, HOW OFTEN: | NO □

REPLY
FROM NCB: | NCB REFERENCE: | REPLY DATE:
TO NCB: | COPY NCB:

THE FOLLOWING RESULT HAS BEEN OBTAINED AFTER THE SEARCH:
POTENTIAL MATCH □ | NO MATCH □

DNA PROFILE MATCHED TO:
SUSPECT □ | CONVICTED □ | CRIME STAIN □
MISSING PERSON □ | UNIDENTIFIED BODY □ | OTHER □

PROFILE RETENTION:
PROFILE STORED | YES □ | IF YES, UNTIL WHEN: | NO □
PROFILE WILL BE SEARCHED AGAIN | YES □ | IF YES, HOW OFTEN: | NO □

THE FOLLOWING MATCH OCCURRED:
MATCH REPORT NUMBER:
NCB REFERENCE: | SAMPLE REFERENCE:

| VWA | THO1 | D21S11 | FGA | D8S1179 | D3S1358 | D18S51 | Amelogenin |
|---|---|---|---|---|---|---|---|
| | | | | | | | |
| TPOX | CSF1PO | D13S317 | D7S820 | D5S818 | D16S539 | D2S1338 | D19S433 |
| | | | | | | | |
| Penta D | Penta E | FES | F13A1 | F13B | SE33 | CD4 | GABA |
| | | | | | | | |
| OTHER LOCI | | | | | | | |

ADDITIONAL INFORMATION:

*Disclaimer: no responsibility can be taken by INTERPOL for the accuracy or quality of the information provided INTERPOL DNA Profile Search Request Form Version 2, 2009*

인터폴 DNA 검색 요청 양식

## Q 실종 아동, 실종 치매노인, 실종 장애인 등을 찾기 위해 DNA 분석이 필요한가요?

A 우리나라는 2005년 5월 '실종 아동 등의 보호 및 지원에 관한 법률'이 국회를 통과하고, 12월에는 보건복지부로부터 위탁을 받은 실종 아동 전문기관인 어린이재단 '초록우산'이 문을 열면서 본격적인 업무가 시작되었습니다. 실종 아동 등과 가족들의 DNA 분석은 법률 시행령에 따라 국립과학수사연구원에서 수행되고 있습니다. 실종 아동 등 DNA 데이터베이스에는 지적장애인들과 치매노인도 포함되어 있습니다. 실종 아동 등을 찾는 가족은 많지만, 상봉 비율이 높지 않은 이유는 대부분의 실종 아동 등이 부모로부터 버려졌거나 범죄의 대상이 되었기 때문일 것으로 추정되고 있습니다. 실종된 후 오랜 시간이 지나면 얼굴 생김새도 변하고 기억도 희미해져 가족을 찾기가 더욱 어렵게 됩니다. 이러한 경우에 DNA 데이터베이스는 매우 유용한 방법이 될 수 있습니다. 미국은 연방 DNA 데이터베이스(NDIS)에 실종자 및 대조 가족의 DNA 프로필을 입력해 운영하고 있으며, 2007년부터 'National Missing and Unidentified Persons System(NamUs)'이라는 웹사이트를 개설해 운영하고 있습니다.

## Q 실종 아동 등을 찾기 위한 DNA 분석을 위해 반드시 부모 모두의 시료가 필요한가요?

A 부 또는 모 한 명의 시료만 있어도 친자검사는 가능합니다. 자녀는 부 또는 모와 공통적인 대립유전자(allele)를 가져야 합니다. 돌연변이가 없다는 가정하에서, 만약 어떤 좌위에서 부 또는 모가 가진 대립유전자 중 하나가 자녀에게서 발견되지 않으면, 친자관계 성립이 부정됩니다. 친자검사는 아버지와의 친부검사(Paternity test)와 어머니와의 친모검사(Maternity test)가 존재합니다. 그러나 일반적으로 어머니는 직접 출산을 하기 때문에 대부분의 친자검사는 친부검사를 의미합니다. 부 또는 모와 자녀 사이에 친자관계 성립이 부정되지 않으면 친부지수(Paternity Index)를 계산하게 되는데, 이는 '추정 아버지가 친부일 확률 대 임의의 남성이 친부일 확률'을 의미하는 조건부 확률입니다. 친자검사 및 친족검사는 세대 간의 유전적 관계를 측정하는 것이기 때문에 항상 돌연변이의 가능성을 고려해야 합니다. 세대 간의 돌연변이는 생식세포의 돌연변이를 의미하는데, 아버지의 정자와 어머니의 난자가 만들어지는 과정에서 발생합니다. 돌연변이는 친자검사에서 잘못된 배제(불일치)를 유발할 수 있습니다. 더 많은 마커를 분석할수록 돌연변이가 검출될 확률도 높아집니다. 불일치를 돌연변이로 볼 것인지, 아니면 친자관계가 부정되는 것으로 판단할지에 대한 가이드라인이 필요합니다.

## Q 직계 가족이 없는 경우, 가까운 친척의 DNA 분석을 통해 신원이 확인될 수 있나요?

A 가능할 수도 있고, 불가능할 수도 있습니다. 일반적으로 직계 가족이라 함은 부/모 혹은 자/녀를 의미합니다. 직계 가족은 서로 50%의 DNA를 공유하고 있는데, 부모와 자식은 일반적인 STR 분석만으로도 친자검사가 가능하며, 아버지와 아들 사이에는 추가로 Y-STR 분석이 가능하고, 어머니와 아들 사이에는 추가로 mtDNA 및 X-STR 분석을 통해 신원확인이 가능합니다. 아버지와 딸은 STR 및 X-STR, 어머니와 딸은 STR, X-STR, mtDNA 분석을 통해 신원확인이 가능합니다. 아래 그림에 '나'를 기준으로 가족관계 성립 여부를 판단하기 위해 사용할 수 있는 가능한 DNA 분석 방법을 표기하였습니다. 직계 가족이 없을 때는 친척관계의 유형에 따라 DNA 분석으로도 친족관계 성립여부를 판단할 수 없는 경우가 있습니다. 예를 들면 삼촌과 여자 조카 사이(숙질관계)는 유전학적으로 매우 가까운 관계이지만, 현재의

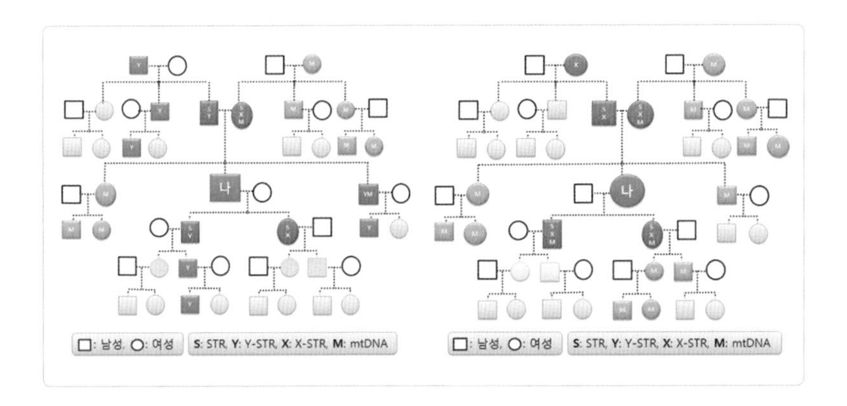

DNA 분석법으로는 판단할 수 없습니다. 손자와 친할머니, 손자와 외할아버지, 손녀와 친할아버지, 손녀와 외할아버지도 마찬가지로 DNA 분석으로 조손관계를 입증할 수 없습니다. 이와 같이 DNA 분석이 만능은 아닙니다. 그러나 가까운 미래에는 NGS(차세대 염기서열 분석법)와 같은 새로운 분석 기법을 적용해 현재의 한계를 극복할 수 있으리라 기대하고 있습니다.

## Q 아동, 치매노인, 지적장애인의 실종을 예방하기 위한 대책이 있나요?

**A** 지문을 미리 등록하고, DNA 시료를 채취해 보관하는 방법이 있습니다. 신원을 확인하는 방법은 유전자 검사 이외에도 지문 검사를 통해 가능합니다. 현재 18세 미만의 아동 및 청소년들은 지문이 등록되어 있지 않기 때문에 실종된 후 신원을 확인하는 데 어려움을 겪고 있습니다. 만약 전국의 모든 미성년자들에 대한 지문을 채취해 등록한다면, 실종 후 빠른 시간 내에 신원을 확인할 수 있을 것입니다. 경찰청은 미성년 자녀 등의 지문을 미리 채취해 실종 발생 후 신속히 찾을 수 있도록 '지문 사전등록제'를 활발히 추진하고 있습니다. 또한 아동 등의 지문과 구강상피세포를 미리 채취해 각 가정에서 보관하여 만일의 상황에 대비한다는 취지로 '우리 아이 지킴이' 키트가 제작되어 경찰청 등을 통해 보급되고 있습니다. 아동 등의 DNA 시료(구강세포, 모발 등)를 채취해 보호자가 보관하고 있으면, 실종 후 친자검사 과정보다

간단하게 일대일로 비교해 더욱 정확하고 신속하게 신원을 확인할 수 있습니다. 실종 아동 등의 보호자도 실종 신고와 함께 DNA를 분석해 데이터 베이스에 수록해야 하는데, 실종 후 많은 시간이 경과할 경우 신원확인을 위해 꼭 필요하기 때문입니다. 실종 아동 등이 오랜 시간이 경과한 후 불상 변사체로 발견되는 경우도 있는데, 범죄 관련 DNA 데이터베이스 및 불상 변사자 DNA 데이터베이스와의 연계 검색을 통해 신원이 확인되기도 합니다.

### Q DNA 분석을 통해 대량재난 희생자의 신원을 확인할 수 있나요?

A 친자검사의 원리를 이용해 신원을 확인할 수 있습니다. 사람들의 기억 속에서 잊을 만하면 발생하는 '대량재난사고'는 필연적으로 많은 희생자를 만듭니다. 기억을 되살려보면, 우리나라는 1995년의 삼풍백화점 붕괴사고, 1997년의 KAL기 괌 추락사고, 1999년의 씨랜드 화재사고, 2002년의 김해 중국 민항기 추락사고, 2003년의 대구 지하철 화재참사, 그리고 2008년의 이천 냉동창고 화재사고를 경험하였습니다. 이런 대량재난사고에서 희생된 사망자들의 신원을 확인하는 것을 'DVI(Disaster Victim Identification)'라고 합니다. 대량재난사고가 발생하면 DNA 분석, 법치의학, 병리학 등 다양한 분야의 전문가들이 신속히 모여 서로 협력하면서 희생자의 신원확인을 시작하게 되는데, 이는 실종된 자식이나 부모를 기다리는 가족들에게 사망을 확인시켜주는 중요한 역할입니다. 그중에서도 DNA 분석을 이용한 신원확인은 가장

정확하고 빠른 신원확인 방법입니다. 또한 희생자 중에는 심하게 훼손되거나 부패되어 형체를 알아볼 수 없고 지문도 검출되지 않는 경우가 있는데, 특히 이런 상황에서 DNA 분석이 결정적인 역할을 수행하게 됩니다.

대량재난에는 세월호 사고 같은 선박 침몰사고는 물론이고 지진, 화산 폭발, 태풍, 쓰나미 같은 자연재해와 항공기 추락, 테러, 전쟁, 건물 붕괴 등 비자연적인 재난도 포함됩니다. 대량재난사고는 사고 유형별로 희생자 명단의 작성이나 희생자 시료의 상태가 서로 매우 달라 상황에 따라 가장 적합한 방법을 찾아야 합니다. 일반적으로 DNA 분석팀은 처음부터 사고 현장에 투입되지는 않지만, DNA 시료의 채취와 관련해 준비 단계에서부터 참여하는 것이 좋습니다.

세계의 각 나라들은 국가 차원의 DVI 팀을 가지고 있으며, 대량재난이 발생하게 되면 미리 준비된 '매뉴얼'에 따라 활동하게 됩니다. 물론 평상시에는 주기적인 모의 훈련을 통해 실제 상황에 대비해야 합니다. 매뉴얼만 만들고 훈련을 하지 않으면 실제 상황이 닥쳤을 때 효과적으로 대처할 수 없기 때문입니다. DNA 분석은 희생자 시료, 대조 가족 시료, 그리고 희생자와 직접 비교할 수 있는 생활용품 시료의 세 가지로 나눌 수 있습니다. 현재의 기술로는 적어도 15개 이상의 STR 마커, 17개 이상의 Y-STR 마커, 미토콘드리아 DNA 염기서열을 분석하여 거의 100% 신원확인이 가능합니다.

## Q 어떤 시료가 대량재난 희생자의 신원확인을 위해 필요한가요?

A 부패나 훼손의 정도에 따라 채취하는 시료가 다릅니다. 대량재난사고가 발생하면 가장 먼저 해야 할 일은 '생존자의 구조(Rescue)'이고, 그다음에 할 일은 '희생자 시신의 수습(Recovery)'입니다. 대량재난사고 현장은 매우 혼란스럽고 질서가 없게 마련이지만, 그런 와중에도 관련된 팀들과 긴밀히 협동하여 희생자의 시신을 수습하고 시료를 채취해야 합니다. 신원확인과 관련된 모든 작업은 준비된 매뉴얼에 따라 체계적으로 수행되어야 합니다. 신원확인을 위한 시료는 하나만 채취하는 것보다 서로 다른 부위 혹은 두 개 이상을 채취하는 것이 좋습니다. 또한 모든 시료는 채취에서 분석까지 전 과정에 걸쳐 정확한 기록 유지가 매우 중요합니다. 일반적으로 시료의 식별이 용이하도록 약속된 규정에 따라 일련번호를 부여하게 되는데, 여러 기관 혹은 여러 나라가 시료 채취와 분석에 참여하는 경우에는 상호 간의 이런 규약이 더욱 중요해집니다. 만약 시신이 부패되지 않은 상태라면 혈액이나 구강 채취(면봉 또는 카드) 시료도 문제없습니다. 부패는 되지 않았지만 화재나 폭발 등으로 인해 시신이 조각난 경우에는 시신 내부의 핏빛을 띠고 있는 조직을 찾아 채취하면 됩니다. 일반적으로 근육이나 내부 장기 등은 사망 후 급속히 부패가 진행되기 때문에 뼈나 치아도 함께 채취해야 할 경우도 많습니다. 뼈 중에는 대퇴골을 약 4~6cm 정도 길이로 잘라 채취하면 되는데, 대퇴골이 가장 단단하고 두꺼운 뼈이기 때문입니다.

대조 가족 시료는 일반적으로 뺨 안쪽 면을 면봉으로 닦아 채취하면 되는데, 가족들과 미리 면담하여 희생자와의 가족관계와 같은 정보들을 명확히 알아두어야 합니다. 이때 도식화된 가계도에 표시하면 편리하며, 희생자를 식별할 수 있는 신체 특징들이나 소지품 등 특정 물건들에 대한 정보도 기록해두면 도움이 될 수 있습니다. 시간이 지나면 가족들과의 면담이 어려워지기 때문에 초기에 최대한 많은 정보를 얻어야 합니다. 대조 가족 시료는 부모나 자녀 같은 '직계 가족'이 기본이지만, 채취가 어려운 경우에는 희생자가 평상시 사용하던 칫솔이나 빗, 면도기, 립스틱 같은 '생활용품'을 함께 제출하는 것이 필요합니다. 직계 가족의 채취가 불가능한 경우에는 형제나 다른 친척들의 시료를 채취하는데, 동일 모계 여부를 알아보기 위해 미토콘드리아 DNA를 분석하며, 동일 부계 여부를 알아보기 위해 Y-STR 분석을 시행합니다. 희생자가 입양된 자녀나 재혼한 부모인 경우에는 생물학적으로 친자관계가 성립하지 않으므로 면담 과정에서 기록을 남겨야 합니다. 가족 시료를 채취하기 전에 '희생자 명단'을 작성해야 하는데, 대량재난의 유형에 따라서는 정확한 명단 작성이 어려울 수도 있습니다. 대구 지하철 화재참사나 미국 뉴욕의 세계무역센터 빌딩 테러 사건은 희생자 명단 작성이 매우 어려웠던 대표적인 경우이고, KAL기 괌 추락사고나 씨랜드 화재사고의 경우에는 희생자 명단을 정확하게 작성할 수 있었던 경우에 해당됩니다. 초기에 희생자 명단에 기록되었다가 나중에 생존이 확인되는 경우도 있습니다.

## Q 대량재난 희생자 DNA 신원확인을 위한 '국제 가이드라인'이 있나요?

A 국제법유전학회(ISFG)의 DVI 권고안이 있습니다. 세월호 침몰사고로 위기 대응 매뉴얼 부재가 언론의 도마에 오르내렸습니다. 비단 이번 사고만이 아니라 언제 어디서든 대량재난사고가 발생할 수 있고, 그때마다 우왕좌왕해서는 안 될 것입니다. 사고가 발생하면 신속하게 대처해야 하는데, 대량재난 희생자의 DNA 신원확인을 위한 매뉴얼도 준비되어 있어야 합니다. 2007년 국제법유전학회에서 발표한 'DNA 신원확인을 위한 권고안'을 살펴보도록 하겠습니다. 먼저, 모든 DNA 분석팀은 DVI의 다른 팀들과 유기적으로 협력해 가능한 빨리 시료를 수집하고, 희생자 대조 가족을 선정하는 등 DVI 전반에 걸친 정책을 결정해야 합니다. 내부 계획을 수립할 때는 DNA 분석 실험실의 능력과 시료의 추적성 등을 고려해야 하며, 해당 업무별로 책임자를 선정해야 합니다. DNA 분석을 위한 시료들은 가능한 빨리 수집되어야 합니다. 시료들은 신원이 확인된 사망자를 포함해 모든 사체로부터 채취되어야 하고, 식별 가능한 모든 부분 사체에서도 빠짐없이 채취되어야 합니다. 채취된 시료들은 부패가 진행되지 않도록 적절한 방법으로 보관되어야 합니다. 대조시료는 직계 가족(부모 또는 자녀)으로부터 확보해야 하며, 희생자가 생존 시 사용하였던 생활용품(칫솔, 빗 등)이 필요한 경우도 있습니다. 가족 시료의 신속하고 정확한 채취를 위해 채취자들을 위한 교육과 자문이 필요할 수도 있습니다.

채취된 시료들은 충분한 분석 능력과 많은 경험을 가진 실험실에서만 분석이 수행되어야 합니다. DNA 분석에 사용되는 마커(좌위)들은 희생자들이 속한 국가에서 통용되는 것을 사용해야 하며, 적어도 12개의 독립적인 마커들로 구성된 표준 조합을 선정하지만, 일반적으로는 이보다 많은 마커들이 분석에 사용됩니다. 분석된 모든 대립유전자들과 모든 일치 건들은 정밀하게 재검토해야 합니다. 중복 분석은 시료의 운송과 대량재난사고 현장의 상황 등을 고려해 결정하는데, 기재 오류, 시료의 뒤바뀜, 오염 등으로 잘못된 신원확인이 발생하지 않으려면 적어도 두 개의 서로 다른 시료를 분석하여 일치된 결과를 얻어야 합니다. 시료의 부패 등으로 핵 DNA 상염색체 STR 분석이 실패하였을 경우에는 미토콘드리아 DNA의 염기서열 분석을 추가적으로 수행하는 것이 유일한 방법입니다. 그러나 미토콘드리아 DNA 염기서열의 일치만으로는 완벽한 신원확인이 불가능합니다. 동일한 모계는 같은 미토콘드리아 DNA 염기서열을 갖기 때문입니다.

분석된 모든 결과들은 한곳에 모아 데이터베이스를 구축해야 하며, 모든 데이터를 비교 검색해야 합니다. 데이터를 입력할 때는 오류를 방지하기 위해 전자적인 방법으로 수행하는 것이 좋습니다. 한 가족 내에서 여러 명이 희생된 경우에는 DNA 분석을 이용한 신원확인 방법 외에 인류학적 분석 혹은 부수적으로 수집된 자료들을 고려할 필요가 있으며, 대조 가족의 수를 늘리는 것도 필요합니다. DNA 분석결과는 DNA 증거 외의 정보들과 함께 고려해 LR(likelihood ratio)로 표현하는 것이 가장 좋습니다. DNA 분석 결과만으로도 신원확인에 충분할 정도로 높은 LR 값을 기준으로 잡아야 하며, 이는 희생자의 규모나 사고 현장의 상황(폐쇄적인 공간인지 혹은 열린 공간인지 등)에 따라 달라

질 수 있습니다. 신원확인과 관련된 개인정보는 신원확인 목적 이외에는 사용해서는 안 되며, 친자관계 배제 등의 정보는 희생자 가족에게도 공개해서는 안 됩니다. DNA 분석을 담당하는 실험실의 준비 계획에는 희생자 가족에 대한 결과 통보, 장기적인 관점에서의 시료 폐기, 그리고 자료의 보존에 대한 정책을 포함하고 있어야 합니다.

### Q 대량재난 희생자 DNA 신원확인을 위한 별도의 소프트웨어가 필요한가요?

**A** DNA 신원확인을 위해 만들어진 소프트웨어를 사용합니다. 희생자 시료와 대조 가족 시료, 그리고 희생자의 생활용품으로부터 분석된 STR 프로필과 미토콘드리아 DNA의 염기서열, Y-STR 프로필 등 모든 자료는 '중앙 데이터베이스'에 모아 검색을 수행합니다. 이때 친자관계가 성립되는 자료들을 찾아주는 '검색 소프트웨어'가 이용되는데, 불상 변사자와 실종자 가족 사이의 친자관계를 검색하기 위한 프로그램과 유사합니다. 상품화되어 판매되고 있는 소프트웨어도 있고, 범죄자 DNA 데이터베이스 검색용 소프트웨어에 탑재된 추가 기능을 이용할 수도 있습니다. 또한 엑셀 프로그램의 매크로 기능 등을 이용해 자체 제작한 소프트웨어를 사용할 수도 있습니다. 중요한 것은 모든 데이터를 한곳에 모아 검색해야 누락되는 자료 없이 마지막 한 사람의 희생자까지 찾을 수 있다는 점입니다. 희생자가 화재나 폭발 등으로 조각난 경우에는 조각난 검체들을 찾아 한 사람으로 맞출 수 있어

야 하고, 직계 대조 가족이 없어 생활용품이 제출된 경우에는 희생자와 일대일 비교 검색이 수행될 수 있어야 합니다. 또한 돌연변이까지도 검출될 수 있도록 만들어진 프로그램을 사용해야 하며, 희생자들끼리도 검색해 일가족이 함께 희생된 경우에도 찾을 수 있어야 합니다.

11

# DNA감식의 혁명, 범죄자 DNA 데이터베이스

2010년 7월 26일은 우리나라 법과학 분야, 특히 DNA감식 분야에서 매우 뜻깊은 날입니다. 오랫동안의 숙원이었던 'DNA 데이터베이스(DNA Database)'가 출범한 날이기 때문입니다. DNA 데이터베이스는 영국이나 미국 등 선진국을 비롯한 세계 70여 개 국가에서 이미 성공적으로 운영 중입니다. 세계 최초의 DNA 데이터베이스는 영국에서 출범한 'NDNAD'인데, 20년 전인 1994년부터 운영되고 있습니다. 외국의 DNA 데이터베이스에는 이미 엄청난 양의 자료들이 축적되어 과학수사에 필수적인 존재가 되었습니다. 우리나라도 법 시행 이후 4년이라는 시간 동안 크고 작은 시행착오를 거치면서 제자리를 잡기 위한 노력이 계속되고 있습니다. 그러나 아직 많은 국민들을 비롯해 경찰 등 수사기관 종사자들조차 DNA 데이터베이스에 대한 이해가 매우 부족한 상태입니다. 대한민국 DNA 데이터베이스가 어떻게 설립되어 운영되고 있는지, 그동안 어떤 성과가 있었는지, 그리고 앞으로 어떻게 발전해 나갈지 등에 대한 홍보와 교육이 필요해 보입니다. 특히 경찰 등 수사기관에서는 DNA법과 DNA 데이터베이스의 운영에 대한 실무적인 상세한 내용을 숙지하고, DNA 데이터베이스가 입법 취지에 부합하는 명실상부한 '과학수사의 첨병'이 될 수 있도록 보다 많은 관심을 기울여야 할 것입니다.

몇 해 전 헌법재판소에서 DNA 데이터베이스와 관련해 제기된 몇 가지 헌법소원 심판청구 사건에 대해 최종 판결이 내려졌습니다. DNA법 제정 이전의 수형인에 대한 소급 적용이 헌법에 위반되는지, 수형인 등이 사망할 때까지 정보를 관리하도록 되어 있는 삭제 조항이 위법이 아닌지 등에 대한 것인데, 모두 기각 또는 각하 결정되었습니다. DNA 데이터베이스의 공익적 목적이 당사자의 손실보다 크다는 판단이며, 이로써 오랫동안 끌어왔던 DNA 데이터베이스의 위헌 소송이 일단락되었습니다. 2018년에는 수형인 및 구속피의자 등의 시료 채취를 거부할 수 있도록 하는 등의 보호 조치가 미흡하다는 헌법재판소의 판결에 따라 DNA법 개정안이 만들어졌습니다.

## Q DNA 데이터베이스란 무엇인가요? 왜 필요한가요?

A 법률 제안 이유에서 밝힌 것처럼 DNA 데이터베이스는 강력사건

의 발생 증가와 범죄 수법의 지능화 등에 따라 강력범죄를 저지른 자의 'DNA신원확인정보'를 미리 확보해 관리하면서 강력범죄가 재발하였을 때 보관 중인 자료와 범죄 현장에서 검출된 DNA신원확인정보를 비교해 신속하게 범인을 특정해 검거할 수 있도록 하는 데 필요합니다. 2010년 7월 26일부터 시행되고 있는 우리나라의 '디엔에이신원확인정보의 이용 및 보호에 관한 법률' 제1조에 "이 법은 디엔에이신원확인정보의 수집·이용 및 보호에 필요한 사항을 정함으로써 범죄수사 및 범죄예방에 이바지하고 국민의 권익을 보호함을 목적으로 한다."라고 기술되어 있습니다. 현재의 DNA감식 기술은 범죄 현장에 남겨진 극미량의 인체 증거물(혈흔, 정액, 타액, 모발, 피부세포 등)도 분석 가능할 정도로 발전하였습니다. 또한 다른 어떤 방법보다 정확하고 식별력이 높고 경제적입니다. 무고한 용의자를 배제시켜줄 수 있는 인권보호 기능도 DNA감식이 갖는 큰 장점 중 하나입니다. 즉 DNA 데이터베이스는 수사의 패러다임을 근본적으로 변화시킬 수 있는 획기적인 방법이며, 인권보호 및 범죄예방에도 크게 기여하고 있습니다. DNA 데이터베이스는 사건 현장에서 검출된 DNA 프로필과 사건 관련자(피의자 등)를 연결시켜 사건의 수사를 지원할 수 있습니다. 이와 같은 DNA 데이터베이스의 유용성에 대해서는 지난 20여 년 동안 국내외의 많은 성공 사례 등을 통해 충분히 입증되었으며, 전 세계 70여 개 국가에서 성공적으로 운영되고 있습니다. 또한 DNA 데이터베이스를 이용해 사건을 해결하는 것은 물론이고, 사건 해결을 위한 수사 기간을 크게 줄일 수 있다는 장점이 있으며, 잘못된 수사 방향을 바로잡는 데에도 큰 도움을 줄 수 있습니다.

## Q 대한민국의 DNA 데이터베이스는 누가 운영하나요?

A 법률 제4조(디엔에이신원확인정보의 사무관장)에 따라 검찰총장은 수형인 등의 DNA신원확인정보를, 그리고 경찰청장은 구속피의자 등과 범죄 현장 등으로부터의 DNA신원확인정보를 총괄하며, 서로 데이터베이스를 연계하여 운영하고 있습니다. DNA인적정보관리시스템과 DNA신원확인정보는 물리적으로 분리되어 관리되고 있는데, 예를 들면 국립과학수사연구원은 구속피의자 등과 범죄 현장 등에 대한 DNA 프로필만을 관리하고 있으며, 구속피의자 등에 대한 성명이나 주민등록번호, 사건 정보 등은 경찰청 과학수사센터에서 관리하고 있습니다. 디엔에이법 시행령 제12조(업무의 위임 및 위탁)에는 디엔에이법 제10조(디엔에이신원확인정보의 수록 등) 제1항의 업무에 대해 검찰총장은 대검찰

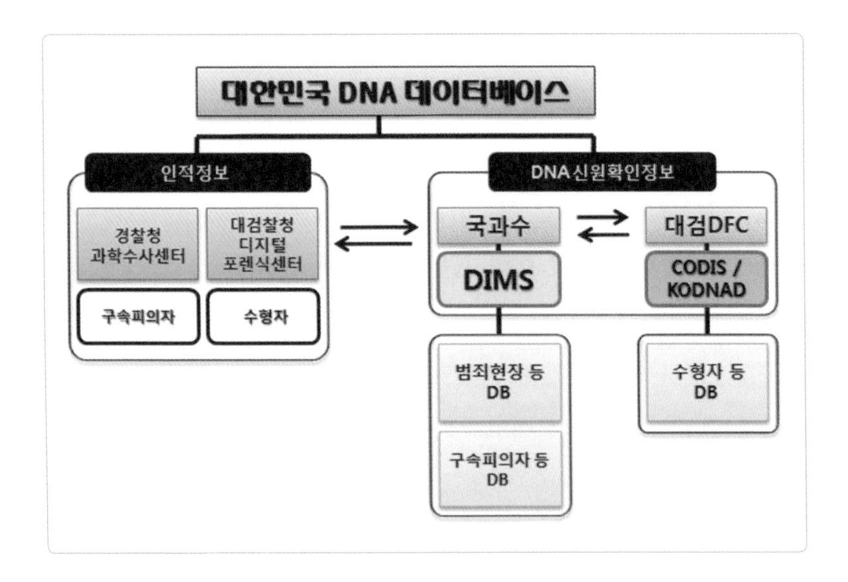

청 과학수사기획관에게 위임하고, 경찰청장은 국립과학수사연구원에 위탁한다고 규정하고 있습니다. 또한 군사법경찰관이 채취한 디엔에이감식시료는 국방부 조사본부장에게 위탁하고 있습니다. 이와 같이 우리나라의 DNA 데이터베이스는 다른 나라에 비해 DNA감식 시료의 채취, DNA 프로필의 분석, 인적정보와 DNA신원확인정보의 수록 및 관리 등 과정별로 여러 부처의 많은 기관들이 포함되어 다소 복잡한 관리 구조를 갖고 있습니다.

### Q DNA 데이터베이스에는 무엇이 수록되나요? 개인정보도 수록되나요?

A 법률 제2조(정의) 3항에 "디엔에이감식"이란 "개인 식별을 목적으로 디엔에이 중 유전정보가 포함되어 있지 아니한 특정 염기서열 부분을 검사·분석하여 디엔에이신원확인정보를 취득하는 것을 말한다"라고 규정되어 있으며, 법률 제3조(국가의 책무) 2항에 "데이터베이스에 수록되는 디엔에이신원확인정보에는 개인 식별을 위하여 필요한 사항 외의 정보 또는 인적사항이 포함되어서는 아니 된다"라고 규정되어 있습니다. 즉 DNA 데이터베이스는 전체 DNA 중 유전정보가 포함되어 있지 않은 부분만을 분석하고 코드화하여 수록하는 것이므로 개인의 어떠한 유전정보도 포함하지 않습니다. 또한 주민등록번호나 이름 등 개인의 신상정보는 DNA신원확인정보와 분리되어 별도로 관리되고 있기 때문에 개인정보도 노출되지 않습니다. DNA 데이터베이스에는

법률 제5호, 제6조 및 제7조에 따라 수형인 등, 구속피의자 등, 그리고 범죄 현장 등으로부터 채취된 시료에서 분석된 DNA신원확인정보가 수록됩니다. 법률 시행령 제2조에 따르면, DNA신원확인정보와 분리되어 별도로 관리되고 있는 인적사항 등에는 대상자의 성명, 주민등록번호, 사건 관련 정보가 수록됩니다. DNA 데이터베이스에는 인적사항을 대신해 숫자와 문자 등으로 조합된 식별코드가 부여됩니다.

## Q DNA 데이터베이스를 위한 DNA감식 시료 채취 대상에는 모든 범죄 유형이 포함되나요?

A 수형인 등과 구속피의자 등의 DNA감식 시료는 법률 제5조와 제6조에 따라 11개 주요 범죄에 한정되어 채취할 수 있습니다. 즉 방화, 살인, 강도, 강간과 추행, 약취와 유인, 체포와 감금, 상습폭력, 조직폭력, 마약, 청소년 대상 성범죄 등 재범의 위험이 높은 범죄에만 적용됩니다. 범죄 현장 등에서 채취되는 DNA감식 시료는 법률 제7조에 따라 범죄 현장에서 발견되는 것은 물론이고, 피해자의 신체, 그리고 피해자의 의류나 소지품에서 발견되는 것도 포함하는데, 이 중에서 '신원이 밝혀지지 아니한 것'에 한하여 DNA 데이터베이스에 수록할 수 있습니다. 세계적으로는 나라마다 DNA 데이터베이스 수록 대상 범죄 유형이 다른데, 일부 국가에서는 모든 범죄 유형을 대상으로 하고 있습니다. 또한 용의자까지도 관리 대상으로 하고 있는 국가도 있는데, 각 나라마다 정서와 사법 환경이 다르기 때문입니다.

## Q 채취 대상자의 DNA감식 시료는 어떻게 채취되나요?

A 일반적으로 채취 대상자(구속피의자 등, 수형인 등)의 DNA감식 시료는 법률 제9조와 동 시행령 제8조에 따라 면봉 등을 사용해 '구강 점막'을 채취합니다. 모근부가 있는 모발이나 혈액도 DNA감식에 사용될 수 있지만, 채취 대상자의 신체나 명예에 대한 침해가 가장 적은 방법은 구강 점막 채취법입니다. 최근에는 특수한 종이 재질의 카드(FTA 카드 등)에 구강 점막을 묻혀 DNA 정제 과정을 용이하게 한 방법이 주로 사용되고 있습니다. DNA감식 시료는 채취 후 부패나 오염이 되지 않도록 보관과 운송에 주의해야 합니다. 이를 위해서는 채취 후 충분히 '건조'시키는 것이 가장 좋은 방법입니다. 분석이 끝난 채취 대상자의 시료는 법률 시행령 제16조(디엔에이감식시료의 폐기)에 따라 소각하거나 화학적 처리 등을 통해 재분석이 불가능하도록 폐기하고 있습니다.

## Q 구속피의자와 수형인 이외에 용의자나 피해자, 관련자, 사망자, 신원불상 변사자의 DNA 프로필도 데이터베이스에 포함되나요?

A 구속피의자 및 수형인의 DNA 프로필 이외의 대상자로부터 분석된 DNA 프로필은 DNA 데이터베이스에 수록되지 않습니다. 용의자의 경우에는 범죄 현장 등 데이터베이스의 검색을 통해 여죄 여부를 확인 후 즉시 삭제되며, 피해자나 사망자의 DNA 프로필도 관련 사건의 범죄 현장 등에서 검출된 DNA 프로필과의 대조 및 오염 검사 후

삭제됩니다. 일부 국가에서는 피해자와 사망자의 DNA 프로필을 데이터베이스에 수록하기도 하는데, 이는 범인이 추후에 검거되는 경우 범인의 의류나 흉기 등에서 피해자의 DNA 프로필이 검출되는지를 검색하기 위함입니다. 그러나 피해자의 DNA 프로필을 데이터베이스에 수록하는 것은 나중에 별개 사건의 범죄 현장 등의 DNA 프로필과 일치될 수 있다는 위험을 가지고 있습니다. 즉 피해자가 용의자로 바뀔 수 있기 때문에 우리나라에서는 피해자의 DNA 프로필을 데이터베이스에 수록하지 않습니다. 이는 관련자나 사망자의 경우에도 마찬가지입니다. 신원이 밝혀지지 않은 변사자의 경우에는 '실종자 DNA 데이터베이스(Missing Person DNA Database)'에 수록하여 관리하는데, 실종자 가족의 DNA 프로필도 수록되어 관리되고 있습니다. 실종자 DNA 데이터베이스는 기본적으로 신원확인을 위해 필요한 것이지만, 신원불상 변사자가 사건의 피해자일 수 있기 때문에 범죄 현장 등 DNA 데이터베이스에서도 검색을 수행하게 됩니다. 영국 등 일부 국가에서는 자발적 동의자들(Volunteer)에 대한 DNA 데이터베이스를 구축하고 있습니다.

## Q DNA감식 실험자와 경찰 과학수사요원 등의 DNA 프로필도 DNA 데이터베이스에 수록하나요?

A DNA감식 업무를 수행하는 국과수 등의 직원들와 사건 현장에서 증거물을 수집하는 경찰 과학수사요원들의 DNA 프로필은 '오염'

여부를 검사하기 위해 별도의 데이터베이스에 수록하여 관리하고 있습니다. 증거물 채취 과정이나 DNA감식 과정 중 발생하는 오염은 매우 중대한 문제를 야기할 수 있기 때문에 대부분의 국가에서는 실험실을 청소하는 사람이나 DNA감식과 관련된 다른 법과학 분야의 실험자들 까지도 데이터베이스에 수록하고 있습니다. 과학수사요원 이외에도 사건 현장에 출입하는 모든 경찰관, 나아가 수사에 참여하는 모든 경찰관은 자신도 모르는 사이에 오염을 일으킬 수 있기 때문에 DNA 프로필을 데이터베이스에 수록해야 합니다. 만약 음성 대조 시료에서 불상의 DNA 프로필이 검출되었다면 이것 또한 수록해야 하는데, DNA감식 관련 소모품 등을 제조하는 회사에서 오염이 발생했을 수 있기 때문입니다. 유럽에서는 시약이나 재료를 제조하는 회사의 공장 직원들에 대한 DNA 프로필까지 체계적으로 관리하고 있습니다. 경찰관 등 관련자와 범죄 현장 등 DNA 프로필이 일치하였을 경우에는 오염 여부에 대한 조사를 실시하고 오염으로 판정되면 데이터베이스에서 삭제해야 하며, 오염의 원인을 파악해 향후 재발하지 않도록 조치를 취해야 합니다.

### Q DNA 데이터베이스에 수록되는 DNA 마커는 무엇이며, 수록 기준이 있습니까?

A DNA 데이터베이스는 핵 DNA상 염색체의 'STR(Short Tandem Repeat)'을 분석해 얻어진 DNA 프로필을 수록하고 있습니다. DNA 데

이터베이스에서 규정하고 있는 STR 마커의 종류와 수는 국가별로 차이가 있습니다. 미국의 CODIS는 현재 20개의 STR 마커를 핵심 마커(core loci)로 하고 있으며, 우리나라도 CODIS와 동일한 20개의 STR 마커를 기준으로 DNA 데이터베이스에 수록하고 있습니다. 유럽연합(EU)이나 ENFS에서는 12개의 STR 마커들로 구성된 ESS(European Standard Set)를 표준으로 하고 있습니다. ESS에는 2009년 이전까지 7개의 STR 마커만 포함되어 있었지만, DNA 데이터베이스의 확장에 따른 식별력 향상 요구와 부분 검출된 DNA 프로필의 검색을 위해 5개의 STR 마커를 추가하였습니다. 2000년대 초반에는 9개의 STR 마커만 분석되었는데, 데이터베이스에서 일치 건이 검색되면 보관되어 있는 DNA 잔량을 사용하여 현재의 기준으로 재분석을 하게 됩니다. DNA 데이터베이스에 수록되는 DNA 프로필은 9개 이상의 STR 마커가 분석되었거나, 개인식별지수가 $5.0 \times 10^{10}$ 이상인 경우로 한정하고 있습니다. 그러나 수록 기준에 미달되더라도 매우 중요한 사건의 증거물인 경우에는 예외적으로 데이터베이스에 수록하고, 주기적으로 재검색을 수행하고 있습니다.

## Q 부분 프로필, 부분 일치란 무엇인가요? 가족 검색과 같은 것인가요?

A 범죄 현장으로부터의 생물학적 증거물들은 그 종류만큼이나 상태도 다양합니다. 상태가 매우 양호한 증거물도 있지만, 상당수의 증거

물들은 양적으로나 질적으로 좋지 않습니다. DNA감식 시약이나 장비의 발전으로 과거에 비해 분석 성공률이 크게 나아지긴 하였지만, 완벽한 DNA 프로필이 검출되지 않는 경우도 많습니다. 이와 같이 DNA 데이터베이스에 수록되는 13개의 STR 마커 중 일부가 검출되지 않은 프로필을 '부분 프로필(partial profile)'이라고 하는데, 우리나라는 '9개 이상(20개 미만)'의 STR 마커가 분석된 자료 또는 개인식별지수가 $5.0\times10^{10}$ 이상인 자료를 데이터베이스에 수록하고 검색하고 있습니다. 부분 검출된 범죄 현장 등 DNA 프로필과 구속피의자나 수형인 등이 일치하는 경우를 '부분 일치(partial match)'라고 합니다. 완벽한 DNA 프로필 사이에서도 9~19개의 부분 일치가 검색될 수 있는데, 이는 미량 DNA에 의해 대립 유전자의 일부가 사라지거나 생겨나는 소위 'drop-in/drop-out' 현상에 기인하거나, 오기나 오타 등 입력 오류, 서로 다른 STR 분석 키트의 사용 등이 원인이 되기도 합니다. 또한 부분 일치는 생물학적으로 가까운 친족끼리는 대립유전자를 공유할 가능성이 높아져 발생할 수 있습니다. 부분 일치의 경우에는 면밀한 재검토나 재분석, 추가 분석 등의 과정을 거쳐 최종 판단을 하게 됩니다. 국립과학수사연구원에서는 '검토요청서/검토회보서'를 통해 재검토 및 재분석 과정을 문서화하여 관리하고 있습니다. 데이터베이스의 규모가 커질수록 부분 일치 건의 수는 크게 증가하게 됩니다. 대부분의 DNA 데이터베이스 검색 프로그램은 부분 일치가 검색될 수 있도록 만들어져 있는데, 데이터베이스에 수록되어 있을 수 있는 범죄자의 가족(친족)을 검색하고 이를 바탕으로 범죄 용의자를 좁혀가고자 수행하는 가족 검색(familiar searching)와는 다른 의미입니다. 즉 어떤 의도로 DNA 데이터베이스를 검색하는지에 따라 부분 일치와 가족 검색은 구분됩니다. 아직까지 우리나라에서는 가족 검색을 수행하고 있지 않습니다. 가족 검색은 인권침해의 소지가 있어 영국, 미국 등에서도 캘리포니아주 등 일부 주에서만 특별한 경우에 한해 시행하고 있습니다.

### Q DNA 데이터베이스에서 '일치'되는 자료가 검색되면 어떤 과정을 통해 통보되나요?

A DNA 데이터베이스에 새로 수록된 범죄 현장 등 DNA 프로필(C)은 먼저 동일인에 의한 범죄 여부를 알기 위해 범죄 현장 등 DNA 데이터베이스(C-DB)에서 일치 건을 검색합니다. 미해결 사건의 DNA 프로필과 일치된 결과는 감정서에 기재되어 회보되며, 수사기관의 사건 수사에 도움을 주게 됩니다. 만약 서로 다른 경찰관서에서 발생한 사건이라면 사건의 공조 수사에 도움을 줄 수 있습니다. 새로운 C-프로필은 구속피의자 등 및 수형인 등 DNA 데이터베이스(A-DB, G-DB)와도 검색하게 되는데, 일치 건이 발견되면 감정서에 일치된 대상자의 식별코드를 기재하고, 일치 확률(개인식별지수)을 표기하여 회보하게 됩니다. 범죄 현장 등 DNA 프로필이 기구축된 구속피의자 등과 일치되었다면 우선적으로 이에 대한 수사가 진행될 수 있으며, 신속히 범인을 검거할 수 있습니다. 이는 범죄 현장에서 지문이 검출되면 등록된 지문 데이터베이스를 검색해 곧바로 신원을 확인할 수 있는 것과 같은 의미입니다. 새로 수록된 구속피의자나 수형인의 DNA 프로필도

C-DB에서 검색하게 되는데, 과거 미해결 사건의 DNA 프로필과 일치한다면 이는 피의자의 범죄 사실을 입증하고, 여죄에 대한 정보를 수사기관에 제공할 수 있습니다.

## Q DNA 데이터베이스에 수록된 자료는 수정이나 삭제가 가능한가요?

A 디엔에이법 제13조에는 "디엔에이신원확인정보의 삭제"에 대해 규정하고 있습니다. 대상자와 일치되어 신원이 밝혀지는 등의 사유로 더 이상 보존 및 관리가 필요하지 않은 경우에 C-프로필은 C-DB에서 삭제되어 이후에는 검색을 통해 찾을 수 없게 됩니다. 또한 피해자 또는 변사자, 피해자의 가족, 수사 관계자, 실험자 등과 일치하는 C-프로필도 오염 여부 등을 검토한 후 삭제합니다. 또한 데이터베이스의 DNA 프로필이 오기 등의 이유로 잘못 수록되어 있는 것이 확인되면, 사유를 기록하고 즉시 수정합니다. 불상 변사자나 실종자 DNA 데이터베이스의 자료들도 신원이 밝혀지면 삭제합니다. 수형인 등이 재심에서 무죄, 면소, 공소기각 판결 또는 공소기각 결정이 확정되면 해당 프로필을 삭제합니다. 구속피의자 등도 검사의 혐의 없음, 죄가 안 됨 또는 공소권 없음의 처분이 있거나, 죄명이 수사나 재판 과정 중에 변경되는 경우, 법원의 무죄, 면소, 공소기각 판결 또는 공소기각 결정이 확정되면 삭제합니다. 수형인 등이나 구속피의자 등이 사망한 경우에도 삭제해야 합니다.

## Q DNA 데이터베이스에 Y-STR과 미토콘드리아 DNA 분석 결과도 수록되나요?

A 현재 범죄 현장 등 DNA 데이터베이스에는 핵 DNA 상동 염색체에 존재하는 STR 프로필만 수록되며, Y 염색체 STR 프로필과 미토콘드리아 DNA 염기서열은 수록되지 않습니다. 그러나 범죄 현장의 증거물에서 두 사람 이상의 DNA 프로필이 혼합되어 검출되는 경우가 있습니다. 혼합된 비율에 따라 주 기여자의 DNA 프로필을 추정할 수 있으면 이를 DNA 데이터베이스에 수록하고 검색할 수 있지만, 명확히 한 사람의 DNA 프로필을 추정할 수 없는 경우에는 별도의 '혼합형 DNA 데이터베이스'에 수록하게 됩니다. 남성이 혼합된 DNA 프로필이 검출되면 추가로 Y-STR 분석을 시행하며, 혼합 DNA 프로필과 함께 수록합니다. 구속피의자나 수형인 등의 Y-STR 프로필은 데이터베이스에 수록하지 않지만, DNA 데이터베이스의 효용성을 극대화하기 위해서 그 필요성이 커지고 있습니다. 미국의 경우에는 '실종자 DNA 데이터베이스'에 Y-STR 및 미토콘드리아 DNA 분석 결과를 수록하는데, 신원불상자나 실종자의 신원확인에 유용하게 활용될 수 있기 때문입니다.

## Q DNA 데이터베이스에 수록되는 DNA 프로필을 분석할 수 있는 실험실 조건이 있나요?

A 법률 시행령 제13조에 따르면, DNA신원확인정보 담당자는 DNA감식에 필요한 장비와 시설, 신뢰성 높은 감정 기법을 사용해야 하며, 이를 위해 국제공인시험기관으로 인정을 받은 실험실에서만 분석과 감정서 작성이 가능합니다. DNA감식 실험실은 최소한 ISO17025에 따라 인정(accreditation)을 받아야 하며, 감정인들은 정기적으로 숙련도 시험(Proficiency test)에 참가해야 합니다. 우리나라는 KOLAS(한국인정기구)에서 법과학 분야에 대한 인정 업무를 맡고 있습니다. 미국의 경우에는 ASCLD/LAB와 FQS 등으로부터 인정을 받

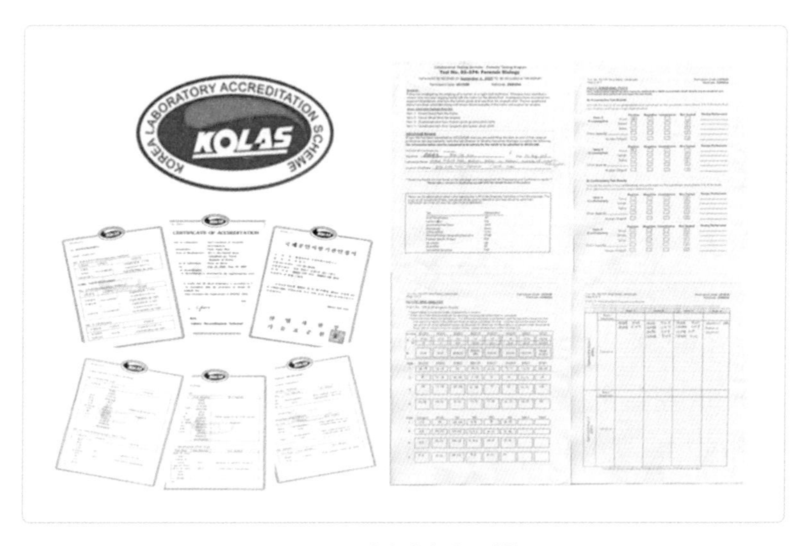


KOLAS 인정 및 숙련도 시험

은 DNA감식 실험실에서 생산된 결과만 DNA 데이터베이스에 수록할 수 있도록 관련 법률에 명시되어 있습니다. DNA 데이터베이스 일치에 대한 신뢰성은 검출된 DNA 프로필의 신뢰성이라 할 수 있습니다. 잘못된 분석 결과와 일치하거나 시료가 뒤섞인 경우에는 잘못된 일치 결과가 나올 수밖에 없습니다. 그래서 DNA감식 실험실의 신뢰성과 결과에 대한 품질보증을 객관적으로 평가하기 위해 인정이 필요한 것입니다. 이를 위해 DNA 데이터베이스와 관련된 DNA감식 실험실은 분석 과정에 대한 세밀한 유효성 검토(validation), 분석 결과의 품질과 소급성에 대한 검토, 오류의 감지 및 대처 능력 등을 입증해야 합니다.

## Q DNA 데이터베이스 검색을 위한 소프트웨어가 있나요?

A DNA 프로필을 수록하고 검색할 수 있는 컴퓨터 프로그램을 'DNA 데이터베이스 소프트웨어'라고 합니다. 현재 국립과학수사연구원에서는 경찰청과 함께 개발한 DIMS(DNA Information Management System)를 사용하고 있으며, 대검찰청에서는 자체 개발한 KODNAD(Korea DNA Database)와 미국 FBI의 CODIS(Combined DNA Index System)를 병행 사용하고 있습니다. DNA 데이터베이스 소프트웨어는 보안성이 확보되어야 하고, 성능이 보증된 후 사용해야 합니다. DNA 프로필은 손으로 입력하는 것보다 전자적으로 수록하는 것이 오류를 예방할 수 있으며, 접근은 인가된 사람만이 가능하도록 제한하는 것이 권고되고 있습니다. 또한 정기적으로 자료를 백업해야하며, 유사

시를 대비한 모의 훈련도 필요합니다.

### Q DNA 데이터베이스의 운영을 감독하는 곳이 있나요?

A 디엔에이법 제14조에 'DNA신원확인정보 데이터베이스 관리위원회'의 임무와 구성 등에 대해 밝히고 있습니다. 관리위원회는 국무총리 산하에 있으며, DNA 데이터베이스의 관리와 운영에 관한 사항을 심의하고, 시료의 수집, 운반, 보관, 폐기 등과 DNA감식의 방법, 절차 및 감식 기술의 표준화, DNA신원확인정보의 표기, 데이터베이스 수록 및 삭제 등에 관한 사항을 관장하고 있습니다. 관리위원회는 위원장 1인을 포함해 7~9명의 위원으로 구성되는데, 경찰청이나 대검찰청 등 DNA 데이터베이스 운영 기관은 물론이고 법조계, 윤리계, 사회과학계, 생명과학 전공 교수 등으로 구성되며, 임기는 3년입니다. 관리위원회는 매년 두 차례의 회의를 갖는데, 이때는 경찰청, 대검찰청, 국립과학수사연구원, 그리고 외부 위원들로 구성된 '실무위원회'로부터 현안 사항에 대한 보고를 받고 심의하여 검찰총장 또는 경찰청장에게 의견을 제시할 수 있습니다.

### Q DNA 데이터베이스와 관련된 처벌 조항이 있나요?

A 디엔에이법 제15조 및 제17조에는 '업무목적 외 사용 등의 금지'

와 '벌칙'에 대해 규정하고 있습니다. DNA 데이터베이스를 운영하고 관리하는 담당자는 업무상 취득한 시료 및 정보를 업무목적 외에 사용하거나 타인에게 제공 또는 누설해서는 안 됩니다. DNA신원확인정보를 거짓으로 작성하거나 변개하는 경우, DNA감식 시료를 인멸, 은닉, 손상하거나 효용을 해치는 경우, 그리고 업무목적 외에 감식 시료 및 신원확인정보를 사용하거나 타인에게 제공 또는 누설하면 징역 또는 벌금형의 처벌을 받게 됩니다. 또한 DNA신원확인정보를 거짓이나 부정한 방법으로 열람하거나 제공받는 경우, 감식 시료와 추출된 DNA를 폐기하지 않거나 DNA신원확인정보를 삭제하지 않는 경우에도 처벌을 받게 됩니다.

12

# 남성만 가진 Y 염색체

## Q Y 염색체는 무엇인가요?

A Y 염색체는 남성만이 가지고 있는 염색체입니다. 우리 인간은 23쌍의 염색체를 가지고 있습니다. 그 중 22쌍의 염색체는 상동염색체이고, 1쌍은 성별을 결정하는 성염색체입니다. 여성은 X 염색체 1쌍을 가지며, 남성은 X 염색체 하나와 Y 염색체 하나를 가지고 있습니다. 상동염색체는 아버지와 어머니로부터 반반씩 물려받는 과정에서 서로 뒤섞이게 되지만 Y 염색체는 돌연변이가 없는 한 부계를 따라 변하지 않고 유전되기 때문에 '가계 마커(Lineage Marker)'라고 하며, Y 염색체의 DNA감식 결과 얻어지는 DNA 프로필은 '하플로타입

(Haplotype)'이라고 부릅니다. 지금까지의 연구 결과 Y 염색체는 종족 번식을 위한 정자 생성 기능만 가지고 있다고 알려져 있습니다. X 염색체는 1억 5,000만 개 염기쌍으로 구성되어 있고 2,000개 이상의 유전자를 가지고 있지만, Y 염색체는 5,900만 개의 염기쌍에 단지 78개의 유전자만을 가지고 있습니다. 또한 Y 염색체는 가지고 있지 않아도 생존에 문제가 생기지 않습니다. Y 염색체를 가지고 있지 않은 여성은 살아가는 데 문제가 없지만, X 염색체를 가지지 않고 살아갈 수 있는 남성은 없습니다.

## Q Y-STR 분석은 무엇이고, 법과학적으로 어떻게 활용되나요?

A Y-STR은 Y 염색체상에 존재하는 STR 마커를 의미합니다. Y-STR 분석은 ① 성범죄 사건 등에서 여성과 남성이 혼합된 증거물의 개인 식별, ② 실종자, 대량재난 희생자 등의 신원확인, ③ 친자검사 및 친족검사, ④ 인류유전학 및 진화학 등의 연구에 활용되고 있습니다. Y 염색체의 STR 분석을 통해 상염색체 STR 분석으로 얻을 수 없는 유용한 유전학적 정보를 얻을 수 있습니다. 사건 관련 생물학적 증거물의 분석은 물론이고 실종자나 대량재난사고 희생자의 신원확인에서 Y-STR 분석은 큰 역할을 합니다. 특히 실종자나 희생자가 직계 가족(부모 혹은 자녀)이 없거나 사망한 경우에는 부계 친척들(삼촌, 사촌 등)의 Y-STR DNA 분석 결과가 신원확인에 큰 기여를 합니다. 피해 여성과 가해 남성의 DNA가 혼합되어 검출되는 경우가 많은 성범죄

사건 증거물에서도 Y-STR 분석은 매우 중요한데, 이는 대부분의 사건에서 남성이 범인이기 때문입니다. 또한 Y 염색체는 부계로만 유전되는 특성이 있어 인류의 기원과 이동 경로, 현재 지구상에 살고 있는

Int J Legal Med (2007) 121:124–127
DOI 10.1007/s00414-006-0124-8

ORIGINAL ARTICLE

**Variation of 52 new Y-STR loci in the Y Chromosome Consortium worldwide panel of 76 diverse individuals**

Si-Keun Lim · Yali Xue · Emma J. Parkin · Chris Tyler-Smith

Received: 28 March 2006 / Accepted: 21 August 2006 / Published online: 21 October 2006


**Abstract** We have established 16 small multiplex reactions of two–four loci to amplify 52 recently described single-copy simple Y-STRs and typed these loci in a worldwide panel of 74 diverse men and two women. Two Y-STRs were found to be commonly multicopy in this sample set and were excluded from the study. Of the remaining 50, four (DYS481, DYS570, DYS576 and DYS643) showed higher diversities than the commonly used loci and can potentially provide increased haplotype discrimination in both forensic and anthropological work. Ten loci showed occasional missing alleles, duplicated peaks or intermediate-sized alleles.

**Keywords** Y chromosome · Short tandem repeat (STR) · DYS481 · DYS570 · DYS576 · DYS643 · Intermediate allele

**Electronic supplementary material** Supplementary material is available for this article at http://dx.doi.org/10.1007/s00414-006-0124-8 and is accessible for authorized users.

S.-K. Lim · Y. Xue · C. Tyler-Smith (✉)
The Wellcome Trust Sanger Institute,
Wellcome Trust Genome Campus,
Hinxton, Cambridge CB10 1SA, UK
e-mail: cts@sanger.ac.uk

E. J. Parkin
Department of Genetics, University of Leicester,
Leicester, UK

*Present address:*
S.-K. Lim
National Institute of Scientific Investigation,
Seoul, South Korea

Springer

**Introduction**

Y-STRs have key roles in the fields of forensic genetics, anthropological genetics and genealogy because of their ability to discriminate between male lineages and provide information about the relationships between them [1, 2]. The Y chromosome haplotype reference database [3] provides a widely used compilation of haplotype information constructed from a "minimal haplotype" of nine loci or a "minHt+SWGDAM core set" of 11 loci (http://www.yhrd.org/index.html). Some applications, however, require more Y-STRs. For example, a study of ~1,000 men from east Asia found that almost 3% (27/1,003) shared the same 16-STR haplotype [4] and thus would not be distinguished by standard analyses. Most of the STRs on the Y chromosome have now been identified [5], and a set of 52 was highlighted that seemed particularly useful because their unit size was ≥3, they were single-copy, had a simple structure and showed variation in a set of eight diverse men. These additional loci proved to be useful in the east Asian study where 46 of them allowed a male lineage characteristic of the Qing Dynasty to be defined [4], but they clearly varied considerably in their diversity [4, 5] and may vary in other properties that affect their usefulness as well. In addition, it may often be impractical or impossible to type such a large number of markers. Further studies of these loci are therefore needed to identify the most useful subset. US population data for 16 of them have been presented [6], but data from other loci and populations are lacking. We have therefore established multiplex typing procedures for all of them and examined their variation in the Y Chromosome Consortium (YCC) worldwide panel of men [7].

참고문헌: International Journal of Legal Medicine 2007, 121:124–127

수많은 인종과 다양한 집단들의 형성 과정 등 인류유전학과 진화의 연구에 필수적인 수단이 되었습니다. Y-STR 분석을 위해 지금까지 수백 개의 Y-STR 마커들이 연구되었으나, 법과학적으로 유용한 마커들만 모아 키트화한 상품을 사용하고 있습니다. 현재 DNA감식 실험실에서 주로 사용하고 있는 키트는 두 가지입니다. 프로메가(Promega)사의 PowerPlex Y23 키트는 23개의 Y-STR 마커를 동시에 분석할 수 있고, 써모피셔 사이언티픽(Thermo-Fisher Scientific) 사의 Y-Filer Plus 키트는 27개의 Y-STR 마커를 분석할 수 있습니다. 두 키트에 공통적으로 포함된 20개를 표준 Y-STR 마커로 사용하고 있습니다.

## Q Y-STR 프로필이 일치하면 동일인으로 판단할 수 있나요?

A Y-STR 프로필이 일치한다는 것은 '동일 부계'임을 의미할 뿐이며, 동일인이라는 것을 의미하지는 않습니다. 즉 형제나 삼촌 등 동일 부계의 모든 남성은 (돌연변이가 없다는 가정하에) 동일한 Y-STR 프로필을 갖게 됩니다. 또한 가까운 친척이 아닌 남성 중에도 동일한 Y-STR 프로필을 갖는 사람이 존재합니다. 그러므로 Y-STR 프로필이 일치한 경우에는 배제 불가(Inclusion or Failure to exclude)로 판정하며, 현장에서 검출된 Y-STR 프로필과 용의자의 Y-STR 프로필이 서로 다른 경우에는 배제(Exclusion)로 판정합니다. 일치 혹은 불일치, 배제 혹은 배제 불가를 판정할 수 없는(Inconclusive) 경우도 있습니다. 최근 서로 일치되는 Y-STR 프로필의 확률 계산을 위한 연구가 많이 진행되고 있습니

Legal Medicine 23 (2016) 17–20

Contents lists available at ScienceDirect

Legal Medicine

journal homepage: www.elsevier.com/locate/legalmed

Short Communication

Forensic genetic study of 29 Y-STRs in Korean population

CrossMark

Ju Yeon Jung, Ji-Hye Park, Yu-Li Oh, Han-Sol Kwon, Hyun-Chul Park, Kyung-Hwa Park, Eun Hye Kim, Dong-Sub Lee, Si-Keun Lim *

*Forensic DNA Division, National Forensic Service, Wonju 26460, South Korea*

A R T I C L E  I N F O

*Article history:*
Received 14 March 2016
Received in revised form 10 July 2016
Accepted 1 September 2016
Available online 2 September 2016

*Keywords:*
PowerPlex Y23 System
Yfiler® Plus PCR amplification kit
Validation study
Population genetics study

A B S T R A C T

In this study, we compared two recently released commercial Y-chromosomal short tandem repeat (Y-STR) kits: the PowerPlex Y23 System (PPY23) and Yfiler® Plus PCR amplification kit (YPlus). We performed validation studies, including sensitivity, tolerance to PCR inhibitors, and mixture analysis, and a population genetics study using 306 unrelated South Korean males. PPY23 and YPlus showed similar sensitivity, but PPY23 showed higher tolerance to humic acid than YPlus. Furthermore, the detection rate of unique minor alleles called from male/male mixtures was higher for PPY23 than for YPlus. Comparing the newly added loci, the mean values of gene diversity for PPY23 and YPlus were 0.6715 and 0.8158, respectively. The discrimination capacity in the 306 unrelated South Korean males for PPY23 was 0.9837, and that for YPlus was 0.9935. These results will inform the selection of suitable Y-STR kits based on the purpose of forensic DNA analysis.

© 2016 Elsevier Ireland Ltd. All rights reserved.

참고문헌: Legal Medicine 2016 23:17–20

다. 일치 혹은 배제 판정을 위한 가이드라인도 있지만, 실험실마다 통일되어 있지는 않습니다.

## Q Y-STR 하플로타입 데이터베이스는 어떻게 활용되나요?

A Y-STR 하플로타입 데이터베이스는 법과학적으로 다양하게 활용되고 있습니다. Y-STR DNA형의 출현 빈도 계산을 위해 개인의 Y-STR DNA형을 모아 데이터베이스를 구축하고 있습니다. 독일의 루츠 뢰버(Lutz Roewer) 박사 등에 의해 2000년 설립된 YHRD(Y chromosome haplotype reference database, https://yhrd.org/)는 현재까지 약 20만 개 이상의 방대한 자료를 축적하고 있습니다. YHRD에서 각 Y-STR 마커의 검출값을 입력해 데이터베이스를 검색할 수 있으며, 최근에는 Y-SNP 자료도 수록해 검색할 수 있게 되었습니다. Y-STR이 우연히 일치할 확률에 대해 통계적 계산이 가능하지만, 데이터베이스 검색을 통해 그 출현 빈도를 계산하는 Counting method가 일반적으로 이용되고 있습니다. 보통 생물학적으로 서로 관련이 없는 경우의 Y-STR 프로필 출현 빈도를 계산하는데, Y-STR 데이터베이스(N)에서 동일한 Y-STR 프로필(X)이 몇 개의 빈도로 나타나는지를 세어 계산하게 됩니다(p=X/N). Y-STR 데이터베이스의 크기(N)가 커질수록 유의성은 높아지는데, 이를 위해 Y-STR 마커의 수를 늘린 분석 키트들이 개발되고 있습니다. 또한 보다 정확한 Y-STR 일치의 개인식별

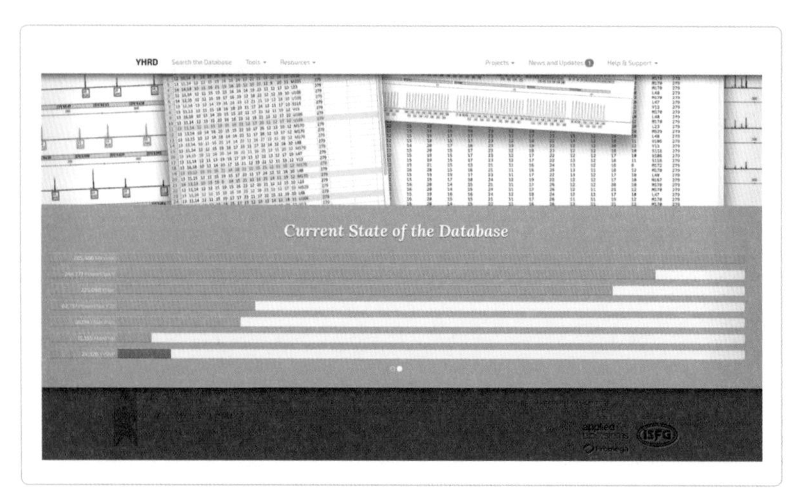


YHRD 홈페이지 화면, https://yhrd.org/

력 계산을 위한 다양한 연구가 진행 중입니다.

## Q Y-STR 분석의 장점과 한계점은 무엇인가요?

A Y-STR 분석은 남성 특이적인 장점이 있지만 개인식별력에 한계가 있습니다. Y 염색체는 남성에게만 존재하기 때문에 특히 여성 피해자와 혼합된 남성의 DNA만을 분석할 수 있는 장점을 가지고 있습니다. 또한 부계 유전되는 특성으로 친자검사 및 신원확인에 매우 유용합니다. 그러나 Y-STR 마커들은 서로 연관되어 있어, 일반적인 STR 분석에서와 같은 높은 개인식별력을 갖지 못합니다. 또한 동일한 부계의 자손들은 동일한 Y-STR 프로필을 갖기 때문에 식별이 불가능한 한계를 갖고 있습니다. 이 밖에도 돌연변이 및 중복/결실 등에 따른 해석상의 문제점들도 제기되고 있습니다. 그러나 배제(Exclusion)의 기능만으로도 충분히 중요하며, 분석 마커 수의 증가로 우연히 일치될 확률도 크게 낮아지고 있습니다. 최근 동일 부계 가족 혹은 친족을 식별하기 위해 돌연변이율이 높은 Y-STR(RM(Rapidly mutating)-Y STR) 마커에 대한 연구도 활발히 진행되고 있습니다.

## Q Y-STR 분석으로 성씨를 추정할 수 있나요?

A 범죄 현장 증거물에서 확보한 DNA를 분석해 범인의 성씨를 추

정할 수 있다면 사건 수사에 큰 도움이 될 것입니다. 성씨 추정을 위한 요건이 갖춰지면 일부 유용하게 활용될 수 있으나, 위험성이 높아 신중히 검토해야 합니다. Y-STR 분석을 통해 성씨를 추정하려는 연구는 2006년 영국 레스터 대학의 마크 조블링(Mark Jobling) 박사팀이 처음으로 시작하였습니다. 그러나 조블링 박사는 성씨 추정을 위해 영국 내 4만 개에 달하는 모든 성씨에 대한 Y-STR 데이터베이스를 구축해야 하고, 영국 전체 인구의 절반 정도를 차지하는 스미스나 테일러, 윌리엄스와 같은 성에서는 효용성이 높지 않다는 한계도 가진다고 하였습니다. 우리나라의 성씨는 대략 270~280개 정도로 영국에 비해 현격히 적습니다. 또한 입양한 자식이나 부인의 외도를 통해 출산한 자식은 실제와는 다른 성씨를 가지게 됩니다. 우리나라 주요 성씨(김, 이, 박, 최, 정 등)들은 1894년 갑오개혁 이후 그 수가 급격히 늘었으며, 실제로도 부계 유전의 일관성이 크게 결여되어 있어 DNA감식을 이용해 성씨를 추정하는 데 문제가 있습니다. 이론과 실제의 차이를 극명하게 보여주는 것이 성씨입니다. 무작위로 선정된 100명의 남성에 대해 Y-STR 분석을 시행하고 성씨를 추정하는 실험을 한다면, 그 정확성이 어느 정도인지 알 수 있을 것입니다. 심지어 희귀 성씨를 가진 남성도 서로 Y-STR이 다른 경우가 많습니다. 과학수사에서 과학적 근거가 미약한 감정 기법을 사용하는 것은 매우 위험합니다. 잘못된 정보 제공으로 인해 진짜 범인을 놓칠 수도 있고, 무고한 다수의 사람들에 대해 인권을 침해할 소지가 있기 때문입니다. Y-STR 분석을 가장 효과적으로 이용하여 범인을 찾는 방법은 범죄자 DNA 데이터베이스의 가족 검색 후 동일 부계를 확인할 때입니다. 미국이나 영국 등에서 중

European Journal of Human Genetics (2007), 1–6
© 2007 Nature Publishing Group All rights reserved 1018-4813/07 $30.00
www.nature.com/ejhg

ARTICLE

**Africans in Yorkshire? The deepest-rooting clade of the Y phylogeny within an English genealogy**

Turi E King[1], Emma J Parkin[1], Geoff Swinfield[2], Fulvio Cruciani[3], Rosaria Scozzari[3], Alexandra Rosa[4], Si-Keun Lim[5], Yali Xue[5], Chris Tyler-Smith[5] and Mark A Jobling*[,1]

[1]*Department of Genetics, University of Leicester, Leicester, UK;* [2]*GSGS, 14 Beaconsfield Road, Mottingham, London, UK;* [3]*Department of Genetics and Molecular Biology, Università degli Studi di Roma 'La Sapienza', Rome, Italy;* [4]*Human Genetics Laboratory, University of Madeira, Funchal, Portugal;* [5]*Wellcome Trust Sanger Institute, Hinxton, UK*

**The presence of Africans in Britain has been recorded since Roman times, but has left no apparent genetic trace among modern inhabitants. Y chromosomes belonging to the deepest-rooting clade of the Y phylogeny, haplogroup (hg) A, are regarded as African-specific, and no examples have been reported from Britain or elsewhere in Western Europe. We describe the presence of an hgA1 chromosome in an indigenous British male; comparison with African examples suggests a Western African origin. Seven out of 18 men carrying the same rare east-Yorkshire surname as the original male also carry hgA1 chromosomes, and documentary research resolves them into two genealogies with most-recent-common-ancestors living in Yorkshire in the late 18th century. Analysis using 77 Y-short tandem repeats (STRs) is consistent with coalescence a few generations earlier. Our findings represent the first genetic evidence of Africans among 'indigenous' British, and emphasize the complexity of human migration history as well as the pitfalls of assigning geographical origin from Y-chromosomal haplotypes.**
*European Journal of Human Genetics* advance online publication, 24 January 2007; doi:10.1038/sj.ejhg.5201771

**Keywords:** Y chromosome; haplogroup; African; surnames; genealogy; Y-STRs

참고문헌: European Journal of Human Genetics 2007 1–6

대 범죄에만 적용하는 가족 검색은 범죄자 DNA 데이터베이스에서 범인의 DNA 프로필과 유사한 사람을 찾고, Y-STR 추가 분석을 통해 동일 부계임이 확인되면 해당 가족 및 친족 구성원에 대한 수사를 진행해 범인을 찾아내는 것입니다. 우리나라는 범죄자의 Y-STR 데이터베이스가 없으며, 범죄자의 DNA 잔량도 보관하고 있지 않아 Y-STR 추가 분석이 어렵습니다.

Genes & Genomics (2019) 41:297–304
https://doi.org/10.1007/s13258-018-0761-6

Online ISSN 2092-9293
Print ISSN 1976-9571

RESEARCH ARTICLE

# Prediction of Y haplogroup by polymerase chain reaction-reverse blot hybridization assay

Sehee Oh[1,2] · Jungho Kim[1] · Sunyoung Park[1] · Seoyong Kim[1] · Kyungmyung Lee[2] · Yang-Han Lee[2] · Si-Keun Lim[2] · Hyeyoung Lee[1]

Received: 19 June 2018 / Accepted: 30 October 2018 / Published online: 19 November 2018


**Abstract**

**Background** The analysis of Y-SNPs from crime scene samples is helpful for investigators in narrowing down suspects by predicting biogeographical ancestry.

**Objective** In this study, a PCR-reverse blot hybridization assay (REBA) for predicting Y-chromosome haplogroups was employed to determine the major haplogroups worldwide, including AB, DE, C, C3, F, K, NO, O, O2, and O3 and evaluated.

**Methods** The REBA detects nine biallelic Y chromosome markers (M9, M89, M122, M145, M175, M214, M217, P31, and $RPS4Y_{711}$) simultaneously using multiple probes.

**Results** The REBA for Y-single nucleotide polymorphisms (SNP) genotyping was performed using 40 DNA samples from Asians—14 Koreans, 10 Indonesians, six Chineses, six Thais, and four Mongolians. 40 Asian samples were identified as haplogroup O2 (40%), O3 (32.5%), C3 (17.5%), O (7.5%) and K (2.5%). These cases were confirmed by DNA sequence analysis ($\kappa = 1.00$; $P < 0.001$).

**Conclusion** PCR-REBA is a rapid and reliable method that complements other SNP detection methods. Therefore, implementing REBA for Y-SNP testing may be a useful tool in predicting Y-chromosome haplogroups.

**Keywords** Crime scene · Y chromosome · Haplogroup · REBA

참고문헌: Genes and Genomics 2019 41:297–304

13

# 미토콘드리아 DNA는 무엇인가?

일반적으로 DNA감식은 핵 속의 상동염색체 22쌍에 존재하는 STR 마커(A-STR)의 분석을 의미하는데, 이들은 부모로부터 반반씩 물려받습니다. 그러나 부모 중 한쪽으로부터만 물려받는 DNA도 있습니다. 성염색체 중 Y 염색체는 아버지로부터 아들로만 전달되며, 미토콘드리아 DNA는 어머니로부터 아들과 딸로 전달됩니다. 이와 같이 부계 유전되는 Y 염색체와 모계 유전되는 미토콘드리아 DNA를 '가계 마커'라고 하는데, 법과학적으로 매우 유용하게 이용되고 있습니다. 모계 마커인 미토콘드리아 DNA에 대해 궁금한 것들을 알아보도록 하겠습니다.

## Q 미토콘드리아는 어떤 기능을 하는 기관인가요?

A 미토콘드리아는 진핵세포의 세포질에 존재하는 소기관으로서 산화적 인산화 과정을 통해 세포가 살아가는 데 필요한 에너지인 ATP의 90% 이상을 만들어내는 중요한 역할을 수행하고 있습니다. 미토콘드리아는 1840년 처음으로 발견되었으며, 1960년대에 고유한 DNA를 가지고 있다는 것이 밝혀졌습니다. 미토콘드리아는 약 1~10μm 길이에 직경은 약 0.5~1.0μm인 막대기 모양의 기관입니다.

## Q 미토콘드리아의 DNA는 핵 DNA와 다른 어떤 특성을 가지나요?

A 미토콘드리아는 핵 DNA와 다른 자신만의 독특한 특성을 갖는 DNA(mtDNA)를 가지고 있습니다. 1950년대에 멘델의 유전법칙을 따르지 않는 DNA에 의해 영향을 받는 유전형질에 대한 연구가 시작되었습니다. 정자가 난자와 만나 수정될 때 정자는 난자 속으로 들어가게 되는데, 이때 약 50~75개의 미토콘드리아가 들어 있는 정자의 중간체도 머리와 함께 난자 속으로 들어가게 됩니다. 그러나 난자 속에는 정자보다 1,000배 이상 많은 미토콘드리아가 있기 때문에 정자의 미토콘드리아는 희석되어 거의 영향이 없어지게 됩니다. 또한 수정 시 정자의 미토콘드리아 DNA는 난자 속으로 들어가지 않는다는 주장도 있습니다. 따라서 미토콘드리아는 어머니로부터만 물려받으며, 딸을 통해 후대로 전달됩니다. 모든 모계 친척들은 동일한 미토콘드리아

를 가지게 됩니다. 하나의 세포 속에는 수백 개의 미토콘드리아가 존재하며, 각 미토콘드리아마다 수 개의 mtDNA를 가지고 있기 때문에, 세포 하나에는 수천 개의 mtDNA가 존재하게 되며, 이는 전체 지놈의 1%에 해당됩니다. 인간의 mtDNA는 전체 길이가 16,569bp이며, 원형의 구조를 하고 있습니다. mtDNA로부터 코딩되는 물질은 22개의 tRNAs, 13개의 단백질과 2개의 rRNAs(12S, 16S)입니다. 미토콘드리아는 수억만 년 전 진핵세균이 진핵세포 속으로 들어와 공생하게 된 것으로 알려지고 있습니다. mtDNA는 길이는 짧지만 매우 경제적으로 DNA를 활용하고 있는데, D-루프(loop) 부분을 제외하고 non-coding DNA를 거의 가지고 있지 않습니다. D-루프는 약 1,100bp의 길이를 가지며, mtDNA가 복제될 때 DNA 두 가닥이 서로 분리(displacement)되기 시작하는 지점입니다. 이와 같은 D-루프의 조절기능을 의미하는 '조절부위(control region)'라고 불리기도 합니다. mtDNA의 진화에 대

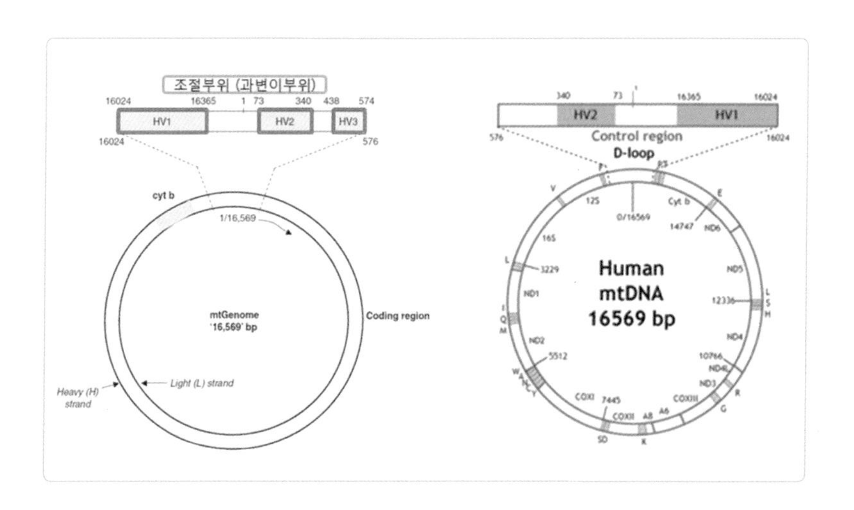

한 연구를 통해 최초의 여성인 이브는 14만~29만 년 전 아프리카에서 살았던 것으로 추정되고 있습니다. mtDNA의 조절부위는 핵 DNA에 비해 5~10배 정도 높은 돌연변이를 보여주고 있습니다.

## Q 미토콘드리아 DNA는 사람마다 다른가요?

A mtDNA의 조절부위에는 다형성이 높은 세 곳의 과변이부위(Hyper variable region: HV1, HV2, HV3)가 존재합니다. 또한 coding-region에는 종 식별에 이용되는 12S 및 16S rRNA, COI(cytochrome c oxidase subunit 1), 그리고 cytochrome b 부분이 존재합니다. mtDNA는 산화적 인산화 과정에서 만들어지는 활성 산소에 노출되기 때문에 핵 DNA에 비해 돌연변이가 비교적 빠르게 발생합니다. 지금까지의 연구 결과에 따르면 약 30~40세대마다 과변이부위에서 돌연변이가 발생하는데, 주로 하나의 염기가 다른 염기로 바뀌는 치환이 일어납니다. 이렇게 축적된 돌연변이로 인해 사람마다 과변이부위에서의 염기서열이 서로 다르게 된 것입니다. 과변이부위가 속해 있는 조절부위는 기능적으로 중요한 부분이 아니기 때문에 돌연변이가 발생해도 생존에 문제가 생기지 않습니다. 과변이부위 내에서도 어떤 부분은 돌연변이가 많이 발생하는 소위 '핫스팟(hot spot)'이고 돌연변이가 거의 일어나지 않는 부분도 있습니다. 일반적으로 HV1과 HV2 부분을 PCR 증폭하고, 생어 방법으로 염기서열을 분석합니다.

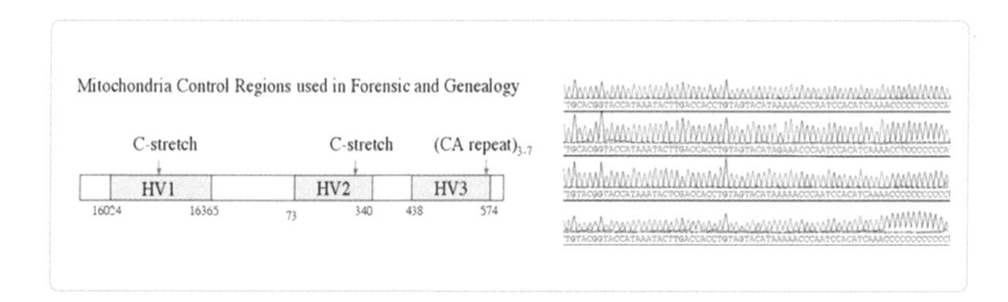


## Q 미토콘드리아 DNA 분석은 법과학 분야에서 어떻게 활용되나요?

A mtDNA는 모계 유전되는 특성과 많은 개수를 갖는 특성으로 인해 DNA감식에 매우 유용한 마커입니다. 부모나 자식과 같은 직계 가족 시료를 채취할 수 없는 경우에도 동일 모계는 동일한 mtDNA를 갖는다는 점을 이용하여 불상 변사자나 실종자의 신원확인에 이용할 수 있습니다. 한 세포 내에 수천 개가 존재하는 mtDNA의 특성은 시료의 양이 매우 적은 증거물이나 고도로 부패된 시료의 분석에 유용합니다. 핵 DNA가 없는 모발의 모간부나 대퇴골 같은 뼈에서도 mtDNA는 분석이 가능합니다. mtDNA는 핵 DNA에 비해 매우 안정적이기 때문에 아주 오래된 시료, 심지어 수만 년 전의 화석에서도 분석이 가능하여 고고학이나 인류유전학, 진화학 등의 학문 분야에서도 활용되고 있습니다.

Printed in the Republic of Korea
ANALYTICAL SCIENCE & TECHNOLOGY
Vol. 18, No. 4, 362-367, 2005

# 한국인 집단의 미토콘드리아 DNA HV1 부위에서의 염기서열 다양성

임시근★ · 김응수 · 김순희 · 박기원 · 한면수
국립과학수사연구소 유전자분석과
(2005. 6. 21 접수, 2005. 7. 12 승인)

# Sequence diversity of Mitochondrial DNA HV1 in Korean population

Si-Keun Lim★, Eung-Su Kim, Soon-Hee Kim, Ki-won Park and Myun-soo Han
*DNA Analysis Division, National Institute of Scientific Investigation, Seoul 158-707, Korea*
(Received June 21, 2005, Accepted July 12, 2005)

**요 약** : 미토콘드리아 DNA 염기서열 분석결과는 개인식별 및 신원확인에 매우 유용하게 활용되어지고 있다. 본 연구에서는 한국인 360명을 대상으로 미토콘드리아 DNA 조절부위 HV1에서의 염기서열 다양성에 대해 분석하였다. 염기서열 분석결과 124 곳에서의 변이로부터 210 종류의 haplotypes를 얻을 수 있었다. 이 중에서 55개의 haplotypes는 2명 이상의 사람에게서 발견되었으며, 나머지 155 haplotypes는 오직 한명씩만이 보여주었다. 변이는 C-T 치환이 가장 많았으며, 특히 16223 위치에서는 전체 시료의 75.8%에서 C-T 치환이 발견되었다. 또한 16180에서 16193까지의 14 염기에 대한 염기 다형성을 분석한 결과 20가지의 변이가 발견되었다. 한국인 집단에서 가장 흔한 haplotype은 전체 시료의 5%에 해당하는 [16223T, 16362C]이었으며, [16223T, 16274T, 16362C]가 2.5%로 그 뒤를 이었다. 또한 전체 시료의 25.9%는 적어도 두 시료에서 동일한 haplotype을 나타내었다. Gene diversity는 0.996, 두 사람이 우연히 같은 haplotype을 가질 확률은 0.7%이었다.

**Abstract** : The human mitochondrial genome (mtDNA) has been an important tool in the field of forensic investigations. Within the entire mtDNA molecule, the non-coding control region which is approximately 1,100 bp including hypervariable region I and II (HV1 and HV2) is widely studied because it is highly polymorphic and useful for human identification purposes. In this study, 360 unrelated Koreans were analyzed in HV1. The number of polymorphic sites and genetic lineage were 124 and 210, respectively. The most prevalent substitution was C-T and 75.8% of DNA showed C-T substitution at 16223. There were 20 kinds of polymorphism between 16180 and 16193 including insertion and deletion. The most frequent haplotype was [16223T, 16362C] representing 5%. Approximately 25.9% of DNA showed the same haplotype in at least two samples. The gene diversity was calculated to 0.996 and the probability of two unrelated perosons having the same haplotype was determined to 0.7%.

**Key words** : mtDNA, control region, HV1, sequence diversity, haplotype

참고문헌: 분석과학 2005 18(4): 362-367

## Q 미토콘드리아 DNA 분석 시 주의해야 할 점이 있나요?

A 미토콘드리아 DNA는 핵 DNA에 비해 오염에 더욱 민감하기 때문에 실험실 환경에 더욱 신경 써야 합니다. mtDNA 분석을 위한 별도의 독립된 실험공간이 좋으며, 대조 시료는 증거물 시료의 분석이 끝난 후 수행하는 것이 오염 예방에 좋습니다. 현재 mtDNA 염기서열의 분석은 전통적인 생어 방식에 따라 수행되고 있는데, 정방향과 역방향을 모두 분석해 비교하는 것이 결과의 신뢰성을 위해 필요합니다. 시료가 두 사람 이상 혼합된 경우에는 염기서열 분석 결과가 복잡해서 해석이 어렵습니다. 만약 세 부분 이상에서 혼합된 염기서열이 분석된다면, 시료가 오염 등의 이유로 한 사람으로부터 온 것이 아니라고 판단하는 것이 좋습니다.

## Q 미토콘드리아 DNA 분석 결과는 어떻게 표현되나요?

A mtDNA HV1과 HV2의 염기서열이 분석되면, 표준 염기서열인 CRS(Cambridge Reference Sequence)와 비교하여 그 차이를 표시합니다. 즉 1~16259 사이의 숫자와 변화된 염기의 약자를 표기합니다. 예를 들면 16223 부위에서 CRS는 C인데 분석한 시료는 T로 바뀌었다면, '16223 T'로 표현합니다. DNA감식에 일반적으로 사용되고 있는 부분인 HV1은 16024~16365bp의 342bp 부분이며, HV2는 73~340bp의 268bp 부분을 의미합니다. CRS는 1981년 영국 케임브리지 대

학의 앤더슨(Anderson) 등이 발표한 최초의 mtDNA 염기서열입니다. 1999년 CRS 염기서열이 수정되었는데, 이를 rCRS라고 하며 현재 미토콘드리아 DNA HV1/2의 표준 염기서열로 사용하고 있습니다.

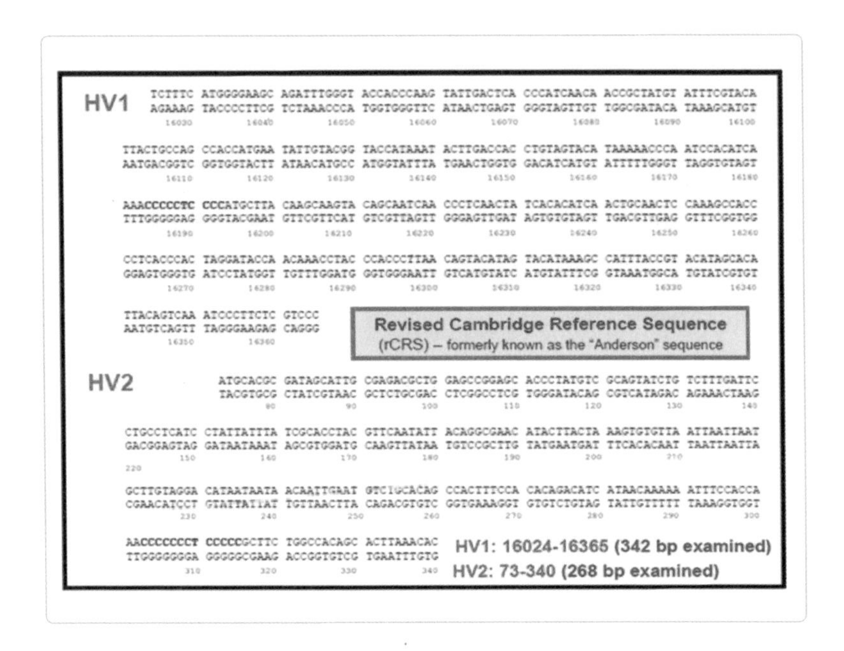


## Q 헤테로플라스미(heteroplasmy)란 무엇인가요?

A 정상적인 경우 한 사람의 mtDNA는 한 가지입니다. 이를 호모플라스미(homoplasmy)라고 합니다. 그러나 어떤 사람은 한 세포 내에 들어 있는 수천 개의 mtDNA 중에서 일부에 돌연변이가 일어나 혼합된 mtDNA를 가지게 되고 이것이 자손으로 유전될 수 있습니다. 이를 헤

테로플라스미라고 하는데, 아직 정확한 유전 과정은 밝혀지지 않고 있습니다. 모든 사람이 어느 정도의 헤테로플라스미는 가지고 있으며, 일부는 검출 한계 이하로 존재하는 것으로 추정되고 있습니다. 또한 한 사람 내에서도 수백만 개에 이르는 모든 mtDNA가 완벽하게 일치하지는 않는 것으로 생각되고 있습니다. 염기서열상의 헤테로플라스미 외에도 길이에 의한 헤테로플라스미도 존재합니다. 즉 HV1 및 HV2 부위에 존재하는 C-strech 부분에서는 연속되는 C 염기의 숫자가 다를 수 있습니다. 시료에서 헤테로플라스미가 발견될 경우에는 어떻게 결과를 판정할지에 대한 가이드라인을 가지고 있는 것이 좋습니다. 가장 어려운 경우는 조직마다 헤테로플라스미 염기의 비율에 차이가 나는 경우입니다. 예를 들면 혈액과 모발, 혹은 모발 사이에서 헤테로플라스미가 발견되었는데 해당 염기의 헤테로플라스미 비율이 다른 경우입니다.

## Q 미토콘드리아 DNA 하플로타입과 하플로그룹은 무엇인가요?

A mtDNA가 갖는 고유한 염기서열을 하플로타입(haplotype)이라고 합니다. 서로 일치하지는 않지만 유사하거나 밀접한 관계에 있는 mtDNA는 동일한 하플로그룹(haplogroup)에 속한다고 표현합니다. mtDNA는 특징적인 돌연변이에 따라 하플로그룹을 구분할 수 있습니다. 어떤 돌연변이는 과변이부위 내에 존재하지만, 어떤 돌연변이는 mtDNA 전체에 분산되어 있습니다. 서로 다른 하플로그룹은 진화적 관점에서 계통수(phylogenetic tree)로 나타낼 수 있습니다. mtDNA 하플로

그룹은 지리적으로 클러스터를 형성하고 있습니다. 예를 들면 하플로그룹 H의 경우 서유럽에서는 40% 빈도로 나타나지만, 아프리카나 동남아시아에는 거의 존재하지 않습니다. 이를 이용하면 범죄 현장에 남겨진 증거물로부터 범인의 생물지리학적 인종을 추정할 수 있는데, 분석 결과를 너무 과신하는 것은 좋지 않습니다. 단지 모계 분석에 의한 결과일 뿐 아니라, 오래전에 다른 민족과 섞였을 수도 있기 때문입니다.

## Q mtDNA 하플로타입 데이터베이스가 있나요?

A mtDNA 하플로타입의 출현 빈도는 타입에 따라 차이가 있습니다. 즉 아주 흔한 타입이 있는 반면에 출현 빈도가 매우 낮은 타입도 있습니다. 미국 FBI의 mtDNA 데이터베이스에 수록되어 있는 1,655명의 백인 중 15명은 263C, 315.1C의 하플로타입을 가지며, 하나의 차이만 가지는 하플로타입도 153명이나 됩니다. 현재 인터넷을 통해 집단별 하플로타입 빈도를 검색할 수 있는 대표적인 mtDNA 하플로타입 데이터베이스는 미국의 Mitosearch(http://www.mitosearch.org), 오스트리아의 EMPOP(https://empop.online)와 우리나라(연세대)의 mtDNA manager(http://mtmanager.yonsei.ac.kr)입니다. mtDNA manager는 2008년 만들어져 현재 5개의 인종(아프리카, 서유럽, 동아시아, 오세아니아, 그리고 혼합)에 한국인 593명을 포함해 약 9,200여 개의 자료가 수록되어 있습니다. 이와 같은 데이터베이스에 많은 자료들이 누적될수록 보다 정확한 하플로타입 빈도를 추정할 수 있습니다. 한편으

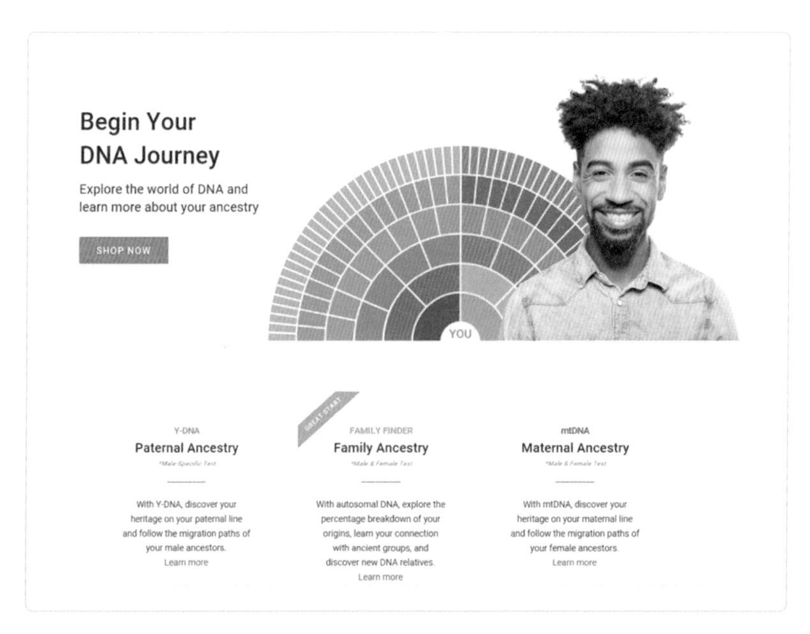


DNA 분석 회사인 Family Tree DNA 사의 홈페이지 화면

로는 데이터베이스에 수록된 자료의 신뢰성도 매우 중요한데, mtDNA는 염기서열 분석과 해석이 쉽지 않기 때문입니다. 21개 실험실에서 참여한 실험실 간 협력연구에서 150개의 시료 중 14개의 시료가 일치하지 않았다는 보고도 있습니다. 계통학적 분석이 잘못된 데이터의 수록을 막는 데 유용하게 이용될 수 있습니다.

## Q 미토콘드리아 DNA가 일치한다는 것은 어떤 의미입니까?

A mtDNA HV1 및 HV2 염기서열이 서로 일치하는 경우는 서로

'동일인 또는 동일 모계의 후손임을 부정(배제)할 수 없다'는 의미입니다. 그러나 mtDNA는 하나의 좌위처럼 유전되기 때문에 mtDNA가 서로 일치하는 경우에도 법과학적으로 증거 가치는 제한적입니다. 데이터베이스 내에서 동일한 하플로타입이 얼마나 높은 빈도로 존재하는지를 셀 수 있지만, 데이터베이스의 크기가 작다면 일반적이지 않은 하플로타입은 발견되지 않을 수도 있습니다. 현재 60%의 mtDNA가 데이터베이스에 하나씩만 존재하고 있습니다. 통계적 계산 수치로 일치 확률을 표현하려는 연구는 지금도 계속되고 있습니다. 만약 비교한 두 염기서열이 하나의 염기만 차이가 난다면 돌연변이에 의한 결과일 수 있기 때문에 면밀한 검토가 필요하며, 대부분 '판정 불능'으로 처리하게 됩니다. 이는 모자간에도 돌연변이에 의해 한 염기가 차이가 날 수 있기 때문이며, 더 많은 모계 친척의 시료를 분석해보아야 합니다. 또한 두 염기서열이 두 개 이상의 염기에서 차이가 난다면 '불일치', 즉 '동일 모계가 부정됨(배제)'으로 처리하게 됩니다. mtDNA 분석 결과를 감정서에 기재할 때는 일반적인 핵 DNA STR 분석 결과와 혼동하지 않도록 주의 문구를 넣어주는 것이 좋습니다. 예를 들면 "동일 모계 관계의 모든 사람은 동일한 mtDNA 하플로타입을 가지게 됩니다" 또는 "동일 모계가 아닌 사람도 동일한 mtDNA 하플로타입을 가질 수 있습니다"라는 문구를 기재해 분석 결과에 대해 오해가 없도록 할 필요가 있습니다. Y-STR에서와 같이 mtDNA도 핵 DNA STR에서와 같은 개인식별력을 가지고 있지 않기 때문입니다.

14

# 최대한 많은 DNA를 확보하라

사건 현장에서 채취된 생물학적 증거물은 DNA감식 실험실에서 어떤 과정을 거쳐 최종 결과를 얻을 수 있을까요? 먼저 DNA감식의 단계 중 첫 번째인 DNA 정제와 DNA 정량에 대해 궁금한 점을 알아보겠습니다. 일선의 수사관이나 과학수사요원도 DNA감식이 각 과정별로 어떤 실험을 통해 이루어지는지 알고 있으면, 생물학적 증거물의 올바른 수집과 검사, 포장 및 보관 등에 도움이 될 것으로 생각합니다. 사건 현장에서 DNA감식의 대상이 되는 생물학적 시료를 찾는 것만큼 실험실에서 중요한 과정이 DNA 정제와 정량입니다. 얼마나 많은 양의 DNA를 얼마나 순수하게 정제할 수 있는지가 DNA감식의 성공에 결정적인 요인이 됩니다. 정제된 DNA는 한 번의 실험으로 전량 소모

되는 것이 아니라, 사건 해결과 범행 입증을 위해 여러 번에 걸쳐 실험에 사용되며, 남은 DNA는 미래에 개발될 신기술을 적용하기 위해 냉동상태로 보관됩니다. 정제된 DNA의 양을 측정하는 정량 과정은 최적의 PCR 증폭을 위해 필요합니다. 현재 DNA감식의 핵심 기술 중 하나는 다수의 STR 마커들을 한 번의 반응으로 동시 증폭하는 것인데, DNA의 양이 너무 많거나 너무 적으면 좋은 결과를 얻을 수 없기 때문입니다.

## Q DNA를 정제하는 방법에는 어떤 것들이 있나요?

**A** 세포 속에는 DNA 이외에도 단백질을 비롯한 수없이 많은 다양한 물질이 함께 존재합니다. DNA감식을 위해 DNA만을 순수하게 분리하는 과정이 필요하며, 정제된 DNA의 양과 질이 DNA감식의 성공을 좌우할 정도로 매우 중요한 과정입니다. DNA 정제 과정은 크게 세 단계로 나눌 수 있습니다. 첫 번째는 세포를 둘러싸고 있는 막을 파괴하는 것이고, 두 번째는 단백질을 변성시키는 것이며, 마지막은 세포의 다른 성분들로부터 DNA만을 순수하게 분리하는 것입니다. DNA감식 분야에서 초창기에 사용되었던 전통적인 DNA 정제 방법은 chelex-100이라는 레진(resin)을 사용하는 것인데, chelex는 $Mg^{2+}$ 같은 2가 금속이온에 대해 강한 흡착력을 갖습니다. chelex-100을 이용한 DNA 정제 과정은 매우 간단한데, 5% chelex-100 용액을 넣어주고 56°C도에서 30분, 100°C에서 10분 정도 처리하는 것이 전부입

니다. chelex-100을 이용한 DNA 정제 방법은 매우 빠르고 간단하며, 비용도 저렴하고, 인체에 무해하며, 다양한 종류의 법과학 시료에 적용할 수 있다는 장점을 가지고 있습니다. 1990년대 중반까지 DNA감식 실험실에서 일반적으로 사용되었던 또 다른 DNA 정제 방법은 유기 용매인 페놀-클로로포름(phenol-chloroform)을 이용하는 것입니다. 페놀법은 아직도 일부 법과학 실험실에서 사용되고 있는데, 토양이나 뼈에서 DNA를 정제할 때 유용한 방법이기 때문입니다. 세포를 파괴시키고 페놀-클로로포름 용액을 넣어준 후 혼합해주고 원심분리하면 위쪽의 수층과 아래쪽의 페놀층 사이의 경계면에 단백질층이 형성됩니다. 위쪽의 수층을 따서 두세 번 더 같은 과정을 반복하면 순수한 DNA를 정제할 수 있는데, 독성이 너무 강하고 정제 과정이 복잡하다는 단점이 있어 점차 실험실에서 사라지고 있습니다. 현재 많은 DNA 감식 실험실에서 사용하고 있는 상용화된 DNA 정제 키트는 실리카(silica) 또는 유리구슬을 이용하는데, 실리카는 조건을 맞춰주면 DNA와 강하게 결합하는 성질을 가지고 있습니다. 실리카를 이용한 DNA 정제 방법은 자동화가 쉽고 비교적 큰 사이즈의 DNA를 정제할 수 있으며, 독성이 없다는 장점이 있습니다. 이 밖에도 최근 구강 타액이나 혈액을 채취하고 보관하기 위해 FTA 카드를 이용하는 실험실이 많아졌습니다. FTA 카드에 채취된 시료는 상온에서 오랫동안 보관해도 부패되거나 DNA가 파괴되는 문제가 없습니다. 또한 FTA 카드에 채취된 시료는 복잡한 DNA 정제 과정을 거치지 않고도 바로 PCR 증폭을 할 수 있다는 장점도 가지고 있습니다.

## Q DNA감식 시료로부터 얼마나 많은 DNA를 정제할 수 있나요?

A DNA감식의 대상이 되는 각종 생물학적 시료들로부터 얻을 수 있는 DNA의 양은 시료의 종류에 따라 크게 차이가 납니다. 세포 하나에는 약 6pg의 DNA가 들어 있습니다. 단위 부피당 가장 많은 DNA를 얻을 수 있는 시료는 정액인데, 현미경을 통해 정액을 관찰해보면 정말 많은 정자들을 관찰할 수 있습니다. 대략 1mL의 정액 속에는 약 6,600만 개의 정자가 들어 있고, 한 번에 약 2.75mL의 정액이 사정되므로 이로부터 10만ng 이상의 DNA를 정제할 수 있습니다. 이에 비해 혈액 1mL 속에는 5,000~10,000개의 백혈구가 존재해 정액에 비해 훨씬 적은 DNA를 정제할 수 있습니다. 소변이나 뼈, 피부 상피세포 등으로부터는 매우 적은 양의 DNA만 얻을 수 있어, 미량 DNA(Trace DNA) 시료로 취급하고 있습니다.

## Q 정제된 DNA는 어떻게 보관되나요?

A DNA감식을 위해 사용하고 남은 DNA 잔량은 일반적으로 -20°C에서 보관되며, 보존기간이 긴 경우에는 -80°C에서 보관됩니다. 상온이나 냉장 상태에서는 DNA를 분해하는 뉴클레아제(Nuclease)의 활성에 의해 DNA가 파괴될 수 있기 때문입니다. 국립과학수사연구원에서는 미해결 사건의 범죄 현장에서 확보된 DNA 잔량을 재분석 또는 추가 분석을 위해 2차원 바코드 튜브에 넣어 -20°C 상태를 유지

하는 첨단 관리 시스템에 보관하고 있습니다. DNA 잔량 관리는 미래의 기술 개발에 대비하는 의미도 있는데, DNA감식 기술이 하루가 다르게 발전하고 있기 때문입니다.

### Q 여성의 질 상피세포와 혼합된 정자의 DNA를 정제하는 방법이 있나요?

A 혈액이나 상피세포로부터 DNA를 정제하는 방법은 위의 일반적인 방법을 사용하면 문제가 없지만 정액, 특히 질액 등과 혼합된 정액에서 정자의 DNA만을 정제하기 위해서는 특별한 방법을 이용해야 합니다. 정액 시료는 특히 강간 등 성폭력 사건에서 범행 입증에 중요한 증거물입니다. 정액 속의 정자는 머리, 중간부, 꼬리의 세 부분으로 구분되는데, 핵 DNA는 머리 부분에 들어 있습니다. 정자의 머리 부분은 시스테인 단백질이 풍부하여 매우 단단한 구조를 형성하고 있으며, 단백질 분해효소만으로는 파괴되지 않고, DNA 정제를 위해서는 DTT(dithiothreitol) 같은 강력한 환원제를 처리하여야 합니다. 피해 여성의 질 상피세포와 범인의 정자로부터 이러한 차이를 이용해 각각의 DNA를 정제할 수 있습니다. 최근에는 현미경을 보면서 정자만을 오려내 모을 수 있는 Laser micro-dissection 장비를 이용하거나, 미세유체역학(microfluidics) 기술을 이용해 질 상피세포와 정자를 분획할 수 있습니다.

## Q 모발 모간부에서도 DNA를 정제할 수 있나요?

A 모발은 세포가 붙어 있는 모근부(hair root)와 세포가 존재하지 않는 모간부(hair shaft)로 나눌 수 있습니다. 모근부의 세포로부터 일반적인 방법으로 쉽게 핵 DNA를 정제할 수 있지만, 세포가 없는 모간부에서는 미토콘드리아 DNA만 정제할 수 있습니다. 자연 탈락된 모발은 모근부에 세포가 붙어 있지 않아 핵 DNA를 정제할 수 없습니다. 모발 모간부에서 미토콘드리아 DNA를 정제하려면 먼저 중성세제를 사용해 모발을 깨끗이 세척하고, DTT를 처리해 케라틴 단백질을 분해해야 합니다. 차량 유리에 끼어 끊어진 모발이나, 각종 사건 현장과 피해자의 신체에서 수거된 모발은 매우 중요한 증거물이기 때문에 미토콘드리아 DNA 분석도 큰 의미를 가질 수 있습니다.

## Q 단단한 뼈에서 DNA를 정제하는 가장 좋은 방법은 무엇인가요?

A 사망한 지 오래되면 조직은 모두 부패되고 뼈와 치아만 남는 경우가 있습니다. 뼈 속에는 핵을 가지고 있는 골세포(osteocyte)가 존재하며, 오랜 시간 동안 파괴되지 않고 보존될 수 있습니다. 먼저 그라인더를 이용해 뼈의 겉면을 깨끗이 갈아내고, 0.5M EDTA를 이용해 칼슘을 제거합니다. 실험실에 따라 뼈를 가루로 만든 후 EDTA를 처리하기도 합니다. 칼슘이 제거된 뼈는 말랑말랑한 상태가 되는데, 수술용 메스를 사용해 얇게 썰어 DNA 정제 과정을 진행하면 됩니다. 대퇴

골처럼 매우 단단한 뼈는 EDTA 용액을 몇 번 갈아주며 약 2주 정도 처리해야 칼슘이 충분히 제거될 수 있어 DNA감식 시간이 길어지게 됩니다. 연골의 경우에는 칼슘 제거 과정을 생략하고 DNA를 정제해도 문제가 없는 경우도 있기 때문에 시료의 상태를 판단해 우선적으로 의뢰하는 것이 좋습니다.

## Q 정제된 DNA의 양은 어떻게 측정하나요?

**A** 정제된 DNA 양의 정확한 측정은 이어지는 PCR 증폭 과정의 성공을 좌우합니다. 현재 사용하고 있는 STR 분석 키트는 20개 이상의 마커를 동시에 증폭하는 다중증폭(multiplex PCR) 키트이기 때문에 적절한 농도의 DNA를 넣어주어야 모든 마커들이 골고루 잘 증폭되기 때문입니다. 일반적으로 최적의 DNA 농도는 1ng/uL인데, 이보다 많거나 적으면 DNA감식 결과를 해석할 때 어려움을 겪을 수 있습니다. 구강 면봉이나 혈액처럼 정제된 DNA의 농도를 비교적 잘 추정할 수 있는 경우에는 DNA 정량 과정을 생략할 수 있지만, 대부분의 현장 증거물은 얼마나 많은 세포가 채취되었는지 추정할 수 없기 때문에 DNA 정량 과정을 거쳐야 합니다. 전통적인 DNA 정량 방법은 아가로스 겔 전기영동법인데, 비교적 빠르고 쉽게 DNA의 양을 측정할 수 있으며, 정제된 DNA의 크기도 알 수 있다는 장점이 있습니다. 그러나 인간의 DNA만을 정량할 수 없고, 정량값이 정확하지 않으며, 민감도가 떨어져 낮은 농도의 DNA는 정량이 어렵다는 단점을 가지고 있습니다.

또 다른 DNA 정량 방법으로 UV 흡광도를 측정하는 방법이 있는데, DNA가 260nm의 자외선을 흡수하는 성질을 이용한 방법입니다. 그러나 UV 흡광도 측정법은 DNA감식 실험실에서는 거의 사용하고 있지 않은데, 낮은 농도의 DNA에 대한 측정값이 정확하지 않고 DNA 이외의 이물질에도 영향을 받을 수 있기 때문입니다. 그래서 형광 염색 시약을 이용하는 방법이 개발되었는데, PicoGreen 시약을 이용하는 방법이 대표적입니다. PicoGreen은 민감도가 매우 높아 DNA 정량에 유용하지만, 역시 인간 DNA에 특이적이지 않은 단점이 있습니다. 현

International Journal of Legal Medicine
https://doi.org/10.1007/s00414-019-02131-z

METHOD PAPER

## Development and forensic validation of human genomic DNA quantification kit

Jeongyong Kim[1] · Ju Yeon Jung[1] · So Yeun Kwon[1] · Pilwon Kang[1] · Hyunchul Park[1] · Ki min Seong[1] · Tae ue Kim[2] · Hyeon Kyu Yoon[3] · Si-Keun Lim[1,4]

Received: 19 February 2019 / Accepted: 26 July 2019


**Abstract**
DNA quantification is an essential step for successful multiplex short tandem repeat (STR) polymerase chain reactions (PCR), which are used for confirming identities using human genomic DNA. The new DNA quantification kit, named the National Forensic Service Quantification (NFSQ) kit, simultaneously provides total human DNA concentration, human male DNA concentration, and a DNA degradation index (DI) using multiplex TaqMan fluorescent probes. The NFSQ was validated according to developmental validation guidelines from the SWGDAM and MIQE. NFSQ detected up to 0.00128 ng/μL and could detect male DNA up to a 1:8000 ratio of male to female DNA. In PCR inhibitor tests, NFSQ could measure DNA at a concentration of 200 ng/μL of humic acid and 600 μM of hematin. The NFSQ kit showed a DI value trend similar to other qPCR kits. In the reproducibility study, the coefficient of variation of the NFSQ kit was within 10%. The quantitative results of the casework samples obtained using the NFSQ kit were consistent with the STR interpretation results. The NFSQ kit can be useful in the human identification process, as it has detection capabilities similar to those of other comparable quantification kits.

**Keywords** DNA quantification · Forensic science · Real-time PCR · Short tandem repeat

참고문헌: International Journal of Legal Medicine 2019
doi: 10.1007/s00414-019-02131-z

재 많은 DNA감식 실험실에서 사용되고 있는 DNA 정량 방법은 실시간 증폭법(real-time PCR)입니다. 이 방법은 말 그대로 증폭 산물의 양을 실시간으로 모니터링할 수 있는 방법인데, SYBR Green이나 TaqMan 시스템이 대표적입니다. 실시간 증폭법은 민감도가 매우 높을 뿐 아니라 인간의 DNA만을 특이적으로 정량할 수 있으며, 다른 방법에 비해 사람의 노동력을 줄일 수 있다는 장점이 있습니다. 최근에는 DNA의 파괴 정도, 남성 DNA 및 미토콘드리아 DNA를 정량할 수 있는 실시간 증폭 키트도 개발되어 사용되고 있습니다. DNA 정제 방법 중 미국 프로메가(Promega) 사에서 개발된 DNA IQ system과 AB(Applied Biosystem) 사에서 개발된 PrepFiler는 실리카로 코팅된 자성을 띤 구슬을 이용하는데, DNA와 결합할 수 있는 최대치를 알 수 있어 별도의 정량 과정 없이도 정제된 DNA의 양을 추정할 수 있으며, 대량 시료의 처리를 위한 자동화 시스템에 적용할 수 있다는 장점이 있습니다.

15

# 핵심 기술 – PCR 증폭

어떻게 눈에 보이지도 않는 극미량의 혈흔이나 접촉 증거물의 피부 세포에서도 범인의 DNA 프로필을 얻을 수 있을까요? DNA감식 초기에는 상상조차 할 수 없었던 일들을 가능하게 만든 것은 무엇일까요? 범죄자들도 점점 지능화되어 자신의 증거물을 남기지 않으려 노력하고 있지만, DNA감식 기술의 발전은 이보다 조금 더 앞서가고 있습니다. 범죄 현장에서 발견된 극미량의 DNA만으로도 DNA감식을 성공적으로 수행할 수 있게 된 것은 'PCR(Polymerase Chain Reaction)'이라는 증폭 기술이 개발되었기 때문입니다. PCR은 DNA상의 특정 부위를 수천만 배로 증폭할 수 있는 기술인데, DNA감식에서는 물론이고 생명과학의 모든 분야에 혁명적인 발전을 가져온 핵심 기술입니다. PCR

기술이 개발되기 이전에도 DNA감식이 가능하였지만, 당시에는 증거물에서 엄청나게 많은 DNA를 정제해야 했기 때문에 미량의 DNA는 분석할 수 없었습니다. 마치 복사기처럼 DNA를 증폭할 수 있는 PCR 기술이 DNA감식에 어떻게 이용되고 있는지 알아보겠습니다.

## Q PCR 기술은 언제, 누가 개발하였나요?

A PCR 기술은 1985년 캐리 멀리스(Kary Mullis)와 시터스(Cetus Corporation) 사에 의해 개발되었으며, 멀리스는 이 공로로 1993년 노벨 화학상을 수상하였습니다. 세포가 분열할 때마다 DNA도 복제되어야 하는데, PCR 기술의 기본 개념은 세포 속에서 일어나는 DNA 복제 과정을 시험관 안으로 옮겨놓은 것입니다. 실험실에서 PCR 증폭을 수행하려면 온도가 조절될 수 있는 특수한 장비(thermal cycler)가 있어야 하는데, 빠른 속도로 온도를 올리고 내릴 수 있도록 개발되었습니다. 지금까지 매우 다양한 PCR 증폭 방법이 목적에 맞게 개발되어왔으며, DNA를 정량하는 실시간 PCR 기법도 이 중 하나입니다. 동시에 여러 DNA 부분을 증폭하는 것을 다중증폭(multiplex PCR)이라고 하는데, STR 분석에 사용되고 있습니다. PCR 증폭 과정이 성공적으로 수행되었는지는 아가로스 겔 전기영동을 통해 쉽게 확인할 수 있습니다.

## Q PCR 기술은 DNA감식에 어떻게 이용되고 있나요?

A PCR 기술은 1988년 처음으로 DNA감식에 적용되었는데, HLA-DQ*α* 마커를 개인 식별에 이용한 것이 최초입니다. 범죄 현장으로부터의 증거물은 DNA가 심하게 파괴된 상태인 경우가 많은데, 초창기에 이용되었던 마커들은 PCR 증폭 산물의 크기가 비교적 커서 상태가 좋지 않은 증거물은 분석이 불가능하였습니다. 이런 이유로 VNTRs와 AMP-FLPs 마커들은 오래 이용되지 못했고, 이어서 등장한 STR 마커들이 널리 이용되기 시작하였습니다. STRs는 증폭 산물의 크기가 작아 파괴된 DNA도 분석이 가능하고 여러 개의 마커들을 동시에 증폭할 수 있는 장점이 있어 현재 DNA감식의 표준으로 자리 잡고 있습니다. 현재도 동시에 증폭할 수 있도록 STR 마커의 수가 추가된 키트들이 계속 개발되어 소개되고 있습니다.

## Q PCR 증폭을 위해 필요한 것은 무엇인가요?

A PCR 증폭 반응을 위해 필요한 것은 ① 증폭하고자 하는 DNA, ② 적어도 2개의 프라이머(primers), ③ 열에 안정적인 DNA 합성효소(DNA polymerase), ④ $MgCl_2$, ⑤ 네 가지 뉴클레오티드(A, G, T, C), ⑥ 버퍼 용액입니다. 증폭하고자 하는 DNA의 양은 PCR 증폭의 민감도와 성공을 좌우하는데, 너무 많거나 너무 적으면 증폭이 되지 않거나 깨끗한 결과를 얻기 어렵습니다. 일반적으로 0.5~2.5ng 사이의 DNA 농

도에서 가장 좋은 결과를 얻을 수 있는데, 이는 약 166~833개의 세포에 해당합니다.

| Reagent | Optimal Concentration |
|---|---|
| Tris-HCl, pH 8.3 (25°C) | 10–50 mM |
| Magnesium chloride | 1.2–2.5 mM |
| Potassium chloride | 50 mM |
| Deoxynucleotide triphosphates (dNTPs) | 200 μM each dATP, dTTP, dCTP, dGTP |
| DNA polymerase, thermal stable[a] | 0.5–5 U |
| Bovine serum albumin (BSA) | 100 μg/mL |
| Primers | 0.1–1.0 μM |
| Template DNA | 1–10 ng genomic DNA |

[a]*Taq and TaqGold are the two most common thermal stable polymerases used for PCR.*

PCR 기술이 개발된 초기에는 대장균에서 DNA 합성효소를 정제하여 사용하였는데, 높은 온도(94°C)에서 활성을 잃어버리기 때문에 매 증폭 사이클마다 새로 넣어주어야 했습니다. 이후 1960년대 미국의 옐로스톤 국립공원 내 온천에서 발견된 호열세균(thermophilic bacteria)인 테르무스 아쿠아티쿠스(Thermus aquaticus)로부터 열에 안정적인 DNA 합성효소(Taq polymerase)를 정제하여 PCR에 사용하게 되었는데, 72~80°C에서 최적의 활성을 갖기 때문에 30회 이상의 사이클까지도 활성을 유지할 수 있습니다. 또한 상온에서 활성을 갖는 대장균의 DNA 합성효소에 비해 Taq polymerase는 상온에서는 활성을 갖지 않아 특정 DNA만을 증폭할 수 있으며, 민감도도 더 높은 장점을 가지고 있습니다. 현재 AmpliTaq Gold® polymerase가 일반적으로 사용되고 있는데, 95°C에서 10분 정도 반응시켜야 비로소 활성을 가지는 소위

'hot start'의 특성을 가지고 있어 비특이적 증폭을 막을 수 있습니다.

PCR 증폭을 위해 프라이머(primers)라는 짧은(18~30 뉴클레오티드) DNA 조각이 필요한데, 증폭하고자 하는 DNA 부분의 양쪽 끝에 붙어 DNA 합성을 시작하는 역할을 합니다. 즉 프라이머는 증폭하고자 하는 DNA 부분의 두 가닥에 하나씩 붙게 되는데, 각각을 정방향(forward) 프라이머와 역방향(reverse) 프라이머라고 합니다.

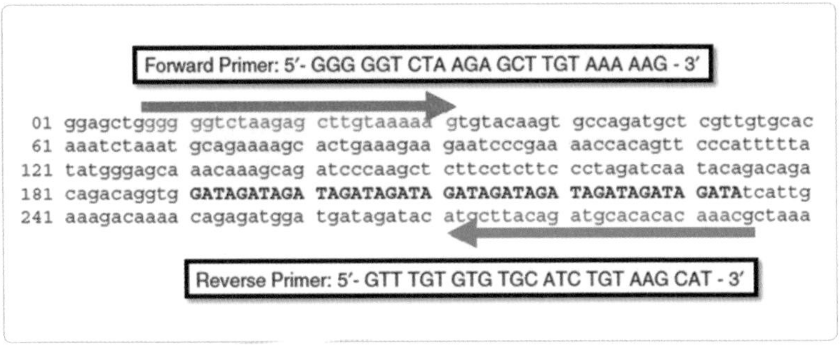

Forward Primer: 5′- GGG GGT CTA AGA GCT TGT AAA AAG - 3′

```
 01 ggagctgggg ggtctaagag cttgtaaaaa gtgtacaagt gccagatgct cgttgtgcac
 61 aaatctaaat gcagaaaagc actgaaagaa gaatcccgaa aaccacagtt cccattttta
121 tatgggagca aacaaagcag atcccaagct cttcctcttc cctagatcaa tacagacaga
181 cagacaggtg GATAGATAGA TAGATAGATA GATAGATAGA TAGATAGATA GATAtcattg
241 aaagacaaaa cagagatgga tgatagatac atgcttacag atgcacacac aaacgctaaa
```

Reverse Primer: 5′- GTT TGT GTG TGC ATC TGT AAG CAT - 3′

성공적인 PCR 증폭을 위해서는 프라이머의 설계가 매우 중요합니다. 프라이머는 증폭 대상 DNA의 말단에만 특이적으로 붙어야 하며, 프라이머끼리 혹은 프라이머 자체 내에서 붙으면 안 됩니다. 프라이머가 DNA에 붙는 온도를 '어닐링(annealing) 온도'라고 하는데, 일반적으로 50~65°C 사이가 되도록 컴퓨터 소프트웨어를 사용해 염기서열을 설계합니다. PCR 증폭 반응액에 넣어주는 $MgCl_2$는 프라이머와 DNA 사이의 결합을 안정화시켜주고, Taq polymerase의 활성을 위해 필요한데, 일반적으로 1.5mM~2.5mM로 맞춰줍니다. DNA를 구성하는 네 종류의 염기(A, T, G, C)는 각 200uM의 농도로 넣어줍니다.

## Q PCR 증폭은 어떤 과정을 거치나요?

A 이론적으로 하나의 DNA는 30회의 증폭 과정을 통해 10억 배로 늘어날 수 있지만, 실제로는 약 1,000만 배 정도로 증폭됩니다. PCR 과정은 세 단계로 구성되는데, 1단계는 이중 나선 구조의 DNA가 하나씩 떨어져 단일 나선이 되는 '변성(denaturation)'이며, 2단계는 넣어준 프라이머가 증폭하고자 하는 특정 DNA 부위에 결합하는 '어닐링(annealing)'이고, 마지막 3단계는 프라이머의 말단으로부터 DNA 합성 효소에 의해 새로운 DNA가 만들어지는 '신장(extension)'입니다. 1단계에서 DNA의 이중 나선을 변성시키려면 온도를 94°C로 올려주어 두 DNA 가닥 사이의 수소결합을 끊어주어야 합니다. 온도를 50~65°C 정도로 낮춰주면 짧은 DNA 조각인 프라이머가 상보적인 DNA 부위에 결합하게 됩니다. 다음으로 온도를 다시 72°C로 올려주면, Taq polymerase가 작동하여 1초당 40~60개의 속도로 DNA 합성이 시작됩니다. 일반적인 PCR 증폭 과정은 28~32회 반복되는데, 최대 34회까지 늘리기도 합니다. 그러나 PCR 증폭 횟수를 증가시키는 것이 민감도의 향상에 항상 도움이 되지는 않으며, 결과가 지저분하여 해석을 더욱 어렵게 할 수도 있습니다. 반복적인 과정을 통해 증폭이 끝나면 60~70°C 사이의 온도에서 약 1시간 정도 유지시켜 증폭된 DNA의 끝이 모두 아데닌이 되도록 해줍니다.

## Q PCR 증폭기는 어떤 장비인가요?

A DNA 합성 과정을 반복적으로 수행하기 위해 개발된 장비가 증폭기(Thermal cycler)입니다. 미리 입력된 프로그램에 따라 PCR 튜브의

Printed in the Republic of Korea
ANALYTICAL SCIENCE & TECHNOLOGY
Vol. 29, No. 2, 79-84, 2016
http://dx.doi.org/10.5806/AST.2016.29.2.79

**Performance of MiniPCR™ mini8, a portable thermal cycler**

**Han-Sol Kwon, Hyun-Chul Park, Kyungmyung Lee, Sanghyun An, Yu-Li Oh, Eu-Ree Ahn, Ju Yeon Jung and Si-Keun Lim***
*Forensic DNA Division, National Forensic Service, Wonju 220-170, Korea*
(Received November 24, 2015; Revised March 20, 2016; Accepted April 20, 2016)

**휴대용 DNA증폭기 MiniPCR™ mini8 Thermal Cycler의 성능 검토**

**권한솔 · 박현철 · 이경명 · 안상현 · 오유리 · 안으리 · 정주연 · 임시근***
국립과학수사연구원 법유전자과
(2015. 11. 24. 접수, 2016. 3. 20. 수정, 2016. 4. 20. 승인)

**Abstract:** A small and inexpensive thermal cycler (PCR machine), known as the MiniPCR™ Mini8 Thermal Cycler (Amplyus, Cambridge, MA, USA), was developed. In this study, the performance of this PCR machine was compared with the GeneAmp® PCR system 9700 (Applied Biosystems) using four autosomal short tandem repeat (STR) kits, a Y-chromosome STR kit, and a mitochondrial DNA HV1/HV2 sequence analysis. The sensitivity and stochastic effects of the STR multiplex kits and the quality of the DNA sequence analysis were similar between the two PCR machines. The MiniPCR™ Mini8 Thermal Cycler could be used for analyses at forensic DNA laboratories and crime scenes. The cost of the PCR is so economical that school laboratories and individuals could use the machines.

**요 약:** 최근 손안에 들어올 정도로 크기가 작아 범죄현장 등에서 사용이 가능하며, 다른 일반적인 장비들에 비해 가격이 1/10이하로 저렴하여 누구나 사용할 수 있는 MiniPCR™ mini8 Thermal Cycler (Amplyus, Cambridge, MA, USA)가 개발되었다. 본 연구에서는 DNA감식에 일반적으로 사용되고 네 가지 종류의 상염색체 STR 다중증폭 키트들과 한 종류의 Y 염색체 STR 증폭키트, 그리고 미토콘드리아 DNA HV1/HV2의 염기서열 분석법을 사용하여 MiniPCR™ mini8 Thermal Cycler의 성능을 Applied Biosystems사의 GeneAmp® PCR system 9700와 비교하였다. STR 다중증폭키트 키트들의 민감도와 증폭 불균형 정도를 비교한 결과 두 PCR 장비에서 큰 차이가 없었으며, 미토콘드리아 DNA HV1/HV2의 염기서열 분석 결과도 동등하였다. MiniPCR™ mini8 Thermal Cycler는 DNA 감식 실험실은 물론이고, 가격이 저렴해 학교와 개인이 간편하게 사용할 수 있으며, 휴대가 간편해 차량이나 야외에서 활용 될 수 있을 것으로 기대된다.

**Key words:** MiniPCR™ mini8 Thermal Cycler, GeneAmp® PCR system 9700, performance, STR multiplex kits, mtDNA HV1/HV2

참고문헌: 분석과학 2016 29(2):79–84

온도를 50~94°C까지 올리고 내려주는 것이 증폭기의 기능인데, 얼마나 빠른 속도로 온도를 높이고 내릴 수 있는지, 얼마나 정확하게 온도를 유지할 수 있는지가 장비의 성능을 좌우합니다. 매우 다양한 증폭기가 사용되고 있는데, DNA감식 결과의 신뢰성 확보를 위해 증폭기는 정기적으로 점검하고 교정을 받아야 합니다. PCR 증폭 반응은 보통 플라스틱 재질의 튜브 내에서 수행되는데, 튜브의 벽이 얇을수록 열전달에 유리합니다. 일반적으로 200㎕ 부피의 튜브를 사용하는데, 8개의 튜브가 붙어 있는 스트립(strip)이 주로 사용되고 있습니다. 대량의 시료를 증폭하는 경우에는 96개 또는 384개의 튜브를 합친 형태의 판(plate)을 사용하는 것이 좋습니다. 또한 많은 노동력을 필요로 하는 PCR 준비 과정은 로봇 시스템(Liquid handler)을 이용해 자동화할 수 있으며, 이는 오염 방지에도 유리한 장점이 있습니다.

### Q PCR 증폭을 저해하는 물질이 있나요?

**A** 일반적인 생물학 연구 시료와 달리 DNA감식의 대상이 되는 범죄 현장의 생물학적 증거물들은 여러 가지 물질에 의해 오염되어 있는 경우가 많습니다. 이들 오염물질 중에는 PCR 증폭을 억제하는 것들도 있는데, DNA를 정제할 때 완벽하게 제거되지 않기 때문입니다. PCR 증폭 저해 물질은 주로 Taq polymerase의 활성을 억제하는데, 혈액 속 적혈구의 헴 그룹, 대변이나 식물 등에 들어 있는 담즙산염(bile salt) 또는 복잡한 다당류(polysaccharides), 토양 속의 부식산(humic acid), 소변의 요소(urea), 모발이나 조직의 멜라닌 색소, 청바지 등 의류의 청색 염색제(denim) 등이 대표적입니다. 일반적으로 사용되고 있는 실리카를 이용하는 DNA 정제 시약들은 PCR 증폭 저해 물질을 비교적 잘 제거할 수 있어 과거에 비해 큰 문제가 되지는 않습니다. 새로 개발되어 출시되고 있는 증폭 키트들도 PCR 증폭 저해 물질에 의한 영향이 크게 향상되고 있습니다. 만약 증거물에서 정제된 DNA의 양이 충분함에도 불구하고 PCR 증폭이 잘되지 않는 경우에는 저해 물질에 의한 영향인지 확인하고 이를 제거하거나 다시 DNA를 정제해야 합니다.

## Q PCR 과정에서의 오염을 막기 위해 주의해야 할 점이 있나요?

A PCR 증폭 기술의 개발로 몇 개의 세포만으로도 DNA 프로필을 얻을 수 있게 되었지만, 한편으로는 자신도 모르게 몇 개의 세포만 오염되어도 엉뚱한 DNA가 증폭될 수 있는 위험도 안게 되었습니다. 생물학적 증거물의 채취와 DNA감식 과정에서 오염이 발생하지 않도록 극도로 주의해야 하는 이유가 여기에 있습니다. 범죄 현장에서 증거물을 채취할 때 반드시 개인보호장구를 착용해야 하며, 수사 관계자와 DNA감식 실험자, 그리고 범죄 현장에서 발견될 수 있는 관련자들의 DNA 프로필을 미리 확보해 오염 여부를 확인할 수 있어야 합니다. 아무리 주의해도 오염은 언제든지 발생할 수 있으며, 오염과 별개로 사건과 관련 없는 DNA도 현장에 존재할 수 있다는 점을 항상 생

각해야 합니다. 범죄 현장은 철저하게 통제되어야 하며, 출입하는 사람의 수도 최소화해야 합니다. DNA감식 실험실 중에서도 PCR 반응액을 준비하는 실험실은 특히 오염이 발생하지 않도록 설계되어야 하고 항상 청결하게 관리되어야 합니다. PCR 실험실에서 발생하는 오염은 PCR 반응 시약, 장비, 그리고 실험자로부터 오기 때문에 실험자는 실험복, 마스크, 장갑 등 보호장구를 착용해야 합니다. 대조 증거물은 범죄 현장 증거물을 오염시킬 수 있기 때문에 서로 공간적, 시간적으로 구분하여 실험하는 것이 좋습니다. 특히 접촉 증거물과 같은 미량 DNA 시료의 분석은 별도의 공간과 시설을 이용하는 것이 오염을 원천적으로 막을 수 있습니다. DNA 정제와 PCR 준비실은 무균 작업대에서 수행되어야 합니다. 또한 오염 발생 여부를 알 수 있도록 반드시 PCR 음성 대조 시료를 사용해야 합니다. 또 다른 오염의 원인이 될 수 있기 때문에 PCR 증폭 산물은 절대로 PCR 준비실로 반입되어서는 안 됩니다. 규모가 큰 DNA감식 실험실에서는 DNA 정제와 PCR 준비를 담당하는 실험자와 PCR 증폭 산물의 분석을 담당하는 실험자를 구분하여 오염의 원인을 근본적으로 막는 곳도 있습니다.

## Q PCR 과정을 더 빨리 수행할 수 없나요?

A DNA 정제에서 증폭 산물의 분석까지 얼마의 시간이 필요할까요? 이 질문은 DNA감식에 대해 잘 알지 못하는 사람들이 가장 궁금해하는 것 중 하나입니다. 일반적으로 DNA감식 실험에만 최소 8시간

정도가 소요되는데, PCR 증폭 과정이 3시간 이상으로 가장 많은 시간을 차지하고 있습니다. 그러나 최근 출시되고 있는 새로운 STR 다중 증폭 키트들(GlobalFiler, PowerPlex Fusion 등)은 PCR 반응 시간이 1시간 30분 정도로 크게 단축되었습니다. 또한 'Rapid PCR' 장비를 개발해 PCR 증폭 시간을 단축하려는 노력도 계속되고 있습니다. DNA 정제 과정을 생략하고 곧바로 PCR 증폭을 수행할 수 있는 'Direct PCR' 키트도 DNA감식 시간 단축에 기여하고 있습니다. PCR 증폭 시간의 단축을 위한 이러한 연구 개발 노력들로 인해 DNA감식 소요 시간은 계속 줄어들고 있습니다.

## Q 미량 DNA 시료를 위한 특별한 PCR 증폭 방법이 있나요?

A 범죄 현장의 DNA감식 시료 중에는 DNA의 양이 극히 적은 미량 DNA 시료(trace DNA)가 있습니다. 대표적인 미량 DNA 시료는 피부 상피세포인데, 혈액이나 타액 등과 달리 DNA감식 성공률이 낮은 편입니다. 일반적으로 100pg 이하의 DNA를 미량 DNA로 취급하고 있는데, 약 15개의 세포에 해당되는 양입니다. DNA의 양이 적을수록 PCR 증폭 산물의 양도 줄어들 뿐 아니라 PCR 증폭 반응마다 동일한 결과를 얻을 수 없기도 합니다. 물고기가 많은 호수에서는 한 번의 그물질로 그 호수에 서식하는 모든 종류의 물고기를 잡을 수 있지만, 물고기가 적은 호수에서는 그물질을 할 때마다 잡히는 물고기 종류가 다를 수 있다는 것과 같은 이유입니다. 그래서 미량 DNA 시료의 DNA감식

을 위해서는 최소 두세 번의 PCR을 수행해야 하며, 결과 해석을 위한 가이드라인을 정해놓아야 합니다. 미량 DNA 시료의 성공적인 PCR은 전 세계 모든 DNA감식 실험실의 당면 과제인 것입니다.

16

# 모세관 전기영동과 결과 분석

필자는 1997년 1월 국립과학수사연구원 생물학과(현재는 법유전자과)에 입사했는데, DNA감식이 우리나라에 도입된 지 불과 6년 정도밖에 되지 않았던 시기였습니다. 당시 생물학과에는 면역연구실과 혈청연구실, 그리고 유전자분석실의 3개 실험실이 있었는데, 앞의 두 실험실에서는 주로 해리/흡착법을 이용해 혈흔, 정액반, 타액반, 모발에서 ABO식 혈액형을 분석하였고, 필요한 경우에 한해 유전자분석실에서 STR 분석을 수행하였습니다. 당시에 분석하였던 3~4개의 STR 마커는 개인식별지수가 불과 수만 명당 1명에 불과하였습니다. 그리고 하루에 분석할 수 있는 시료의 수도 아침부터 열심히 움직여도 얼마 되지 않았으며, 손에 물기가 마르지 않았습니다. 현재 일반적으로 사용되고 있는 모세관(capillary) 전기영동장치가 도입되기 전에는 유리판 사이에 겔을 굳혀 만드는 평판겔(slab-gel) 전기영동장치를 사용하였는데, 하루의 반은 겔을 만드는 데 소요되었습니다. PCR 증폭 산물의 전기영동이 끝난 후에는 사진 인화와 비슷한 방식인 질산은(silver nitrate) 염색법을 이용해 DNA 밴드를 염색하는데, 이 또한 쉬운 일이 아니었습니다. 매우 섬세한 손기술이 필요하였고, 수많은 반복을 거쳐야 능숙하게 실험할 수 있었습니다. 2000년대가 되어서야 DNA감식 실험실에 도입되기 시작해 현재에 이르고 있는 모세관 전기영동장치에 대해 궁금한 것들을 알아보겠습니다.

## Q 전기영동이란 무엇인가요?

A 전기영동(Electrophoresis)은 전하를 띠고 있는 물질이 전기장의 영향으로 이동하는 성질을 이용한 분리 방법입니다. DNA는 전기적으로 음성을 띠고 있으므로 전기영동하게 되면 음극에서 양극으로 이동하게 됩니다. 겔 매트릭스는 일종의 채 같은 역할을 하는데, 작은 크기의 물질이 더 빨리 이동하도록 해줍니다. DNA의 뼈대를 구성하는 인산기(phosphate groups)는 대부분의 버퍼 용액 속에서 수소 이온을 잃고 음성의 전하를 가지게 됩니다. 이때 전기장을 걸어주면 DNA는 음극(-)에서 양극(+)으로 이동하게 되며, 더 높은 전압을 걸어주면 DNA는 더 빨리 이동하게 됩니다. 1807년 러시아의 과학자 F. F. Reuss가 전기장에서 물질의 이동을 처음으로 관찰하였고, 1930년 스웨덴의 화

학자 티셀리우스(Arne Wilhelm Tiselius)는 전기를 이용해 단백질을 분리하는 방법을 소개하여 '전기영동'이라는 용어를 사용하였으며 이 공로로 1948년 노벨 화학상을 수상했습니다. 오늘날 전기영동은 혼합물을 성분별로 분리하는 많은 과학 분야에 응용되고 있으며, DNA감식을 위해 증폭된 DNA를 크기별로 분리하는 최적의 방법으로 자리 잡고 있습니다. DNA의 분리에는 물리적, 화학적 요인들이 영향을 줄 수 있는데, 겔 매트릭스, 분리 장치, 그리고 버퍼에 따라 전기영동의 양상이 크게 변할 수 있습니다. 옴의 법칙(Ohm's law)은 V=IR로 표현되는데, V는 전압(voltage), I는 전류(current), R은 저항(resistance)을 의미합니다. 즉 옴의 법칙은 "저항이 일정할 때 전압을 높여주면 전류가 증가한다"는 것으로서, 두 전극 사이에 전압이 가해지면 겔의 저항에 의해 전류가 영향을 받게 되는데, 저항을 일정하게 유지하면 전류와 전압은 비례적으로 증가한다는 것입니다. 전류가 증가하면 겔 사이를 이동하는 이온이 증가해 DNA의 이동도 빨라지게 됩니다. 전기장에서 이온이 이동하면 열이 발생하는데, 과도한 열은 분석 결과에 영향을 줄 수 있기 때문에 제거해주어야 합니다. 모세관은 평판겔에 비해 면적 대 부피비가 크기 때문에 열 제거에 보다 효과적인 장점이 있습니다.

### Q DNA의 평판겔 전기영동에 사용되는 겔에는 어떤 종류가 있나요?

A 일반적으로 DNA의 평판겔 전기영동에 사용되는 겔은 아가로

스(agarose)와 폴리아크릴아미드(polyacrylamide)의 두 가지 종류가 있습니다. 아가로스는 해초로부터 얻을 수 있는데, 우리가 먹는 한천과 같은 것입니다. 폴리아크릴아미드는 긴 다당류(polysaccharides)를 서로 연결시켜 만들 수 있습니다. 아가로스는 상대적으로 구멍의 크기가 커서 큰 DNA를 분리하는 데 주로 사용됩니다. 폴리아크릴아미드는 구멍의 크기가 아가로스보다 작아서 작은 크기의 DNA(PCR 증폭 산물 등)를 분리하는 데 주로 사용되는데, 단위체인 모노아크릴아미드(monoacrylamide)와 연결체인 비스아크릴아미드(N,N'-methylene-bis-acrylamide)가 공유결합에 의해 연결된 형태입니다. 두 가지 겔 모두 넣어주는 겔의 농도에 따라 구멍의 크기를 조절할 수 있습니다. 아가로스는 자연에서 얻어 독성이 없지만, 폴리아크릴아미드의 단위체인 모노아크릴아미드(monoacrylamide)는 신경독성이 강해 취급에 많은 주의가 필요한 물질입니다.

### Q 평판겔 전기영동의 결과는 어떻게 확인할 수 있나요?

A STR 분석법이 도입되기 전에는 VNTR(variable number of tandem repeats)이 DNA감식에 이용되었는데, 화성 연쇄살인사건을 다룬 〈살인의 추억〉이란 영화 말미에 나오는, 외국에 의뢰해 분석했던 증거물이 바로 VNTR 마커인 D1S80을 분석한 것입니다. PCR로 증폭된 DNA 산물은 수직 형태의 평판 폴리아크릴아미드 겔 전기영동을 통해 위에서 아래쪽으로 분리된 후 질산은 염색(silver staining)을 통해 결

과를 판독하였습니다. 질산은 염색법은 사진 현상과 같은 원리를 이용하는데, 겔상의 DNA만 선택적으로 염색됩니다. 이후 ABI 사에서 염색 과정이 필요 없는 겔 기반의 실시간 DNA 분석 장치인 ABI Prism® 373 및 377을 개발하였습니다. 1990년대 중반에 ABI Prism® 377은 DNA감식 실험실에서 가장 일반적인 분석 장비가 되었습니다. 또한 서로 다른 형광물질로 표지된 프라이머를 사용해 많은 수의 STR 마커를 동시 증폭하여 분석하게 된 것도 ABI Prism® 377의 개발 이후입니다.

## Q 모세관 전기영동은 어떤 분석 방법인가요?

**A** 모세관 전기영동(Capillary Electrophoresis)은 화약 잔사물, 폭발물, 마약, 필기구 잉크 성분 등의 분석에 이용되는 분석 장비인데, 1990년대 중반부터 DNA감식 분야에도 도입되기 시작해 현재는 DNA감식의 표준 분석 방법으로 자리 잡게 되었습니다. PCR 기술을 통해 증폭된 DNA는 모세관 전기영동장치를 이용해 분석됩니다. STR 다중증폭 키트는 16~24개의 DNA 마커를 동시에 증폭하기 때문에 한 튜브 내에 다양한 증폭 산물들이 혼재되어 있으며, 이들을 크기별로 분리하는 장비가 모세관 전기영동장치입니다. 모세관 전기영동장치는 일반적으로 100~400bp 크기의 DNA를 염기 하나의 차이까지 분리할 수 있어야 합니다. 또한 분석된 결과는 재현성이 있어야 하며, 다른 실험실에서 분석된 결과와도 비교할 수 있어야 합니다. DNA의 크기 차이를 이

용한 분리 방법은 평판겔 전기영동 같은 이전의 기술로도 가능하였지만, 모세관을 사용한 분리법은 몇 가지 장점을 가지고 있습니다. 첫 번째 장점은 전기영동 전 과정을 자동화할 수 있다는 점입니다. 두 번째 장점은 소량의 증폭 산물만으로도 분석이 가능해 재분석이 가능하다는 점이며, 세 번째 장점은 높은 전압을 걸어줄 수 있으므로 분석에 소요되는 시간이 짧아 대량의 시료를 분석할 수 있다는 점입니다. 이 밖에도 사용의 편리성과 시료 사이의 오염을 막을 수 있다는 장점도 가지고 있습니다.

## Q DNA 분리용 모세관 전기영동장치는 어떻게 발전되어왔나요?

**A** 2000년대 초반 소개된 ABI의 310 모델은 하나의 모세관이 장착되어 한 번에 하나의 시료를 분석할 수 있었습니다. 이후 한 번에 여러 개의 시료를 분석할 수 있도록 다발 형태의 모세관이 장착되기 시작했습니다. 3100과 3130xl은 16개의 시료를 동시에 분석할 수 있었으며, 3730은 48~96개의 시료를 한 번에 분석할 수 있습니다. 가장 최근에 선보인 3500xL 모델은 8~24개의 시료를 동시 분석할 수 있습니다. DNA감식의 수요가 급격히 증가하면서 모세관 전기영동장치에 의해 분석 속도가 좌우되기 시작했습니다.

## Q DNA 분리용 모세관 전기영동장치는 어떤 구조인가요?

A 모세관 전기영동장치의 핵심 구성물은 머리카락처럼 가는 모세관, 2개의 전극을 담고 있는 버퍼(buffer) 용기, 레이저와 형광검출기, 그리고 시료 주입(injection)과 검출을 조절하는 컴퓨터입니다. 모세관은 유리로 만들어지는데, 내부 직경이 50㎛로 매우 가늘고 길이는 약 25~75cm입니다. 모세관 전기영동에 사용되는 버퍼는 평판겔 전기영동에서와 동일하지만, DNA 분자가 통과하는 모세관 속에는 겔 매트릭스 대신 점성의 액체 폴리머(polymer)가 들어 있습니다. DNA 분자는 음극에서 양극으로 이동하는데, 더 작을수록 더 빨리 이동하게 됩니다. 모세관 안으로 시료를 주입하기 전에는 매번 새로운 폴리머로 갈아주는 과정이 필요하며, 시료마다 크기를 알고 있는 표준 DNA(size standards)를 넣어주어야 각기 다르게 전기영동된 시료들 사이의 차이를 보정할 수 있습니다. 모세관 전기영동은 평판겔 전기영동에 비해 10~100배 강한 전기장을 걸어줄 수 있는데, 이는 DNA를 더 빨리 이동시켜 분석시간을 줄일 수 있다는 의미입니다. 모세관의 끝 쪽에는 투명한 유리창이 있으며, 레이저로부터의 광원이 이동하는 DNA분자에 부착된 형광물질을 조사하고, 컴퓨터에 연결된 형광검출기가 이를 검출하게 됩니다. 형광의 강도는 DNA의 양에 비례하며, 컴퓨터가 그래프(electropherogram)를 그리게 됩니다.

## Q DNA와 섞어주는 포름아미드는 어떤 역할을 하나요?

A PCR 산물은 DNA의 두 가닥이 서로 결합하고 있는 상태인데, 포름아미드(Formamide)를 첨가해줌으로써 DNA를 단일 가닥으로 만들어 전기영동 시 DNA의 크기만으로 분리되도록 할 수 있습니다. 또한 PCR 산물 속에는 형광물질로 라벨된 DNA 이외에 염소(chloride)와 같은 작은 이온들이 들어 있는데, 이들은 모세관으로 주입될 때 DNA와 서로 경쟁하게 됩니다. 포름아미드는 모세관 주입 과정에서 염소 이온 등의 양을 감소시키는 역할도 하게 됩니다. 일반적으로 PCR 산물 1㎕와 포름아미드 9㎕를 섞어 시료를 준비합니다.

## Q PCR 증폭 산물의 크기는 어떻게 결정되나요?

A 전기영동은 절댓값을 측정하는 것이 아니고, 상댓값을 얻기 위한 방법입니다. 즉 겔상의 DNA 밴드는 자체로는 크기를 알 수 없고, 크기를 알고 있는 표준 사이즈 마커와 비교해야 크기를 알 수 있습니다. 그러므로 모세관 전기영동 시에는 PCR 증폭 산물에 표지된 형광물질과 다른 색의 형광물질로 표지된 표준 DNA 사이즈 마커를 함께 전기영동하게 됩니다. 전기영동으로 분리된 DNA의 크기는 GeneMapper ID 소프트웨어를 이용해 결정하게 됩니다.

제 3 장

# 성큼 다가온 미래 기술

Curious D&A Story – Find DNA Evidence!

1984년 영국의 유전학자 알렉 제프리스 박사로부터 시작된 DNA감식이 어느덧 35년의 역사를 가지게 되었다. 그동안 과학기술 분야는 실로 엄청난 발전을 거듭해왔으며, 특히 4차 산업혁명으로 일컬어지는 인터넷, 컴퓨터 기술과 인공지능은 모든 과학기술 분야에 큰 영향을 주었고, DNA감식 분야도 예외는 아니었다. 생명과학 분야에서도 세포 복제, CRISPR 유전자 가위, NGS, 개인 유전체 분석, 정밀 의학 등 혁명적인 발전이 있었다. 우리는 지금 명실상부한 생물학의 시대를 맞고 있다. 초기 VNTR 마커를 이용한 DNA감식은 STR 마커의 이용과 형광염색 시약의 개발을 통해 현재 20개 이상의 STR 마커를 다중증폭(Multiplex PCR)하는 수준에 이르고 있으며, Slab gel 전기영동은 마이크로 어레이를 이용한 전기영동으로 발전해왔고, 대량의 시료를 빠른 시간 내에 분석할 수 있게 되었다. 또한 1995년 영국에서 시작된 범죄자 DNA 데이터베이스는 수사의 패러다임을 바꾸어놓았다. DNA감식이 법과학의 혁명적 사건이었다면, DNA 데이터베이스 구축은 DNA감식 분야의 혁명이었다. 1991년 화성 연쇄살인사건을 계기로 시작된 우리나라의 DNA감식 역사도 그리 짧은 것은 아니다. 2010년부터 범죄자 DNA 데이터베이스를 구축하였고, 2015년에는 살인사건

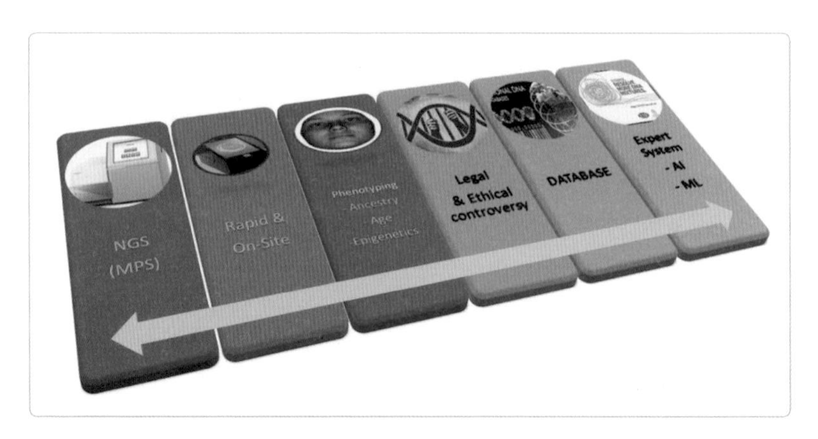


DNA감식 분야의 최근 핫 이슈

에 대해 공소시효가 없어졌다. 2000년 이후 발생한 미제 사건에서 확보한 DNA를 재분석해 DNA 데이터베이스에 수록할 수 있다면 언젠가는 일치하는 범인이 검색될 수 있게 된 것이다. 그리고 2019년 9월, 영구히 풀리지 않을 것 같았던 화성 연쇄살인사건의 범인을 찾았다. DNA감식 기술의 발전과 DNA 데이터베이스 덕분이었다.

용의자가 특정되지 않아 해결되지 않은 미제 사건들에서 DNA만 확보되어 있다면, 용의자를 추정하거나 용의자의 수를 축소시켜줄 수 있는 다양한 정보를 얻을 수 있다. 새로운 생물학으로 주목받고 있는 후성유전학적 연구, 특히 DNA 메틸화 분석을 통해 인체 분비물과 조직의 유래, 범인의 나이, 그리고 흡연 등 생활 습관까지도 추정할 수 있다. 다양한 SNPs 분석을 통해 범인의 생물지리학적 조상 정보, 외향특성(EVCs: Externally Visible Characteristics), 그리고 기타 고유한 개인 특성들을 추정할 수 있다. 최근에는 DNA 분석을 통해 범인의 얼굴을 그리는, 소위 'DNA 몽타주'까지 등장해 미국 등에서는 실제로 미제 사건 해결에 결정적 도움을 주고 있다. 크기가 작고 분석 과정이 자동화된 분석 장비가 개발되어 이제는 범죄 현장이나 경찰서 사무실에서 쉽고 빠르게 DNA감식을 할 수 있게 되었다. 최근 IS 지도자 알바그다디의 신원확인에도 현장용 신속 DNA감식(Rapid DNA) 장비가 사용된 것으로 알려지고 있다. 실험실 기반의 법과학과 범죄 현장 과학의 경계가 없어지고 있다. 전 세계 대부분의 DNA감식 실험실에서 직면한 가장 어려운 문제는 극미량 또는 혼합된 분석 결과의 해석일 것이다. AI(인공지능)를 비롯한 ICT 기술의 도움은 이러한 도전을 극복하는 데 크게 기여할 것으로 기대되고 있다. DNA감식 기술은 더욱 민감하고, 더욱 빠르고, 더욱 많은 정보를 얻는 방향으로 지금도 계속 진화하고 있다. 한편 우리가 DNA로부터 더 많은 정보를 얻게 될수록 개인의 프라이버

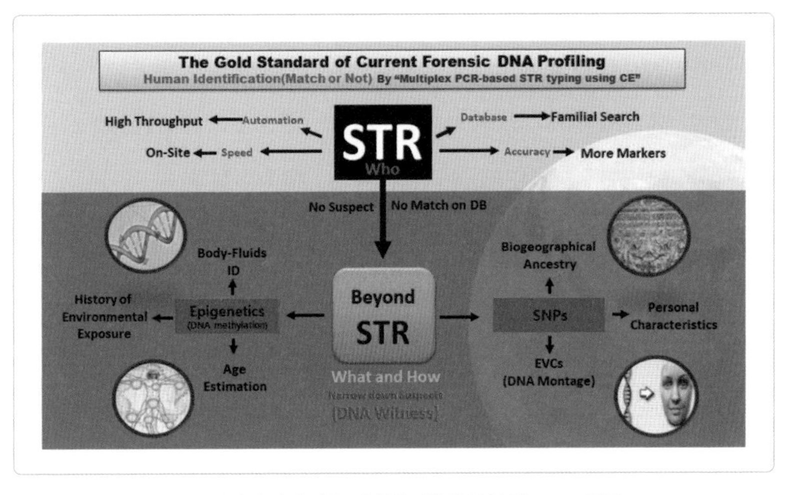


DNA감식의 미래 기술: 후성유전학적 분석 및 SNPs 분석

시 침해 등 법적, 윤리적 논쟁도 더욱 뜨거워지고 있다. 이미 현실이 되어버린 영화 같은 DNA감식 기술이 가져올 영향은 예측하기도 어렵다.

## 후성유전학의 시대, 연령 추정과 조직 식별

지금까지 우리는 생물학 수업에서 다윈의 진화론만이 진리인 것으로 배워왔다. 그런데 최근 들어 우리가 살아가면서 겪게 되는 환경, 음식, 생활 습관 등에 의해 DNA에 변화가 생기고 이것이 자손에게로 유전된다는 사실이 밝혀지고 있다. 소위 '후성유전학(Epigenetics)'이라는 학문 분야가 생겨났다. DNA 염기서열은 바뀌지 않으면서 생기는 DNA의 변화 중 대표적인 것이 메틸화(Methylation)이다. DNA 메틸화는 주로 유전자 발현의 조절에 관여하지만, 법과학 분야에서는 인체 분비물의 유래, 연령, 생활 습성(Life style) 추정 등에 활용할 수 있다. 한 번의 DNA 메틸화 분석을 통해 혈액, 생리혈, 정액, 타액, 질액 여부를 알 수 있는데, 여러 종류의 인체 분비물이 혼합되어 있는 증거물에서 매우 유용하다. 나이가 들어감에 따라 DNA의 특정 부위에서 DNA 메틸화 정도가 높아지며, 이를 이용해 범인의 연령을 매우 정확하게(오차 범위가 약 3년) 추정할 수 있다. 최근 유럽과 미국 등에서는 흡연과 같은 개인의 생활 습성을 알고자 하는 연구가 활발히 진행되고 있다. DNA 메틸화 분석 방법은 다양하게 많지만, 시료의 상태나 분석 결과의 정확성 등을 고려해 선택하는 것이 필요하다. 지금은 바야흐로 '후성유전학'의 시대다.

Legal Medicine 31 (2018) 74–77

Contents lists available at ScienceDirect

Legal Medicine

journal homepage: www.elsevier.com/locate/legalmed

A validation study of DNA methylation-based age prediction using semen in forensic casework samples

Jee Won Lee[a], Chong Min Choung[a], Ju Yeon Jung[a], Hwan Young Lee[b], Si-Keun Lim[a,*]

[a] Forensic DNA Division, National Forensic Service, Wonju 26460, Republic of Korea
[b] Department of Forensic Medicine, Yonsei University College of Medicine, Seoul 03722, Republic of Korea

ARTICLE INFO

Keywords:
DNA methylation
Semen
Age prediction
Validation study
Forensic casework sample

ABSTRACT

Previously, an age-predictive method based on DNA-methylation patterns in semen was developed, using three CpG sites (cg06304190 in the TTC7B gene, cg12837463, and cg06979108 in the NOX4 gene). Before considering the routine use of a new method in forensics, validation studies such as concordance and sensitivity tests are essential for obtaining expanded and more reliable forensic information. Here, we evaluated a previously described age-predictive method for semen for routine forensic use. Concordance testing showed a high correlation between the predicted and chronological age, with a mean absolute deviation from the chronological age of 4.8 years. Sensitivity testing suggested that age prediction with reliable accuracy and consistency was possible with > 5 ng of bisulfite-converted DNA. We also confirmed the applicability of the age-predictive method in forensic casework, using forensic samples. Thus, the proposed method could serve as a very valuable forensics tool for accurate age prediction with semen samples.

참고문헌: Legal Medicine 2018 31:74–77

## 일란성 쌍둥이 식별이 가능한가?

지금까지 DNA감식의 가장 큰 한계점은 일란성 쌍둥이를 식별할 수 없다는 것이었다. 그러나 지놈 분석(Whole Genome Sequencing) 기술의 발전으로 일란성 쌍둥이도 식별이 가능하게 되었다. 과거 범죄 현장의 증거물에서 범인의 DNA 프로필이 확보되었으나, 쌍둥이 중 누가 범인인지 명확하지 않아 무죄가 되었던 사건들이 있었다. 쌍둥이 중 분명히 한 명이 범인인데, STR 프로필이 서로 같아 범인을 확정할 수 없다는 이유다. 쌍둥이는 똑같은 DNA를 가지고 태어나지만, 살아가면서 생기는 돌연변이는 다를 수밖에 없고, DNA 메틸화 양상도 환경 요인이나 식생활 등에 따라 다르다. 쌍둥이 사이의 이러한 미세한 차이를 분석할 수 있는 기술이 이제는 확보되었다.

## 더욱 빠른 DNA감식: Rapid DNA Analysis

DNA감식은 분석 시간을 획기적으로 줄이는 방향으로 진화하고 있다. 세 가지 종류의 '현장용 신속 DNA감식 장비(On-site Rapid DNA Equipments)'들이 현재 상용화되었다. 먼저 IntegenX 사의 'RapidHIT System'은 분석에 소요되는 시간이 90분으로, 24개 A-STR 마커를 동시에 분석할 수 있는 GlobalFiler express 키트를 사용할 수 있다. 최근에 Thermo-Fisher Scientific 사로 인수 합병되었으며, 미국과 중

현장용 신속 DNA감식 장비

국에서 다수의 장비가 설치되어 운영 중이다. GE Healthcare Life Science와 NetBio 사의 'DNAscan Rapid DNA Analysis System'은 현재 ANDE라는 회사에서 판매되고 있는데, 미국에서 가장 먼저 FBI의 인증을 받은 장비다. 영국 LGC 사의 'ParaDNA' 장비는 완벽한 STR 분석은 아니며, 몇 개의 STR만 분석해 시료를 스크리닝하는 장비다. 머지않은 미래에 이와 같은 신속 DNA감식 장비들이 경찰서나 범죄 현장에서 더 많이 사용될 것으로 예측하고 있다. 한편으로 현장 DNA 감식 장비의 발전으로 미국과 유럽에서는 장비의 이용과 관련된 법적 문제, 현장과 실험실 사이의 업무 분장에 대한 논의가 진행되고 있다.

지금까지 DNA감식은 법과학 실험실에서만 가능하였지만, 이제 경찰관서에서 용의자의 심문조서를 작성하는 동안 DNA감식을 수행해 곧바로 DNA 데이터베이스 검색을 수행하고, 사건 현장에서도 즉시 DNA감식을 수행할 수 있는 시대가 도래할 것이기 때문이다. 미국과 유럽에서는 이 장비의 이용과 관련된 법적 문제 및 현장과 실험실 사이의 업무 분장에 대한 갈등을 해결하기 위해 고민해왔는데, 최근 미국 애리조나주와 네덜란드의 경우 경찰관서에서는 분석만 수행하고 그 결과를 법과학 연구소로 보내며, DNA감식 실험실에서는 넘겨받은 결과를 해석하고 데이터베이스 검색을 수행하는 방식으로 결정되었다. 이제 경찰관서에서 용의자의 심문조서를 작성하는 동안 DNA감식을 수행해 곧바로 데이터베이스 검색을 수행하고, 사건 현장에서 즉시 DNA감식을 수행할 수 있는 시대가 도래하였다. 미국에서는 이미 이렇게 분석된 DNA정보도 국가 DNA 데이터베이스에 수록할 수 있도록 법 개정을 완료하였다. 신속한 DNA감식은 또 다른 범죄를 미리 예방할 수 있다는 점에서 매우 중요한 의미를 갖는다. 앞으로 넘어야 할 과제는 분석 시간을 지금보다 더욱 단축하고, 일반 DNA감식과 비슷한 수준의 가격 경쟁력을 갖추는 것인데, 이 또한 머지않아 해결될 것으로 전망되고 있다.

## 차세대 염기서열 분석과 개인 유전체 분석

현재의 표준 DNA감식 기술은 PCR 증폭 기술과 모세관 전기영동(Capillary Electrophoresis) 장비를 이용한 STR 분석이다. 그러나 STR 분석 키트는 20~30개의 STR만 동시증폭이 가능하고, CE 장비를 이용한 분석에도 한계가 있다. 최근 대량의 시료와 다수의 DNA 마커를 한 번에 분석할 수 있는 소위 차세대 염기서열 분석(NGS) 기술이 개발되어 DNA감식 분야에도 도입되고 있다. NGS(Next Generation Sequencing) 혹은 MPS(Multiple Parallel Sequencing)는 기존 PCR-CE 방식의 STR 분석이 갖는 한계를 뛰어넘을 수 있는 기술인데, DNA감식의 대상이 되는 A-STR, Y-STR, X-STR, 미토콘드리아 DNA, SNPs 등 거의 모든 DNA 마커들을 동시에 분석할 수 있으며, 수백~수천 개의 시료를 한 번에 분석할 수 있다. NGS 기술이 DNA감식 분야에 본격적으로 도입되면, 지난 수십 년 동안의 변화보다 훨씬 큰 변화를 몰고 올 것으로 예상되고 있다. NGS 기술로 분석된 STR 프로필은 DNA 데이터베이스에 수록되어 있는 기존의 자료들과 호환이 가능하고, 더불어 수사에 기여할 수 있는 DNA정보까지 제공할 수 있다. 또한 혼합 DNA정보의 분석, 친족 검사 등 복잡하고 어려운 DNA감식에도 큰 기여를 할 것이다. NGS 기술은 가까운 시일 내에 민감도 향상을 통해 다양한 증거물에 적용될 수 있을 것으로 전망되고 있다. 2014년 세계 최초로 출시된 DNA감식용 NGS 키트인 일루미나 사(현재는 Verogen 사)의 'ForenSeq DNA Signature Prep Kit'에는 STR, Y-STR, X-STR, 다양한 SNPs 등 200개 이상의 마커들이 포함되어 있어 개인 식별은 물론이고, 조상 정보나 표현형 정보까지 제공하고 있다.

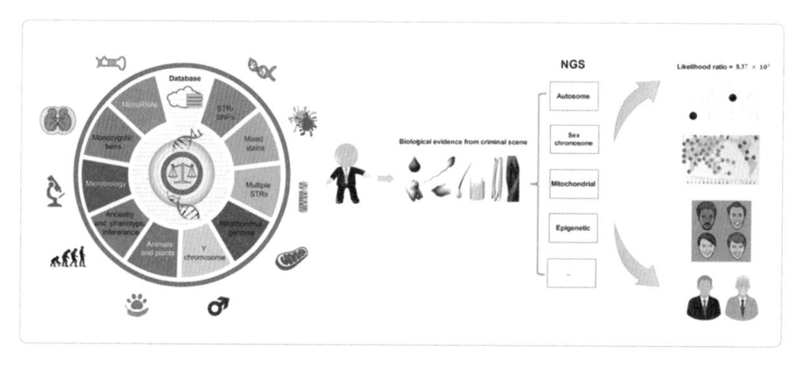


Application of Next-generation Sequencing Technology in Forensic Science, Yaran Yang et al. Genomics, Proteomics & Bioinformatics, Volume 12, Issue 5, October 2014, Pages 190-197

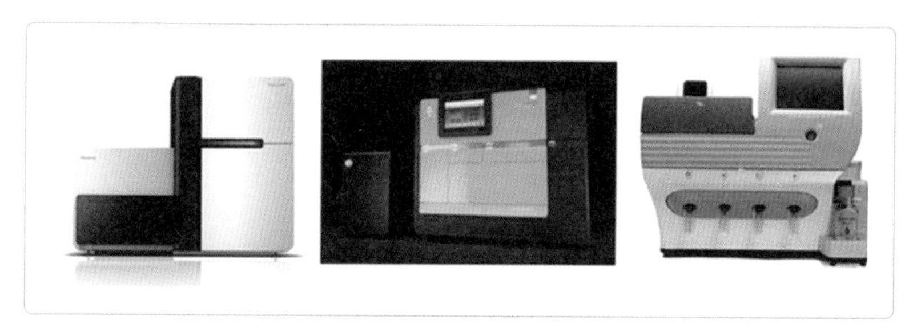

NGS 기술과 DNA감식

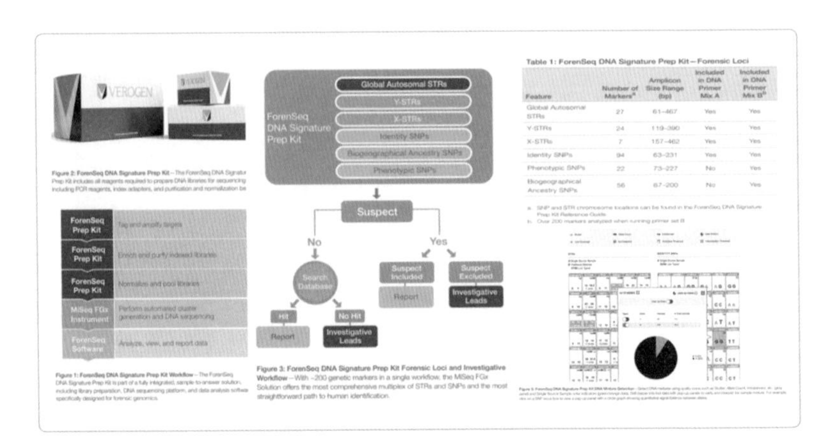


Table 1: ForenSeq DNA Signature Prep Kit—Forensic Loci

| Feature | Number of Markers[a] | Amplicon Size Range (bp) | Included in DNA Primer Mix A | Included in DNA Primer Mix B[b] |
|---|---|---|---|---|
| Global Autosomal STRs | 27 | 61–467 | Yes | Yes |
| Y-STRs | 24 | 119–390 | Yes | Yes |
| X-STRs | 7 | 157–462 | Yes | Yes |
| Identity SNPs | 94 | 63–231 | Yes | Yes |
| Phenotypic SNPs | 22 | 73–227 | No | Yes |
| Biogeographical Ancestry SNPs | 56 | 67–200 | No | Yes |

Verogen 사의 ForenSeq DNA Signature Prep Kit
https://verogen.com/wp-content/uploads/2018/07/ForenSeq-prep-kit-data-sheet-VD2018002.pdf

## DNA 몽타주: DNA로 그리는 범인의 얼굴

기존의 DNA감식이 개인 식별과 신원확인에 집중되어 있었다면, 앞으로의 DNA감식은 수사에 도움을 줄 수 있는 정보 제공에 초점을 맞추고 있다. 예를 들면, 용의자가 특정되지 않은 사건의 현장에서 수거된 증거물에서 용의자의 인종, 눈동자 색, 피부색, 모발색, 신장, 얼굴 형태 등 생김새와 관련된 정보를 얻을 수 있다면 초동 수사에 큰 도움이 될 것이다. 또한 혈흔이나 정액, 타액 이외의 조직 시료에 대한 정확한 유형을 알 수 있다면 사건에 따라 중요한 정보가 될 수 있다. DNA 표현형 분야 연구의 선구자인 네덜란드의 카이저(Manfred Kayser) 교수는 방대한 DNA 분석과 결과 해석에 NGS 기술이 큰 역할을 할

LMG 시험의 원리 및 결과 판정

수 있을 것이며, 이를 위해 보다 많은 연구 개발 투자가 필요하다고 강조하고 있다. 최근 카이저 교수가 이끄는 VISAGE(VISible Attributes Through GEnomics) 컨소시엄이 출범해 유전체 분석을 통한 표현형 분석 연구가 진행되고 있는데, 유럽연합의 지원을 받고 있으며 유럽 내 8개 국가의 13개 연구소, 대학, 수사기관에 소속된 전문가들이 참여하고 있다. 미국의 Parabon Nanolab이라는 회사는 DNA 몽타주를 상업화하여 많은 미제 사건을 해결하고 있다. NGS 기반의 DNA 분석을 통해 범인의 얼굴 형태와 외향 특성(눈동자 색, 피부색, 모발색, 주근깨 등), 그

Parabon Nanolab 홈페이지의 DNA 몽타주 성공 사례
https://snapshot.parabon-nanolabs.com/#phenotyping-uses

리고 생물지리학적 조상 정보 등을 제공하고 있다. 이 회사는 표현형 정보 이외에도 다양한 SNPs 분석을 이용해 실종자 신원확인을 위한 계통학적 분석 및 6촌까지의 친족 검사 서비스도 제공하고 있다.

## AI 시대의 DNA감식과 더 넓어진 활용

현대는 4차 산업혁명 시대라고 한다. 인공지능이 이미 인간의 지능을 앞섰다고 한다. DNA감식 분야도 예외일 수 없다. 특히 해석이 어려운 혼합 DNA 프로필의 경우, 인공지능과 기계학습 기술을 활용한 소프트웨어가 개발되어 활용되고 있다. DNA감식의 모든 과정에서 컴퓨터 기술은 기본적인 위치에 있으며, 빅데이터 분석을 통한 대량 DNA 정보의 분석 등에도 활용되고 있다. 또한 과거에는 얻을 수 없었던 먼 친족의 확인 등도 가능해 민간은 물론이고 범죄 수사에도 활용되고 있다. AI 기술의 영향에 대해서는 가까운 미래조차 예측이 어려울 정도다. 범죄 현장에 남겨진 DNA로부터 범인과 관련된 모든 정보를 얻을 수 있다. 이러한 정보 중에는 민감한 질병 등에 대한 정보도 포함될 수 있다. 법적, 윤리적 검토가 필요한 부분이지만 기술적으로는 이미 가능하며, 범인 검거에 새로운 차원의 정보를 제공할 수 있을 것이다.

인간 이외의 생명체, 즉 동물, 식물, 미생물과 식품 등에 대한 DNA 감식도 중요하다. 범죄 현장에서 발견되는 비인간 DNA의 분석을 통해 사건과 관련된 유용한 정보를 얻을 수 있으며, 범행을 입증할 수도 있다. 현재는 종의 식별(Species identification)을 넘어 개체의 식별

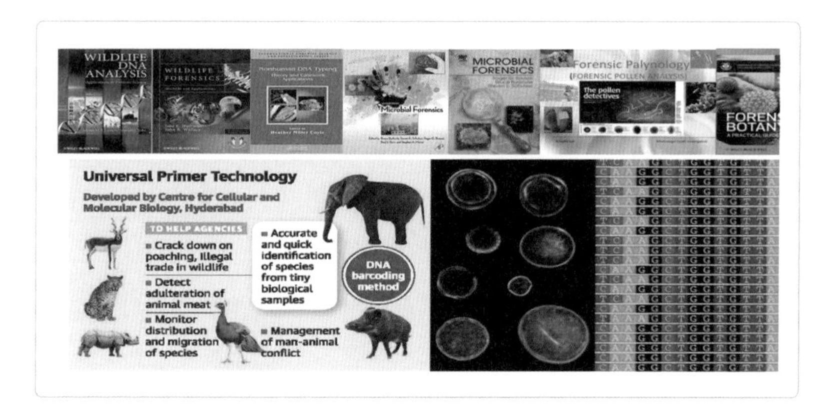


Non-human DNA analysis

Contents lists available at ScienceDirect

Forensic Science International: Genetics

journal homepage: www.elsevier.com/locate/fsigen

Short communication

## Simple and rapid identification of saliva by detection of oral streptococci using direct polymerase chain reaction combined with an immunochromatographic strip

Jee Won Lee, Ju Yeon Jung, Si-Keun Lim*

*Forensic DNA Division, National Forensic Service, Wonju 26460, Republic of Korea*

ARTICLE INFO

*Keywords:*
Direct polymerase chain reaction
Immunochromatographic strip
Oral bacteria
Saliva identification

ABSTRACT

In this paper, we describe the development of a novel method to detect oral bacteria by combining direct polymerase chain reaction (direct PCR) with an immunochromatographic strip (ICS), enabling the identification of saliva in forensic samples. Direct PCR was first used to directly amplify specific oral bacterial sequences (from *Streptococcus sanguinis* and *Streptococcus salivarius*) from swab samples, circumventing the need for tedious sample preparation steps such as cell lysis and DNA extraction and purification. The resultant amplicons were then colorimetrically detected on an ICS, a much more convenient, cost-effective, and user-friendly detection method than those currently available, thereby allowing the presence or absence of the target oral bacteria to be determined with the naked eye. Moreover, the entire analysis process was performed rapidly and with ease using this combination of direct PCR amplification from swab samples and ICS-based amplicon detection. This method successfully detected *S. sanguinis* and *S. salivarius* in most of the saliva swab samples tested, and returned negative results using blood, semen, urine, and vaginal fluid swab samples. Furthermore, *S. sanguinis* and *S. salivarius* were detected in a large number of mock forensic samples using this technique, which suggests that direct PCR and ICS-based detection of oral bacteria is sufficient to demonstrate the presence of saliva. Thus, we believe that the proposed method could be very useful for the identification of saliva in forensic applications.

참고문헌: FSI Genetics 2018, 33:155–160

(individual identification) 단계까지 발전하였다. DNA감식이 범죄 수사와 관련된 목적만으로 활용되는 것은 아니다. 6·25 전사자, 이산가족, 실종 아동, 치매노인, 지적장애인, 입양아 찾기, 일제시대 강제징용자 유골 확인, 독립유공자 후손 확인 등 공공 목적의 신원확인에도 필수적인 과정으로 자리 잡고 있다. 과학기술 분야에서도 세포치료제 등 첨단 바이오의약품의 품질관리, 생물 복제의 확인 등 의생명과학 분야와 고고학, 인류학, 진화학, 법의학(사인 규명) 등에 널리 활용되고 있으며, 그 범위는 더욱 넓어지고 있다.

## 혼합 DNA정보 및 Y 염색체 STR DNA정보의 유용성

범죄 현장 등의 생물학적 시료에서 항상 깨끗하게 한 사람의 DNA 정보만 얻어지는 것은 아니다. 두 사람 이상의 세포가 혼합된 증거물에서는 DNA정보도 혼합되어 검출되는데 한 사람, 특히 범인의 DNA 정보를 확실하게 추정할 수 있다면 DNA 데이터베이스에 추정된 DNA 정보를 수록할 수 있지만, 그렇지 않은 경우에는 DNA 데이터베이스에 혼합 DNA정보를 수록하지 않고 있다. 특히 성폭력 사건에서 피해자와 범인의 DNA정보가 혼합되어 검출되는 경우가 많으며, 피해자의 DNA가 상대적으로 많아 범인의 DNA정보를 추정하기 어려운 경우도 많다. 혼합된 DNA정보가 남성인 경우에는 추가적인 Y 염색체 STR 분석이 효과적일 수 있다. 다수의 남성이 혼합된 경우에도 남성의 수를 추정하는 데 Y-STR 분석이 효과적으로 사용될 수 있다. 심지어

A-STR 분석에서 여성의 DNA정보만 검출된 시료에서도 Y-STR 분석을 통해 극미량 혼합된 남성의 DNA가 검출되는 경우도 많다. 현재 피의자나 수형인의 Y-STR DNA정보는 DNA 데이터베이스에 수록할 수 없기 때문에 DNA 데이터베이스 검색을 통해 동일한 Y-STR DNA 정보를 찾을 수 없다. Y-STR DNA 데이터베이스는 가족 검색(familial searching)을 염두에 둔다면 더욱 효과적일 것으로 생각되는데, 미국이나 영국에서도 가족 검색 자체가 매우 제한적으로 사용되고 있는 점을 고려하면, 우리나라에서는 더 많은 논의가 필요할 것이다.

최근에 출시된 A-STR 다중증폭 키트들(GlobalFiler 등)은 Y-STR 마커를 포함하고 있다. 이와 같이 Y-STR 마커를 A-STR 키트에 포함시킨 것은 오래전부터 A-STR 분석 키트에 포함되어왔던 성 식별 마커인 Amelogenin의 돌연변이에 의해 간혹 남성이 여성인 것처럼 검출되는 문제를 해결하기 위한 것이 첫 번째 목적이다. 중국 공안부(公安部)는 A-STR DNA 데이터베이스를 보완하기 위해 Y-STR DNA 데이터베이스를 구축하는 방향으로 정책을 선택하였으며, 이미 지방의 일부 법과학연구소에서는 자체적으로 Y-STR DNA 데이터베이스를 구축한 것으로 알려지고 있다. 그러나 Y-STR DNA 데이터베이스의 구축과 법과학적 활용에 대해 비관적인 의견을 갖는 전문가들도 많다. 한편 실종자나 신원불상 변사자의 신원확인을 위한 Y-STR DNA 데이터베이스는 매우 효과적일 것이다. 직계 가족이 없거나 시료 채취가 불가능한 경우 형제나 삼촌, 조카 등의 시료만으로 신원을 확인해야 하는데, 부계 유전되는 Y-STR DNA정보와 모계 유전되는 미토콘드리아 DNA정보는 매우 유용하기 때문이다.

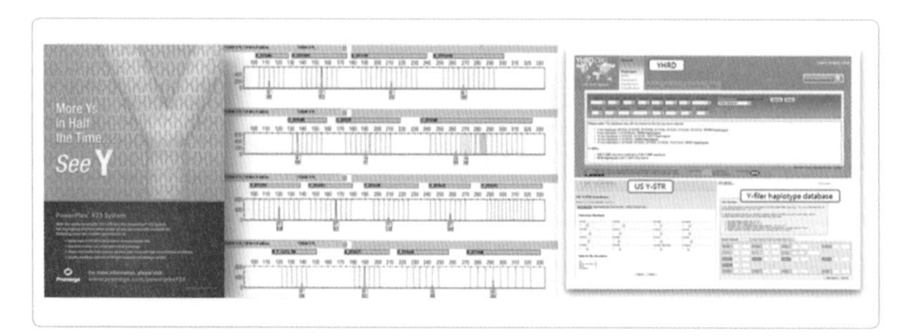


Y–STR 분석 키트(PowerPlex Y–23) 및 Y–STR 하플로타입 DB(YHRD)

Genes & Genomics (2019) 41:297–304
https://doi.org/10.1007/s13258-018-0761-6

Online ISSN 2092-9293
Print ISSN 1976-9571

RESEARCH ARTICLE

## Prediction of Y haplogroup by polymerase chain reaction-reverse blot hybridization assay

**Sehee Oh[1,2] · Jungho Kim[1] · Sunyoung Park[1] · Seoyong Kim[1] · Kyungmyung Lee[2] · Yang-Han Lee[2] · Si-Keun Lim[2] · Hyeyoung Lee[1]**

Received: 19 June 2018 / Accepted: 30 October 2018 / Published online: 19 November 2018


**Abstract**

**Background** The analysis of Y-SNPs from crime scene samples is helpful for investigators in narrowing down suspects by predicting biogeographical ancestry.

**Objective** In this study, a PCR-reverse blot hybridization assay (REBA) for predicting Y-chromosome haplogroups was employed to determine the major haplogroups worldwide, including AB, DE, C, C3, F, K, NO, O, O2, and O3 and evaluated.

**Methods** The REBA detects nine biallelic Y chromosome markers (M9, M89, M122, M145, M175, M214, M217, P31, and $RPS4Y_{711}$) simultaneously using multiple probes.

**Results** The REBA for Y-single nucleotide polymorphisms (SNP) genotyping was performed using 40 DNA samples from Asians—14 Koreans, 10 Indonesians, six Chineses, six Thais, and four Mongolians. 40 Asian samples were identified as haplogroup O2 (40%), O3 (32.5%), C3 (17.5%), O (7.5%) and K (2.5%). These cases were confirmed by DNA sequence analysis ($\kappa = 1.00$; $P < 0.001$).

**Conclusion** PCR-REBA is a rapid and reliable method that complements other SNP detection methods. Therefore, implementing REBA for Y-SNP testing may be a useful tool in predicting Y-chromosome haplogroups.

**Keywords** Crime scene · Y chromosome · Haplogroup · REBA

참고문헌: Genes and Genomics 2019 41:297–304

## 법과학 DNA 데이터베이스 마커 확장과 표준화

세계 최초의 법과학 DNA 데이터베이스인 영국의 NDNAD가 설립된 지도 벌써 25년이 지났다. 우리나라는 2010년 7월 26일 디엔에이법이 시행되어 아시아 국가들 중에서는 비교적 앞서가고 있다. DNA 데이터베이스의 효용성에 대해서는 이미 선진 외국의 운영 사례에서 확인되어왔다. DNA 데이터베이스와 관련된 많은 중요한 이슈들이 있다. DNA 데이터베이스 수록 정보의 보안 문제는 물론이고, 방대한 자료의 신속한 검색, 수록 요청된 DNA정보의 품질보증, 수록된 자료의 품질 유지, 그리고 기술 변화에 대한 대응 등이 당면 과제로 대두되고 있다. 컴퓨터 기술과 DNA 기술은 매우 빠르게 발전하고 있기 때문에 DNA 데이터베이스는 새로운 기술 변화에 대응할 수 있도록 충분히 유연해야 할 것이다. 만약 지금과 다른 새로운 DNA 마커들이 미래에 일반적으로 사용된다면, 기존의 데이터는 소용없어질 수도 있다. 그러나 보관되어 있던 DNA를 새로운 방법으로 분석하는 것은 막대한 비용과 많은 시간이 필요하기 때문에 기존의 핵심 마커들은 유지하면서 새로운 마커를 추가하는 것이 가장 좋은 방법으로 제안되었다. DNA 데이터베이스는 자료의 양이 많아질수록 활용도가 높아지기 때문에 유럽 국가들은 최근 각국의 DNA 데이터베이스를 통합하는 작업을 시작하였다. 이를 위해 데이터베이스 수록 마커 등에 대한 표준화가 진행되었고, 법률 개정도 시작되었다. 미국은 FBI의 검색 프로그램인 CODIS를 무상으로 세계 각국에 설치해주고 있는데, 이 또한 DNA 데이터베이스의 세계 표준화를 위한 것으로 생각할 수 있다. 인터폴은

'DNA 게이트웨이'를 통해 회원국 사이의 DNA 데이터베이스 검색을 지원하고 있다. 우리나라에서도 최근 들어 일본 등 외국의 수사기관들로부터 데이터베이스 검색 요청이 크게 증가하고 있다. DNA 데이터베이스의 규모가 커짐에 따라 우연히 일치되는 경우가 늘어나는 문제를 해결하기 위해 미국 FBI는 2017년부터 CODIS 핵심 마커의 수를 20개로 늘렸고, 우리나라도 2018년부터 미국과 동일하게 DNA 데이터베이스 수록 마커의 수를 확장하였다.

STR 다중증폭 키트를 제조하는 주요 기업체들은 20개 이상의 마커를 동시증폭하면서 민감도도 높고 시간도 크게 단축된 STR 다중증폭 키트들을 출시하고 있다. 대표적인 키트들로는 Thermo-Fisher Scientific 사의 'GlobalFiler', Promega 사의 'PowerPlex Fusion', Qiagen 사의 'Investigator 24-Plex QS' 등이 있다. Y-STR의 경우에도 마커의 수를 늘여 Promega 사의 'PowerPlex Y-23', Thermo-Fisher Scientific 사의 'Y-filer Plus' 키트가 출시되었다. DNA감식 결과의 신뢰성 확보를 위해 여러 전문가 그룹들이 노력하고 있는데, SWGDAM(Scientific Working Group on DNA Analysis Methods)과 유럽 법과학연구소 네트워크(ENFSI: European Network of Forensic Science Institutes)에서는 그동안 많은 가이드라인과 교육, 유효성 검토, 분석 결과의 해석, DNA 데이터베이스 및 품질보증 관련 표준 문서들을 만들어왔으며, 앞으로도 지속될 것이다.

## DNA 데이터베이스 활용의 확장: 가족 검색과 부분 검색

DNA 데이터베이스는 수사의 패러다임을 바꾸어놓을 정도의 큰 영향을 가져왔지만, 아직 인권침해나 프라이버시 문제에 완전히 자유롭지 못한 상태다. 소위 '가족 검색(Familial searching)'이 대표적인데, 미국이나 영국 등에서도 부분적으로 적용되고 있으며 우리나라에서는 아직 허용되지 않고 있다. 범죄 현장 증거물에서 검출된 DNA정보가 DNA 데이터베이스의 범죄자 DNA정보와 일치되지 않더라도, 그 범죄자의 가족이 DNA 데이터베이스 내에 수록되어 있을 가능성이 있는데, 가까운 가족일수록 서로 DNA가 비슷하기 때문에 검색의 엄격도(stringency)를 낮춰 검색하면 가족 혹은 친척의 자료를 찾을 수 있다. 이와 같이 범죄자의 형제나 가까운 친척에 대한 DNA 데이터베이스 검색을 '가족 검색'이라고 한다. 그러나 이에 대한 반대 의견도 많은데, 인권단체들의 우려 목소리가 높다. 가족 검색은 일반적으로 1차 검색을 통해 일치된 DNA정보를 찾지 못했을 때 시행할 수 있는 2차 검색 방법이다. 가족 검색은 한 사람을 지목하는 것이 아니라, 범죄 기록이 없는 가족 구성원들을 검사 대상으로 지목하기 때문에 심각한 사생활 침해 소지가 발생할 수 있다. 영국과 미국은 전 세계적으로 가장 방대한 규모의 DNA 데이터베이스를 구축한 나라들로서 자연스럽게 이를 최대한 활용하려는 경향이 있는데, 영국은 실질적인 '가족 검색 소프트웨어'를 운영하는 유일한 국가이지만, 모든 수사 기법을 동원해도 해결되지 않는 사건의 경우에 한정해 가족 검색을 허용하고 있다. 2018년 4월 미국에서는 40년 만에 'Golden State Killer'라

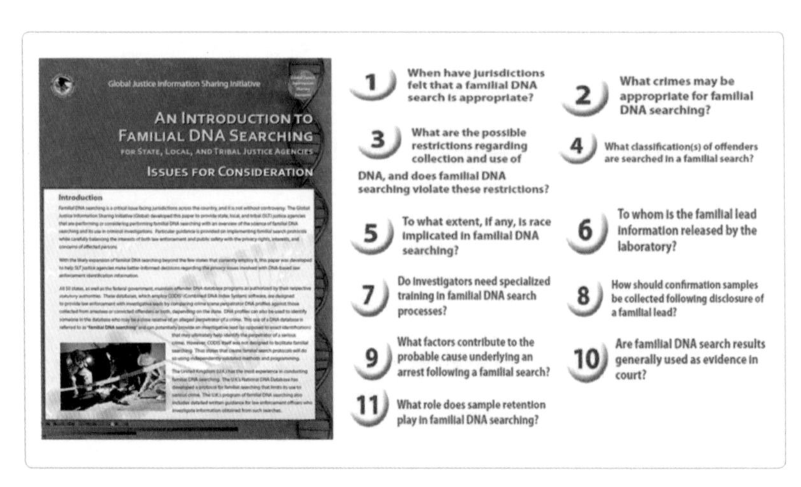


가족 검색(familial searching)과 관련된 논쟁

는 희대의 연쇄살인마를 검거하였는데, 자신의 뿌리와 잃어버린 친척을 찾기 위해 민간기업에서 구축한 DNA 데이터베이스(Genealogy DNA Database)를 활용했다고 발표하였다. 원래의 목적에 맞지 않는 DNA 데이터베이스의 활용을 두고 팽팽한 찬반 논란이 계속되고 있다.

## 실종자 및 불상 변사자 DNA 데이터베이스 현황과 과제

불상 변사자의 신원확인은 사건 수사의 시작이 될 수 있다는 점과 실종자 가족들의 기약 없는 기다림을 끝낼 수 있다는 점에서 큰 의미를 가진다. 실종자의 DNA 프로필을 확보하는 것은 실종자가 신원불상의 변사체로 발견될 수 있기 때문이다. 일차적으로 실종자의 부모나 자녀와 같은 직계 가족들로부터 시료를 채취하고 DNA 프로필을 분석해 데이터베이스에 수록하지만, 직계 가족이 사망 등의 이유로 존재하지 않거나 시료 채취가 불가능한 경우도 있다. 이러한 경우에는 실종자의 주거지 등에서 생활용품들을 수거하는 것이 큰 도움이 될 수 있다. 즉 빗이나 칫솔, 면도기, 의류 등 실종자가 사용하였던 물품들로부터 얻은 DNA 프로필을 실종자의 가족들로부터 얻은 DNA 프로필과 비교하여 실종자의 DNA 프로필로 추정할 수 있는지 판단하게 된다. 직계 가족 시료가 없는 경우에는 형제나 삼촌, 조카 등과의 Y 염색체 및 미토콘드리아 DNA 분석을 통해 부계 혹은 모계 동일성 여부를 검사할 수 있다. 또한 추정된 실종자의 DNA 프로필은 불상 변사자로부터 얻은 DNA 프로필과 일대일로 일치 여부를 비교할 수 있다는 장점도 가지고 있다. 국립과학수사연구원 법유전자과에서 구축하고 있는 불상 변사자 및 실종자 DNA 데이터베이스가 있지만, 2005년부터 시행되고 있는 실종 아동 등 DNA 데이터베이스나 2010년부터 시행되고 있는 범죄 관련 DNA 데이터베이스처럼 법률로 뒷받침되고 있지 않으며, 전담 조직과 인력이 없는 상황이다. 매년 많은 수의 신원불상 변사체들이 발견되고 있지만, 국가 차원에서의 체계적인 관리는 크게 부족한 상태다. 우리나라의 남쪽 바다에서 실종된 사람들 중 상당수는 해류를 타고 일본의 해안가로 흘러가 발견되고 있다. 의류나 소지품 등으로 볼 때 변사자가 한국인으로 추정되는 경우가 있는데, 이러한 경우에는 DNA 분석 결과 등의 자료가 경찰청 외사과 등으로 보내져 국과수의 실종자 DNA 데이터베이스 검색이 수행된다. 이와 같은 국가 간의 DNA 데이터베이스 검색 요청은 일반적으로 인터폴의 'DNA

실종자 수색·수사 등에 관한 법률안
(김승희의원 대표발의)

| 의안<br>번호 | 10798 |
| --- | --- |

발의연월일 : 2017. 12. 12.
발 의 자 : 김승희·박덕흠·김상훈
윤영석·최도자·강석진
정우택·이종배·윤한홍
박명재·송석준·이종명
의원(12인)

제안이유

실종자가 지속적으로 증가하여 사회적 문제가 되고 있으나, 현행 「실종아동등의 보호 및 지원에 관한 법률」은 실종 당시 18세 미만인 아동과 지적장애인, 치매환자 등의 실종에 대해서만 규정하고 있어 실종성인에 대한 부분은 법률적 공백 상태임.

현재는 성인의 소재(所在)가 확인되지 않는 경우 경찰에 '가출인' 신고를 하고 있으며, 경찰은 이 신고에 따라 범죄 관련 여부를 확인하는 등 필요한 조치를 하고 있으나, 법적 근거가 없어 실종아동등에 비해 체계적인 수사와 적시 대응에 어려움이 있는 상황임.

이에 실종자의 범위에 실종성인을 포함하여 성인의 실종에 대해서도 신속한 대응이 가능하도록 함으로써 실종자의 조속한 발견과 복귀를 도모하고, 현행 「실종아동등의 보호 및 지원에 관한 법률」 중 실종자 발견을 위한 규정을 이 법에 통합함으로써 법률을 체계화하려는

실종자 수색·수사 등에 관한
법률안
검 토 보 고 서

김 승 희 의 원 안

2018. 1.

행 정 안 전 위 원 회
전 문 위 원 정 성 희

실종성인의 소재발견 및 수색에 관한 법률안
(김승희의원 대표발의)

| 의안<br>번호 | 21820 |
| --- | --- |

발의연월일 : 2019. 8. 1.
발 의 자 : 김승희·김상훈·윤영석
안상수·박덕흠·윤한홍
이종명·이종배·임이자
박성중 의원(10인)

제안이유

실종자가 지속적으로 증가하여 사회적 문제가 되고 있으나, 현행 「실종아동등의 보호 및 지원에 관한 법률」은 실종 당시 18세 미만인 아동과 지적장애인, 치매환자 등의 실종에 대해서만 규정하고 있어 실종성인에 대한 부분은 법률적 공백 상태임.

현재는 성인의 소재(所在)가 확인되지 않는 경우 경찰에 '가출인' 신고를 하고 있으며, 경찰은 이 신고에 따라 범죄 관련 여부를 확인하는 등 필요한 조치를 하고 있으나, 법적 근거가 없어 실종아동등에 비해 체계적인 수사와 적시 대응에 어려움이 있는 상황임.

이에 실종성인에 대한 신속한 신고 및 발견 체계를 마련하여 성인의 실종에 대해서도 신속한 대응이 가능하도록 함으로써 실종성인의 조속한 발견과 복귀를 도모하려는 것임.

실종 성인의 소재 발견 및 수색에 관한 법률안

검색 요청 양식'을 사용한다. 한국은 중국, 북한, 일본 등과 지리적으로 매우 가까이 인접해 있어 해상에서 발견되는 불상 변사체의 신원확인을 위해 상호 데이터베이스를 공유하는 시스템 도입을 검토할 필요가 있다.

## 소외된 분야, 그러나 중요한 분야: 윤리, 교육, 법률, 품질보증

법과학은 어느 학문 분야보다 감정인의 '도덕성'이 중요하다. 아무리 첨단 과학기술을 이용해 결정적인 결과를 얻어도 감정인이 감정 결과를 왜곡하거나 은폐한다면 무고한 사람을 범인으로 만들거나 진짜 범인을 풀어주게 되는 최악의 결과를 가져올 것이다. 우리나라는

2005년 황우석 사태 이후 생명윤리법이 제정되고, 연구윤리 등에 대한 일반인들의 관심이 높아졌다. 선진 외국과 비교해 가장 뒤떨어진 분야가 법과학 윤리(Forensic Ethics)가 아닌가 생각된다. '결백 프로젝트(Innocence Project)'의 공동 설립자인 피터 뉴펠드(Peter Neufeld) 변호사는 과학적 증거 없이 사형 등의 형을 선고받고 감옥에 갇혀 있는 수형인들을 대상으로 DNA감식을 통해 무죄를 입증해 풀어주는 일을 해왔다. 그는 "나쁜 사람이 실수를 하는 것이 아니라, 인간이면 누구나 실수를 할 수 있습니다. 중요한 것은 이러한 실수를 스스로 이야기할 수 있는 환경의 조성과 시스템의 구축입니다"라고 말하였다. 법과학 감정 결과의 신뢰성 확보를 위해 품질보증 및 품질관리도 매우 중요하다. 법과학 전문가 양성을 위해서 다양한 교육 프로그램이 준비되어야 하며, 새로운 법과학 기술 습득을 위한 교육도 지속적으로 개발되어야 한다. 이는 2009년 미국 국립과학원(NAS: National Academy of Sciences)에서 발간한 '법과학 보고서'에서도 지적하고 있다.

# 맺는말

2019년 9월, 33년 만에 화성 연쇄살인사건의 범인이 확인되었습니다. 그해 7월 국과수에 의뢰된 사건 당시 피해자의 의류 등에서 남성의 DNA 프로필이 확보되었고, DNA 데이터베이스 검색 결과 1994년 처제 살인사건으로 교도소에 수감되어 있던 이○○과 일치한 것입니다. 우리나라의 대표적인 미제 사건으로 공소시효가 2006년에 만료되어 더 이상 죄를 물을 수 없지만, 피해자들의 원한을 풀어주고 사건의 실체 규명을 위해 노력한 결과입니다. 또한 DNA감식의 중요성, 특히 DNA 데이터베이스의 효용성을 다시 한 번 확인시켜 주었습니다.

더 이상 추억이 아닌 이 사건의 해결로 무엇을 얻었고, 아쉬웠던 점은 무엇이며, 남겨진 숙제는 무엇일까요? 먼저, 지난 과거를 돌아보면 몇 가지 아쉬웠던 점들이 있습니다. 1991년 일본에 보낸 증거물의 잔량(혹은 DNA 잔량)을 가지고 있었다면 이후에 STR 분석이 가능했을 것이며, 당시에도 더 많은 용의자들과 비교가 가능했을 것이고, 적어도 범죄자 DNA 데이터베이스가 구축된 2010년에 이○○의 범행이 밝혀졌을 것입니다. 1994년 청주에서 검거되었을 때 화성 연쇄살인사건 관련 공조수사가 잘 이루어졌다면 어땠을까요? 돌이켜보면 결과적으로 당시 이○○를 검거한 김시근 형사의 공이 가장 크다고 할 수 있습니다. 그때 검거되지 않았다면 상상조차 할 수 없는 많은 피해자가 발생했을 수도 있었을 것입니다. 공소시효 만료인 2006년 전에라도 모든 증거물을 분석했으면 당시 기술로도 정액이나 혈흔에서는 DNA분석이 성공했을 수도 있었습니다. 물론 피부세포(땀) 등 미량의 증거물은 당시 기술로는 분석이 어려웠을 수 있습니다. 증거물은 채취 후 곧바로 DNA감식을 수행하는 것이 원칙입니다. 일단 1차 감정을 수행한 후에는 잘 보관해서 미래의 발전된 과학기술을 대비하는 것이 좋습니다. 증거물 보존은 향후 이어지는 재판에서도 매우 중요합니다. 또한 증거물의 채취와 보존, 의뢰 등에 대해서는 DNA감식 실험실과의 긴밀한 의사소통이 중요하다는 점도 강조하고 싶습니다. 범죄자 DNA 데이터베이스 관련 법률이 공소시효 이전에 만들어졌다면 어땠을까요? 2010년에 시작된 한국의 범죄자 DNA 데이터베이스는 전 세계적으로 보아도 늦은 감이 있습니다. 2006년에 이미 우리나라도 법률이 만들어졌지만, 여러 이유로 법제화되지 못한 아쉬움이 큽니다.

그럼, 지금부터라도 다시 살인의 추억을 만들지 않기 위해 어떤 노력이 필요할까요? 첫 번째는 증거물 관리의 중요성입니다. 현재 기술로 분석되지 않는 증거물도 미래에는 새로운 기술이 개발되어 분석될 수도 있습니다. 과학기술 발전의 속도는 따라가기 어려울 정도로 빠릅니다. 또한 물적 증거 없이 범인 검거와 범행 입증이 어려운 시대가 되었습니다. 한번 분석하였던 증거물은 잘 보관해두어야 합니다. 미국에서는 '결백 프로젝트(Innocence Project)'를 통해 억울하게 범인이 되어

버린 사람들의 무죄를 입증해주고 있는데, 과거 증거물의 DNA감식이 핵심적인 역할을 하고 있습니다. 과학수사, 법과학 기술 개발에 획기적인 투자가 필요한 시점입니다. 과학기술 선진국인 우리나라의 위상에 걸맞는 투자가 과학수사에 이루어져야 합니다. 이를 총괄하는 국가 컨트롤 타워도 신설해야 합니다. 여러 부처에 나누어져 있는 과학수사, 법과학 업무에 대한 중장기적 계획을 수립하고 체계적으로 발전시켜야 합니다. 사건은 계속 발생할 것이고, 범죄는 더욱 지능화될 것이기 때문입니다. DNA감식을 한 단계 업그레이드시킨 '범죄자 DNA 데이터베이스'는 단일화하고, 수록되는 대상 범죄의 범위 확대를 통해 규모를 키워야 합니다. 별도의 독립적인 DNA 데이터베이스 운영기관을 새로 설립하는 방안도 나쁘지 않습니다. 주요 미제 사건에 대해서는 '가족 검색' 허용도 논의되어야 할 것입니다. 법률의 사각지대에 있는 성인 실종자와 신원불상 변사자의 DNA 데이터베이스 구축을 위한 법률 제정도 시급합니다. 상당수의 신원불상 변사자는 범죄의 피해자이기 때문이고, 이들은 모두 미제 사건에 해당됩니다.

저자는 1997년 1월 국과수 생물학과에 입사한 이후 22년간 수많은 사건의 증거물에 대해 DNA감식을 수행하였습니다. 과학수사요원과 국과수 감정인들은 과학수사에 대해 넘치는 애정과 열정을 가지고 있으며, DNA감식 결과가 범인 검거와 사건 해결에 결정적인 역할을 할 때 가장 보람을 느낍니다. 모든 사건이 하나하나 중요하지 않은 것이 없었지만, 특히 기억에 남는 사건들이 있습니다.

– 1997년 KAL기 괌 추락사고 희생자 신원확인 : 국과수 입사 후

몇 달 만에 발생한 대량재난사고이고, 미국과 시료를 나누어 DNA감식을 수행한 결과 미국보다 더 많은 희생자의 신원을 확인하였으며, DNA감식이 대량재난사고 희생자 신원확인에 매우 유용하다는 것을 널리 알린 사건이었습니다.

- 2006년 서래마을 영아유기사건 : 우리나라 DNA감식 기술의 우수성이 세계적으로 알려진 사건이었습니다. 프랑스와의 자존심을 건 싸움처럼 인식되어 국민적 관심이 높았는데, 국과수의 감정 결과를 믿지 않았던 프랑스 정부와 언론들이 나중에 공식적으로 사과를 하였습니다.
- 2009년 경기 서남부(강호순) 연쇄살인사건: 가장 짜릿했고 가장 의미가 컸던 사건이었습니다. 강호순의 의류에서 극미량의 혈흔을 찾아 연쇄살인을 자백하게 만든 결정적인 증거를 제공하였습니다. 또한 이를 계기로 범죄자 DNA 데이터베이스 법률 제정에 대한 논의가 다시 시작되어 2010년 7월 디엔에이법이 시행되었습니다.
- 2014년 유병언 신원확인 : 가장 논란이 많았던 사건이었습니다. 당시 많은 국민들이 순천에서 발견된 불상 변사자는 유병언이 아니라고 생각했고, 지금까지도 믿지 않는 사람들이 많은 것 같습니다.

과학수사는 과학적이어야 합니다. 과학수사가 다른 과학과 다른 점은 100%의 정확성을 추구한다는 점입니다. 인간의 생명을 좌우할 수 있기 때문입니다. 과학적이지 않았던 과학수사로 인해 억울한 삶을 살았던 사람들도 많습니다. 조금이라도 과학적 신뢰성이 부족하다면 적용 이전에 심각하게 고민해야 합니다. 과거의 과학수사 기법 중에는 지금 돌아보면 너무나 과학적이지 않았던 것이 있었고, 현재의 과학수사 기법도 일부는 과학적 신뢰성에 문제가 제기되고 있습니다. "100명의 범인을 놓치더라도 1명의 억울한 사람을 처벌해서는 안 된다"는 형사소송법의 대원칙을 다시금 새겨볼 필요가 있습니다.

과학수사의 생명은 신뢰성입니다. 진실을 밝히고 정의를 구현하는 과학수사는 정직해야 합니다. 정확하고 신속한 과학수사도 거짓이 있어서는 아무 소용이 없고, 오히려 더 나쁜 범죄가 될 수 있습니다. 아무리 정확한 분석 결과라도 국민들이 믿어주지 않는다면 아무 쓸모없습니다. 적어도 과학수사에 있어서는 최고의 직업윤리가 요구되는 이유는 과학수사가 정의를 지키고 진실을 밝히는 마지막 보루이기 때문입니다.

DNA감식 기술은 보다 정확하고, 보다 빠르고, 보다 많은 정보를 얻는 방향으로 지금도 끊임없이 발전 중입니다. 필연적으로 법적, 윤리적 문제도 논쟁이 되고 있습니다. 보다 과학적이고, 인권친화적인 과학수사의 발전은 안전한 사회 구현에 기본이 될 것입니다. 돈으로 환산할 수 없는 인간의 생명을 다루는 과학수사에 보다 많은 관심과 지원이 절실히 필요합니다.

# 부록

1. ENFSI의 DNA 데이터베이스 권고안
2. ISFG(International Society of Forensic Genetics)의 DVI(Disaster Victim Identification) 권고안
3. 디엔에이신원확인정보의 이용 및 보호에 관한 법률 (약칭: 디엔에이법)
4. 디엔에이신원확인정보의 이용 및 보호에 관한 법률 시행령 (약칭: 디엔에이법 시행령)

부록 1

# ENFSI의 DNA 데이터베이스 권고안

DNA-DATABASE MANAGEMENT REVIEW AND RECOMMENDATIONS (ENFSI DNA Working Group, April 2014)

유럽 법과학연구소 네트워크(ENFSI: European Network of Forensic Science Institutes)의 DNA 워킹그룹(working group)에서 제시한 DNA 데이터베이스 운영에 대한 33개의 권고안(http://www.enfsi.eu/page.php?uid198)은 다음과 같다.

**1. 모든 EU/ENFSI 국가들은 법과학 DNA 데이터베이스(DB)를 설립해야 하며, DNA DB 구축 및 운영을 위한 법안을 마련해야 한다.** Every EU/ENFSI-country should establish a forensic DNA-database and specific legislation for its implementation and management.

**2. DNA DB에 입력되는 범죄 관련 인체 분비물의 종류에 제한이 없어야 한다.** The type of crime-related stain DNA-profiles which can be included in a DNA-database should not be restricted.

**3. 현장 증거물과 범죄자의 일치 확률을 높이기 위해 DNA DB에 수록되는 범죄자의 수는 법률적(혹은 재정적)으로 허용되는 한 최대한 많은 수를 입력해야 한다.** To increase the chance of identifying the donors of stains, the number of persons in a DNA-database who are likely to be donors of those stains should be as high as legally (and financially) possible.

**4. DNA DB 운영자는 부분 DNA정보의 수록을 위한 기준을 마련해 DNA정보가 증거 가치를 갖는 최소 수준과 우연히 일치할 수 있는 최대 수준 사이에서 균형을 유지해 혼란을 막아야 한다.** Managers of national DNA-databases should establish (together with other stakeholders) criteria for the inclusion of partial DNA-profiles to obtain an acceptable balance between the minimum allowable level of evidential value (maximum random match probability) of a DNA-profile and maximum number of adventitious matches a partial DNA-profile is expected to generate.

**5. 과거의 STR 상용 키트를 사용해 검출된 DNA정보가 DNA DB에서 일치되면, 가능한 현재의 기준으로 업그레이드해 증거 가치를 높이고 우**

**연한 일치의 가능성을 낮추어야 하며, 다른 나라와 DNA정보를 호환할 수 있도록 기준을 마련해야 한다.** DNA-profiles produced by older commercial kits should be upgraded (if possible) after a match in the National DNA-database to increase the evidential value of the match and to decrease the possibility of an adventitious match and also to fulfill the criteria for international comparison if a country wants to include DNA-profiles produced by older commercial kits in international search actions.

**6. 범죄 현장 등으로부터의 부분 DNA정보와 일치 확률을 높이기 위해 대조시료는 사용하는 STR 분석 키트의 최대 좌위(마커)에서 DNA정보가 검출되어야 한다.** To enhance the chance of finding relevant matches with partial crime stain DNA profiles, reference samples profiles should only be loaded to a database where a complete profile is obtained using the PCR Chemistry of choice.

**7. DNA DB를 위해 DNA정보를 분석하는 실험실은 최소한 ISO-17025(국가 간 인정되는) 인정을 획득해야 하며, 숙련도 시험에 참여해야 한다.** Labs producing DNA-profiles for a DNA-database should, as a minimum, be ISO-17025 (and/or nationally equivalent) accredited and should participate in challenging proficiency tests.

**8. 미량 DNA 시료에서 분석된 DNA정보를 DNA DB에 수록할 경우에는**

**식별이 가능하도록 해야 하며, 부분 일치도 검색될 수 있어야 한다.** When DNA-profiles produced from low levels of DNA are included in a DNA-database they should be recognizable and/or a dedicated (near) match strategy should be used for them.

**9. DNA정보를 조합해서 하나의 DNA정보를 만들 경우에는 동일한 DNA 시료를 사용해 증폭한 결과를 이용해야 한다.** Composite DNA-profiles should only be created from DNA-profiles generated from the same DNA extract because it cannot be excluded that different samples contain DNA from different persons.

**10. 새로운 대립유전자가 발견되면 DNA 정제, PCR, 모세관 전기영동 및 결과 분석을 통해 재확인해야 DNA DB에 수록할 수 있다.** When a new allele is observed in a DNA-profile, its presence should be confirmed by repeated DNA-isolation, PCR, Capillary Electrophoresis and allele calling of the DNA-profile. Only new alleles of which the size can be accurately determined using the internal DNA-size-standard, should be included in the DNA-database.

**11. 염색체에 이상이 있는 좌위의 대립유전자는 특정 조직이나 인체 분비물에서만 발생할 수 있는 돌연변이에 의해 생겼을 가능성이 있으므로 DNA DB에 입력하지 말아야 한다.** Alleles from loci with chromosomal anomalies should not be included in a DNA-database as they may be caused by somatic mutations which may only occur in certain tissues/body fluids.

**12. 혼합된 DNA정보의 분석을 위해 국제법유전학회(ISFG) 워킹그룹에서 정한 혼합 DNA정보 해석 가이드라인을 사용해야 하며, 유효성이 입증된 소프트웨어를 사용할 수 있다.** The guidelines in the document of the ISFG-working group on the analysis of mixed profiles should be used for the analysis of mixed profiles. Software tools may also be used provided they are properly validated.

**13. 대조시료와 혼합 DNA정보 사이의 일치는 그래프(electropherogram)를 보며 검증해야 한다.** A numerical match between a reference sample and a mixed profile must always be checked against the electropherogram of the mixed profile.

**14. 두 사람 이상의 혼합 DNA정보는 너무 많은 우연한 일치를 만들 수 있기 때문에 DNA DB에 수록될 수 없도록 해야 한다.** Mixed profiles of more than 2 persons should not systematically be included in a DNA-database because they generally will produce many adventitious matches.

**15. 상염색체 외의 STR DNA정보나 미토콘드리아 DNA 분석 결과를**

**DNA DB에 수록할 경우에는 의도적이지 않은 가족 검색(familial searching)이 이루어지지 않도록 방안을 마련해야 한다.** When non-autosomal STR profiles or mitochondrial profiles are added to criminal DNA-databases, specific operating procedures must be in place to avoid unintended familial searches.

**16. 외부 정보 등에 의해 DNA정보를 삭제할 경우에는 삭제 즉시 DNA DB 책임자에게 자동적으로 보고되어야 한다.** If the removal of a DNA-profile from the DNA-database is dependent on external information, a process should be in place to give the custodian of the DNA-database access to this information preferably by means of an automated message after an event which influences the deletion date of a DNA-profile.

**17. 시료 채취 대상자가 DNA DB에 이미 수록된 사람인지 채취자가 찾아볼 수 있는 시스템이 있어야 한다.** There should be a system that can be consulted by those responsible for sampling persons to see whether a person is already present in the DNA-database.

**18. 채취 대상자가 DNA DB에 이미 수록되어 있는지를 알 수 있는 시스템은 지문 등의 생체 인식 시스템과 연결되어 확인할 수 있어야 한다.** The system which can be consulted by those responsible for sampling persons to see whether a person is already present in the DNA-database should be combined with a rapid biometric identification system like fingerprints to verify whether a person is already present in the DNA-database.

**19. 오염 확인 등을 위해 모든 실험자와 증거물 취급 경찰관, 그리고 필요한 경우에는 시약 재료 생산자 등까지 포함한 배제(elimination) DNA DB가 구축되어 있어야 한다.** Any DNA-database should have an associated elimination DNA-database (or databases). This should include laboratory staff of all categories as well as visiting maintenance personnel. Profiles from those with access to traces (e.g., police) should also be included in addition to unidentified DNA-profiles found in negative controls which may originate in manufacturing disposables and/or chemicals. The latter category of DNA-profiles should be shared with other ENFSI-countries.

**20. DNA DB에 수록된 DNA정보가 사건과 관련성이 없다는 것이 확인되면 이를 즉시 삭제할 수 있는 정책과 절차가 마련되어야 한다.** Policies and procedures should be in place to ensure that non relevant DNA-profiles are deleted immediately after their irrelevance has become clear.

**21. 사람에 의한 실수로 DNA DB에 잘못 수록되는 문제는 결과 분석과 DNA DB 수록 과정을 자동화하여 방지해야 한다. 수기로 DNA정보를**

**DNA DB에 수록하는 경우에는 오타를 막기 위해 두 번의 입력 과정을 거치도록 해야 한다.** The occurrence of errors in DNA-profiles as a result of human mistakes associated with data entry should be avoided as much as possible by automating the allele calling and the DNA-database import process. When DNA-profiles are entered manually into the DNA-database this should be done by a process which detects typing errors, for example by double (blind) entry of data.

**22. 잘못된 검색 불일치(false negative match)를 막기 위해 적어도 하나 이상의 좌위에 대해 불일치를 허용해야 한다. 한두 좌위의 불일치는 실험 과정 중에 발생할 수 있는 실수의 결과인지 검토해야 한다.** To prevent false exclusions DNA-profiles should also be compared allowing at least one mismatch. The DNA-profiles involved in such near matches should be checked for possible mistakes during their production and processing.

**23. DNA DB는 국민들, 정치인들 및 언론매체의 주목을 받게 되는데, DNA DB 운영자는 DNA DB 운영 결과와 효용성 등을 표현할 수 있는 항목들을 준비해 공개해야 한다.** As a national DNA-database is regularly subject to attention from the public, politicians and the media, a DNA-database manager should consider establishing performance parameters and making these publicly available.

**24. DNA DB 운영자는 우연한 일치의 가능성에 대해 숙지하고 계산할 수 있어야 한다. DNA DB 일치 건을 작성할 경우에는 우연한 일치를 유발할 수 있는 요인들을 포함한 경고 문구를 포함해야 한다.** DNA-database managers should be aware of the possibility of adventitious matches and be able to calculate their expected numbers for the matches they report. When reporting a DNA-database match, a warning should be included indicating the factors that increase the possibility of finding an adventitious match (size of the database, number of searches, mixed and partial profiles/random match probability, presence of family members).

**25. 범죄 현장 등 증거물의 DNA정보가 대조시료와 일치하는 경우에는 우연한 일치의 가능성에 대한 정보는 물론이고 다른 정보들을 함께 고려해야 한다는 점을 보고서에 기재해야 한다.** A DNA-database match report of a crime scene related DNA-profile with a person should be informative and apart from the usual indication of the evidential value of the match (RMP/LR) it should also contain a warning indicating the possibility of finding adventitious matches (as mentioned in recommendation 22) and its implication that the match should be considered together with other information.

**26. DNA정보는 정확하게 수록되는지를 보증할 수 있는 방법으로 DNA DB에 수록되어야 한다. DNA DB의 접근은 권한이 부여된 사람으로 한정**

**되어야 한다. DNA정보와 관련 정보는 서로 다른 시스템에 보관되어야 하며, 정기적으로 백업되어야 하고, 연계 상태를 정기적으로 점검해야 한다.** DNA-profiles should be entered into a database in a way that guarantees their correct import. Access to the DNA-database should be limited to those persons who need to have access, by physical and organizational measures. Regular back-ups should be made, stored in a safe place, and put back at regular intervals to simulate recovery from a disaster. When DNA-profiles and their associated information are present in different systems, these systems should be regularly compared to check whether they are still properly synchronized.

**27. 어떤 문제로 일치 건이 검색되지 않는지(false negative match)를 알기 위해 정기적으로 DNA DB 전체를 대상으로 검색을 수행하여 문제점을 찾아야 한다.** To detect false exclusions (e.g. matches which should be found but are not found because one of the DNA-profiles contains an error) regular full DNA-database searches allowing one or more mismatches should be performed. When a match between two DNA-profiles contains a mismatch in one of the loci, the original data of both DNA-profiles should be checked to see if one of the DNA-profiles contains an error.

**28. DNA DB 정보를 다른 유형의 증거들과 연계시켜 사건 해결 기여도를**

**높여야 한다.** Information from a National DNA-database should be combined with other types of evidence to increase the number of crimes for which a lead can be identified.

**29. 사람에 의한 오류를 낮추기 위해 검색 과정의 자동화를 확대해야 한다.** As automated processes reduce the possibility of human errors, they should be introduced for those processes that are straightforward.

**30. 법과학적 관점에서 채취된 대조시료는 DNA정보와 함께 보관되어야 한다.** From a forensic point of view the cell material of reference samples should be stored as long as their corresponding DNA-profiles.

**31. DNA DB는 매우 중요하지만 동시에 사회적으로 민감한 역할을 하고 있기 때문에 DNA DB 운영자는 DNA DB에 관한 객관적인 정보를 정치인, 국민들 그리고 언론에 제공할 수 있도록 해야 한다.** Because DNA-databases have a very important but also very delicate role in society, the custodian of a DNA-database should develop tools to make objective information about the DNA-database available to politicians, the public and the media.

**32. 국가 간 검색에서 6개 혹은 7개 STR 마커만 일치한 경우, 추가 마커**

**에 대한 분석 후 다른 나라의 DNA정보를 요청해야 한다.** Six and seven locus international matches obtained under the terms of the Prüm system should be further analyzed by additional DNA-testing before requesting information from another country. If a Prüm related information request is received from another country, the quality of the corresponding match should be checked before providing the requested information to the other country.

**33. 국가 간 검색에 참여하고 있는 국가들은 DNA DB 수록을 위해 일반적으로 분석되고 있는 모든 STR 좌위들을 분석할 수 있는 컴퓨터 시스템을 갖추어야 한다.** All regularly used loci (also the ones not used by the receiving country) should be configured in the DNA-databases of countries participating in the international exchange of DNA-profiles under the terms of the Prüm system to be able to see the full composition of the DNA-profile of the sending country.

부록 2

# ISFG(International Society of Forensic Genetics)의 DVI(Disaster Victim Identification) 권고안

1. 모든 DNA감식 실험실은 다른 팀들과 협력해 가능한 빨리 시료의 수집과 희생자 대조 가족의 선정을 비롯한 DVI 전반에 걸친 정책을 결정해야 한다.

2. 내부 계획 속에는 분석 능력, 시료의 추적성 등이 포함되어야 하며, 여러 업무들에 대해 각기 책임자를 정해야 한다.

3. DNA 분석을 위한 여러 유형의 시료들을 가능한 빠른 시간 내에 수집해야 한다. 시료들은 신원이 확인된 사체를 포함한 모든 사체와 식별 가능한 모든 부분 사체에서 채취되어야 하며, 적절히 보관되어야 한다.

4. 희생자 각각에 대해 다수의 생활용품과 직계 가족 시료를 확보해야 한다. 유전학적 지식을 갖춘 과학자를 확보해 가족 시료의 채취를 위한 교육과 자문을 할 수 있어야 한다.

5. DNA 분석은 DVI 시료들에 대한 분석 능력과 많은 경험을 가진 실험실에서만 수행되어야 한다.

6. DNA 마커(좌위)들은 희생자들의 국가에서 통용되는 것을 사용해야 한다. 적어도 12개의 독립적인 마커들을 표준 조합으로 선정하지만, 일반적으로는 이보다 많은 마커들이 분석된다.

7. 모든 대립유전자와 모든 일치 건은 심도 깊게 재검토해야 한다. 중복실험을 수행할 경우에는 시료의 운송과 대량재난사고 현장의 상황을 고려해야 한다.

8. 핵 DNA 상염색체 STR 분석이 실패한 경우에는 미토콘드리아 DNA 분석 혹은 Y-STR 분석을 추가적으로 수행하는 것이 유용하다.

9. 집중화된 데이터베이스를 구축해 모든 데이터를 비교해야 한다. 데이터의 입력은 오류를 방지하기 위해 전자적으로 수행하는 것이 좋다.

10. 한 가족 내에서 여러 명이 희생된 경우에는 DNA 분석을 이용한 신원확인 방법 외에 인류학적 분석 혹은 부수적인 수집 자료들을 고려할 필요가 있으며, 대조 가족의 수를 늘리는 것도 좋다.

11. DNA 분석 결과는 비(非)DNA 증거들을 함께 고려해 LR(likelihood ratio)로 표현하는 것이 가장 좋다. DNA 분석 결과만으로도 신원확인에 충분할 정도로 높은 LR 값을 기준으로 잡아야 하며, 이는 희생자의 규모나 사고 현장의 상황(폐쇄적인 공간인지, 열린 공간인지 등)에 따라 달라질 수 있다.

12. DNA 분석을 담당하는 실험실의 준비 계획에는 희생자 가족에 대한 결과 통보, 장기적인 관점에서의 시료 폐기, 그리고 자료의 보존에 대한 정책을 포함하고 있어야 한다.

*Source: Prinz, M., et al. (2007). DNA Commission of the International Society of Forensic Genetics (ISFG): Recommendations regarding the role of forensic genetics for disaster victim identification (DVI). Forensic Science International: Genetics, 1, 3.12.*

부록 3

# 디엔에이신원확인정보의 이용 및 보호에 관한 법률

## (약칭: 디엔에이법)

[시행 2017. 7. 7] [법률 제13722호, 2016. 1. 6, 타법개정]

대검찰청(디엔에이수사담당관) 02-3480-2465

법무부(형사법제과) 02-2110-3307~8

경찰청(과학수사담당관) 02-3150-2311

제1조(목적) 이 법은 디엔에이신원확인정보의 수집·이용 및 보호에 필요한 사항을 정함으로써 범죄수사 및 범죄예방에 이바지하고 국민의 권익을 보호함을 목적으로 한다.

제2조(정의) 이 법에서 사용하는 용어의 뜻은 다음과 같다.

1. "디엔에이"란 생물의 생명현상에 대한 정보가 포함된 화학물질인 디옥시리보핵산(Deoxyribonucleic acid, DNA)을 말한다.
2. "디엔에이감식시료"란 사람의 혈액, 타액, 모발, 구강점막 등 디엔에이감식의 대상이 되는 것을 말한다.
3. "디엔에이감식"이란 개인 식별을 목적으로 디엔에이 중 유전정보가 포함되어 있지 아니한 특정 염기서열 부분을 검사·분석하여 디엔에이신원확인정보를 취득하는 것을 말한다.
4. "디엔에이신원확인정보"란 개인 식별을 목적으로 디엔에이감식을 통하여 취득한 정보로서 일련의 숫자 또는 부호의 조합으로 표기된 것을 말한다.

5. “디엔에이신원확인정보데이터베이스”(이하 “데이터베이스”라 한다)란 이 법에 따라 취득한 디엔에이신원확인정보를 컴퓨터 등 저장매체에 체계적으로 수록한 집합체로서 개별적으로 그 정보에 접근하거나 검색할 수 있도록 한 것을 말한다.

제3조(국가의 책무) ① 국가는 디엔에이감식시료를 채취하고 디엔에이 신원확인정보를 관리하며 이를 이용함에 있어 인간의 존엄성 및 개인의 사생활이 침해되지 아니하도록 필요한 시책을 마련하여야 한다.

② 데이터베이스에 수록되는 디엔에이신원확인정보에는 개인 식별을 위하여 필요한 사항 외의 정보 또는 인적사항이 포함되어서는 아니 된다.

제4조(디엔에이신원확인정보의 사무관장) ① 검찰총장은 제5조에 따라 채취한 디엔에이감식시료로부터 취득한 디엔에이신원확인정보에 관한 사무를 총괄한다.

② 경찰청장은 제6조 및 제7조에 따라 채취한 디엔에이감식시료로부터 취득한 디엔에이신원확인정보에 관한 사무를 총괄한다.

③ 검찰총장 및 경찰청장은 데이터베이스를 서로 연계하여 운영할 수 있다.

제5조(수형인등으로부터의 디엔에이감식시료 채취) ① 검사(군검사를 포함한다. 이하 같다)는 다음 각 호의 어느 하나에 해당하는 죄 또는 이와 경합된 죄에 대하여 형의 선고, 「형법」 제59조의2에 따른 보호관찰명령, 「치료감호법」에 따른 치료감호선고, 「소년법」 제32조제1항제9호 또는 제10호에 해당하는 보호처분결정을 받아 확정된 사람(이하 “수형인등”이라 한다)으로부터 디엔에이감식시료를 채취할 수 있다. 다만, 제6조에 따라 디엔에이감식시료를 채취하여 디엔에이신원확인정보가 이미 수록되어 있는 경우는 제외한다. 〈개정 2010. 4. 15., 2012. 12. 18., 2013. 4. 5., 2014. 10. 15., 2016. 1. 6.〉

1. 「형법」 제2편제13장 방화와 실화의 죄 중 제164조, 제165조, 제166조제1항, 제167조제1항 및 제174조(제164조제1항, 제165조, 제166조제1항의 미수범만 해당한다)의 죄
2. 「형법」 제2편제24장 살인의 죄 중 제250조, 제253조 및 제254조(제251조, 제

252조의 미수범은 제외한다)의 죄

2의2. 「형법」 제2편제25장 상해와 폭행의 죄 중 제258조의2, 제261조, 제264조의 죄

2의3. 「형법」 제2편제29장 체포와 감금의 죄 중 제278조, 제279조, 제280조(제278조, 제279조의 미수범에 한정한다)의 죄

2의4. 「형법」 제2편제30장 협박의 죄 중 제284조, 제285조, 제286조(제284조, 제285조의 미수범에 한정한다)의 죄

3. 「형법」 제2편제31장 약취(略取), 유인(誘引) 및 인신매매의 죄 중 제287조, 제288조(결혼을 목적으로 제288조제1항의 죄를 범한 경우는 제외한다), 제289조(결혼을 목적으로 제289조제2항의 죄를 범한 경우는 제외한다), 제290조, 제291조, 제292조(결혼을 목적으로 한 제288조제1항 또는 결혼을 목적으로 한 제289조제2항의 죄로 약취, 유인 또는 매매된 사람을 수수 또는 은닉한 경우 및 결혼을 목적으로 한 제288조제1항 또는 결혼을 목적으로 한 제289조제2항의 죄를 범할 목적으로 사람을 모집, 운송 또는 전달한 경우는 제외한다) 및 제294조(결혼을 목적으로 제288조제1항 또는 결혼을 목적으로 제289조제2항의 죄를 범한 경우의 미수범, 결혼을 목적으로 한 제288조제1항 또는 결혼을 목적으로 한 제289조제2항의 죄로 약취, 유인 또는 매매된 사람을 수수 또는 은닉한 죄의 미수범은 제외한다)의 죄

4. 「형법」 제2편제32장 강간과 추행의 죄 중 제297조, 제297조의2, 제298조부터 제301조까지, 제301조의2, 제302조, 제303조 및 제305조의 죄

4의2. 「형법」 제2편제36장 주거침입의 죄 중 제320조, 제322조(제320조의 미수범에 한정한다)의 죄

4의3. 「형법」 제2편제37장 권리행사를 방해하는 죄 중 제324조제2항, 제324조의5(제324조제2항의 미수범에 한정한다)의 죄

5. 「형법」 제2편제38장 절도와 강도의 죄 중 제330조, 제331조, 제332조(제331조의2의 상습범은 제외한다)부터 제342조(제329조, 제331조의2의 미수범은 제외한다)까지의 죄

5의2. 「형법」 제2편제39장 사기와 공갈의 죄 중 제350조의2, 제351조(제350조, 제

350조의2의 상습범에 한정한다), 제352조(제350조, 제350조의2의 미수범에 한정한다)의 죄

5의3. 「형법」 제2편제42장 손괴의 죄 중 제369조제1항, 제371조(제369조제1항의 미수범에 한정한다)의 죄

6. 「폭력행위 등 처벌에 관한 법률」 제2조(같은 조 제2항의 경우는 제외한다), 제3조부터 제5조까지 및 제6조(제2조제2항의 미수범은 제외한다)의 죄

7. 「특정범죄가중처벌 등에 관한 법률」 제5조의2제1항부터 제6항까지, 제5조의4제2항 및 제5항, 제5조의5, 제5조의8, 제5조의9 및 제11조의 죄

8. 「성폭력범죄의 처벌 등에 관한 특례법」 제3조부터 제11조까지 및 제15조(제13조의 미수범은 제외한다)의 죄

9. 「마약류관리에 관한 법률」 제58조부터 제61조까지의 죄

10. 「아동·청소년의 성보호에 관한 법률」 제7조, 제8조 및 제12조부터 제14조까지(제14조제3항의 경우는 제외한다)의 죄

11. 「군형법」 제53조제1항, 제59조제1항, 제66조, 제67조 및 제82조부터 제85조까지의 죄

② 검사는 필요한 경우 교도소·구치소 및 그 지소, 소년원, 치료감호시설 등(이하 "수용기관"이라 한다)의 장에게 디엔에이감식시료의 채취를 위탁할 수 있다.

제6조(구속피의자등으로부터의 디엔에이감식시료 채취) 검사 또는 사법경찰관(군사법경찰관을 포함한다. 이하 같다)은 제5조제1항 각 호의 어느 하나에 해당하는 죄 또는 이와 경합된 죄를 범하여 구속된 피의자 또는 「치료감호법」에 따라 보호구속된 치료감호대상자(이하 "구속피의자등"이라 한다)로부터 디엔에이감식시료를 채취할 수 있다. 다만, 제5조에 따라 디엔에이감식시료를 채취하여 디엔에이신원확인정보가 이미 수록되어 있는 경우는 제외한다.

제7조(범죄 현장 등으로부터의 디엔에이감식시료 채취) ① 검사 또는 사법경찰관은 다음 각 호의 어느 하나에 해당하는 것(이하 "범죄 현장 등"이라 한다)에서 디엔에이감식시료를 채취할 수 있다.

1. 범죄 현장에서 발견된 것

2. 범죄의 피해자 신체의 내·외부에서 발견된 것

3. 범죄의 피해자가 피해 당시 착용하거나 소지하고 있던 물건에서 발견된 것

4. 범죄의 실행과 관련된 사람의 신체나 물건의 내·외부 또는 범죄의 실행과 관련한 장소에서 발견된 것

② 제1항에 따라 채취한 디엔에이감식시료에서 얻은 디엔에이신원확인정보는 그 신원이 밝혀지지 아니한 것에 한정하여 데이터베이스에 수록할 수 있다.

제8조(디엔에이감식시료채취영장) ① 검사는 관할 지방법원 판사(군판사를 포함한다. 이하 같다)에게 청구하여 발부받은 영장에 의하여 제5조 또는 제6조에 따른 디엔에이감식시료의 채취대상자로부터 디엔에이감식시료를 채취할 수 있다.

② 사법경찰관은 검사에게 신청하여 검사의 청구로 관할 지방법원판사가 발부한 영장에 의하여 제6조에 따른 디엔에이감식시료의 채취대상자로부터 디엔에이감식시료를 채취할 수 있다.

③ 제1항과 제2항의 채취대상자가 동의하는 경우에는 영장 없이 디엔에이감식시료를 채취할 수 있다. 이 경우 미리 채취대상자에게 채취를 거부할 수 있음을 고지하고 서면으로 동의를 받아야 한다.

④ 제1항 및 제2항에 따라 디엔에이감식시료를 채취하기 위한 영장(이하 "디엔에이감식시료채취영장"이라 한다)을 청구할 때에는 채취대상자의 성명, 주소, 청구이유, 채취할 시료의 종류 및 방법, 채취할 장소 등을 기재한 청구서를 제출하여야 하며, 청구이유에 대한 소명자료를 첨부하여야 한다.

⑤ 디엔에이감식시료채취영장에는 대상자의 성명, 주소, 채취할 시료의 종류 및 방법, 채취할 장소, 유효기간과 그 기간을 경과하면 집행에 착수하지 못하며 영장을 반환하여야 한다는 취지를 적고 지방법원판사가 서명날인하여야 한다.

⑥ 디엔에이감식시료채취영장은 검사의 지휘에 의하여 사법경찰관리가 집행한다. 다만, 수용기관에 수용되어 있는 사람에 대한 디엔에이감식시료채취영장은 검사의 지휘에 의하여 수용기관 소속 공무원이 행할 수 있다.

⑦ 검사는 필요에 따라 관할구역 밖에서 디엔에이감식시료채취영장의 집행을

직접 지휘하거나 해당 관할구역의 검사에게 집행지휘를 촉탁할 수 있다.

⑧ 디엔에이감식시료를 채취할 때에는 채취대상자에게 미리 디엔에이감식시료의 채취 이유, 채취할 시료의 종류 및 방법을 고지하여야 한다.

⑨ 디엔에이감식시료채취영장에 의한 디엔에이감식시료의 채취에 관하여는 「형사소송법」 제116조, 제118조, 제124조부터 제126조까지 및 제131조를 준용한다.

[헌법불합치, 2016헌마344, 2018. 8. 30. '디엔에이신원확인정보의 이용 및 보호에 관한 법률'(2010. 1. 25. 법률 제9944호로 제정된 것) 제8조는 헌법에 합치되지 아니한다. 위 법률조항은 2019. 12. 31.을 시한으로 입법자가 개정할 때까지 계속 적용된다.]

제9조(디엔에이감식시료의 채취 방법) ① 제5조 및 제6조에 따라 디엔에이감식시료를 채취할 때에는 구강점막에서의 채취 등 채취대상자의 신체나 명예에 대한 침해를 최소화하는 방법을 사용하여야 한다.

② 디엔에이감식시료의 채취 방법 및 관리에 관하여 필요한 사항은 대통령령으로 정한다.

제10조(디엔에이신원확인정보의 수록 등) ① 검찰총장 및 경찰청장은 다음 각 호의 업무를 대통령령으로 정하는 사람이나 기관(이하 "디엔에이신원확인정보담당자"라 한다)에 위임 또는 위탁할 수 있다.

1. 제5조부터 제9조까지의 규정에 따라 채취된 디엔에이감식시료의 감식 및 데이터베이스에의 디엔에이신원확인정보의 수록
2. 데이터베이스의 관리

② 디엔에이신원확인정보담당자에 대한 위임 또는 위탁, 디엔에이감식업무, 디엔에이신원확인정보의 수록 및 관리 등에 관하여 필요한 사항은 대통령령으로 정한다.

제11조(디엔에이신원확인정보의 검색·회보) ① 디엔에이신원확인정보담당자는 다음 각 호의 어느 하나에 해당하는 경우에 디엔에이신원확인정보를 검색하거나 그 결

과를 회보할 수 있다.

1. 데이터베이스에 새로운 디엔에이신원확인정보를 수록하는 경우
2. 검사 또는 사법경찰관이 범죄수사 또는 변사자 신원확인을 위하여 요청하는 경우
3. 법원(군사법원을 포함한다. 이하 같다)이 형사재판에서 사실조회를 하는 경우
4. 데이터베이스 상호간의 대조를 위하여 필요한 경우

② 디엔에이신원확인정보담당자는 제1항에 따라 디엔에이신원확인정보의 검색결과를 회보하는 때에는 그 용도, 작성자, 조회자의 성명 및 작성 일시를 명시하여야 한다.

③ 디엔에이신원확인정보의 검색 및 검색결과의 회보 절차에 관하여 필요한 사항은 대통령령으로 정한다.

제12조(디엔에이감식시료의 폐기) ① 디엔에이신원확인정보담당자가 디엔에이신원확인정보를 데이터베이스에 수록한 때에는 제5조 및 제6조에 따라 채취된 디엔에이감식시료와 그로부터 추출한 디엔에이를 지체 없이 폐기하여야 한다.

② 디엔에이감식시료와 그로부터 추출한 디엔에이의 폐기 방법 및 절차에 관하여 필요한 사항은 대통령령으로 정한다.

제13조(디엔에이신원확인정보의 삭제) ① 디엔에이신원확인정보담당자는 수형인등이 재심에서 무죄, 면소, 공소기각 판결 또는 공소기각 결정이 확정된 경우에는 직권 또는 본인의 신청에 의하여 제5조에 따라 채취되어 데이터베이스에 수록된 디엔에이신원확인정보를 삭제하여야 한다.

② 디엔에이신원확인정보담당자는 구속피의자등이 다음 각 호의 어느 하나에 해당하는 경우에는 직권 또는 본인의 신청에 의하여 제6조에 따라 채취되어 데이터베이스에 수록된 디엔에이신원확인정보를 삭제하여야 한다.

1. 검사의 혐의없음, 죄가안됨 또는 공소권없음의 처분이 있거나, 제5조제1항 각 호의 범죄로 구속된 피의자의 죄명이 수사 또는 재판 중에 같은 항 각 호 외의 죄명으로 변경되는 경우. 다만, 죄가안됨 처분을 하면서 「치료감호법」

제7조제1호에 따라 치료감호의 독립청구를 하는 경우는 제외한다.

2. 법원의 무죄, 면소, 공소기각 판결 또는 공소기각 결정이 확정된 경우. 다만, 무죄 판결을 하면서 치료감호를 선고하는 경우는 제외한다.

3. 법원의 「치료감호법」 제7조제1호에 따른 치료감호의 독립청구에 대한 청구기각 판결이 확정된 경우

③ 디엔에이신원확인정보담당자는 수형인등 또는 구속피의자등이 사망한 경우에는 제5조 또는 제6조에 따라 채취되어 데이터베이스에 수록된 디엔에이신원확인정보를 직권 또는 친족의 신청에 의하여 삭제하여야 한다.

④ 디엔에이신원확인정보담당자는 제7조에 따라 채취되어 데이터베이스에 수록된 디엔에이신원확인정보에 관하여 그 신원이 밝혀지는 등의 사유로 더 이상 보존·관리가 필요하지 아니한 경우에는 직권 또는 본인의 신청에 의하여 그 디엔에이신원확인정보를 삭제하여야 한다.

⑤ 디엔에이신원확인정보담당자는 제1항부터 제4항까지의 규정에 따라 디엔에이신원확인정보를 삭제한 경우에는 30일 이내에 본인 또는 신청인에게 그 사실을 통지하여야 한다.

⑥ 디엔에이신원확인정보의 삭제 방법, 절차 및 통지에 관하여 필요한 사항은 대통령령으로 정한다.

제14조(디엔에이신원확인정보데이터베이스관리위원회) ① 데이터베이스의 관리·운영에 관한 다음 각 호의 사항을 심의하기 위하여 국무총리 소속으로 디엔에이신원확인정보데이터베이스관리위원회(이하 "위원회"라 한다)를 둔다.

1. 디엔에이감식시료의 수집, 운반, 보관 및 폐기에 관한 사항
2. 디엔에이감식의 방법, 절차 및 감식기술의 표준화에 관한 사항
3. 디엔에이신원확인정보의 표기, 데이터베이스 수록 및 삭제에 관한 사항
4. 그 밖에 대통령령으로 정하는 사항

② 위원회는 위원장 1명을 포함한 7명 이상 9명 이하의 위원으로 구성한다.

③ 위원은 다음 각 호의 어느 하나에 해당하는 사람 중에서 국무총리가 위촉하

며, 위원장은 국무총리가 위원 중에서 지명한다.

1. 5급 이상 공무원(고위공무원단에 속하는 일반직공무원을 포함한다) 또는 이에 상당하는 공공기관의 직에 있거나 있었던 사람으로서 디엔에이와 관련한 업무에 종사한 경험이 있는 사람
2. 대학이나 공인된 연구기관에서 부교수급 이상 또는 이에 상당하는 직에 있거나 있었던 사람으로서 생명과학 또는 의학 분야에서 전문지식과 연구경험이 풍부한 사람
3. 그 밖에 윤리학계, 사회과학계, 법조계 또는 언론계 등 분야에서 학식과 경험이 풍부한 사람

④ 위원의 임기는 3년으로 한다.

⑤ 위원회는 제1항 각 호 사항의 심의에 필요하다고 인정하는 때에는 검찰총장 및 경찰청장에게 관련 자료의 제출을 요청할 수 있고, 디엔에이신원확인정보담당자 등을 위원회의 회의에 참석하게 하여 의견을 들을 수 있다.

⑥ 위원회는 제1항 각 호의 사항을 심의하여 검찰총장 또는 경찰청장에게 의견을 제시할 수 있다.

⑦ 제1항부터 제6항까지에서 규정한 사항 외에 위원회의 구성과 운영 등에 필요한 사항은 대통령령으로 정한다.

제15조(업무목적 외 사용 등의 금지) 디엔에이신원확인정보담당자는 업무상 취득한 디엔에이감식시료 또는 디엔에이신원확인정보를 업무목적 외에 사용하거나 타인에게 제공 또는 누설하여서는 아니 된다.

제16조(벌칙 적용 시 공무원 의제) 디엔에이신원확인정보담당자 중 공무원이 아닌 사람은 「형법」이나 그 밖의 법률에 따른 벌칙을 적용할 때에는 공무원으로 본다.

제17조(벌칙) ① 디엔에이신원확인정보를 거짓으로 작성하거나 변개(變改)한 사람은 7년 이하의 징역 또는 2천만원 이하의 벌금에 처한다.

② 이 법에 따라 채취한 디엔에이감식시료를 인멸, 은닉 또는 손상하거나 그 밖의 방법으로 그 효용을 해친 사람은 5년 이하의 징역 또는 700만원 이하의 벌금

에 처한다.

③ 제15조를 위반하여 디엔에이감식시료 또는 디엔에이신원확인정보를 업무목적 외에 사용하거나 타인에게 제공 또는 누설한 사람은 3년 이하의 징역 또는 5년 이하의 자격정지에 처한다.

④ 다음 각 호의 어느 하나에 해당하는 사람은 2년 이하의 징역 또는 500만원 이하의 벌금에 처한다.

1. 거짓이나 그 밖의 부정한 방법으로 디엔에이신원확인정보를 열람하거나 제공받은 사람
2. 제11조에 따라 회보된 디엔에이신원확인정보를 업무목적 외에 사용하거나 타인에게 제공 또는 누설한 사람

⑤ 디엔에이신원확인정보담당자가 정당한 사유 없이 제12조 또는 제13조를 위반하여 디엔에이감식시료와 추출한 디엔에이를 폐기하지 아니하거나 디엔에이신원확인정보를 삭제하지 아니한 때에는 1년 이하의 징역 또는 3년 이하의 자격정지에 처한다. 〈개정 2014. 1. 7.〉

부칙 〈제13722호, 2016. 1. 6.〉 (군사법원법)

제1조(시행일) 이 법은 공포 후 1년 6개월이 경과한 날부터 시행한다. 〈단서 생략〉

제2조부터 제8조까지 생략

제9조(다른 법률의 개정) ①부터 ⑤까지 생략

⑥ 디엔에이신원확인정보의 이용 및 보호에 관한 법률 일부를 다음과 같이 개정한다.

제5조제1항 각 호 외의 부분 본문 중 "군검찰관을"을 "군검사를"로 한다.

⑦부터 ⑯까지 생략

제10조 생략

부록 4

# 디엔에이신원확인정보의 이용 및 보호에 관한 법률 시행령
## (약칭: 디엔에이법 시행령)

[시행 2016. 5. 10] [대통령령 제27129호, 2016. 5. 10, 타법개정]

대검찰청(디엔에이수사담당관) 02-3480-2465

법무부(형사법제과) 02-2110-3307~8

경찰청(과학수사담당관) 02-3150-2311

제1조(목적) 이 영은 「디엔에이신원확인정보의 이용 및 보호에 관한 법률」에서 위임된 사항과 그 시행에 필요한 사항을 규정함을 목적으로 한다.

제2조(정의) 이 영에서 사용하는 용어의 뜻은 다음과 같다.

1. "인적사항등"이란 「디엔에이신원확인정보의 이용 및 보호에 관한 법률」(이하 "법"이라 한다) 제5조 또는 제6조에 따른 디엔에이감식시료 채취대상자의 성명, 주민등록번호(외국인의 경우에는 외국인등록번호, 여권번호 등을 말한다) 등 인적사항 및 디엔에이감식시료의 채취 또는 그 원인이 된 사건과 관련된 정보를 말한다.
2. "식별코드"란 개인 식별을 위하여 법 제5조 또는 제6조에 따른 디엔에이감식시료 채취대상자의 인적사항을 대신하여 디엔에이신원확인정보데이터베이스(이하 "데이터베이스"라 한다)에 수록되는 것으로 숫자, 문자 또는 기호 등을 조합하여 생성된 분류체계를 말한다.

제3조(디엔에이인적관리시스템의 운영) ① 검찰총장 및 경찰청장은 다음 각 호의 업무에

이용하기 위하여 하드웨어, 소프트웨어, 데이터베이스, 네트워크, 보안요소 등이 결합되어 구축된 디엔에이인적관리시스템(이하 "인적관리시스템"이라 한다)을 서로 연계하여 운영하는 등 필요한 조치를 하여야 한다.

1. 인적사항등 및 식별코드의 관리업무
2. 디엔에이감식 및 디엔에이신원확인정보의 검색·회보와 관련된 인적사항등의 확인업무
3. 디엔에이감식시료의 중복 채취 및 채취 누락 확인업무
4. 디엔에이신원확인정보의 삭제사유 확인업무

② 인적관리시스템은 「형사사법절차 전자화 촉진법」에 따른 형사사법정보시스템을 이용할 수 있다.

제4조(디엔에이인적관리자) ① 검찰총장 및 경찰청장은 식별코드의 생성·부착 및 제3조제1항 각 호의 업무를 담당할 디엔에이인적관리자를 소속 공무원 중에서 지정할 수 있다.

② 디엔에이인적관리자는 인적관리시스템에 정보를 입력하거나 수정·삭제하기 위하여 그가 소속된 기관의 공무원 중에서 인적관리시스템에 접속할 권한을 부여받을 사람을 지정할 수 있다.

③ 디엔에이인적관리자는 검사 또는 사법경찰관이 디엔에이감식시료의 중복 채취 확인, 관련 사건의 수사 등을 위하여 인적관리시스템을 열람할 수 있도록 조치할 수 있다.

④ 디엔에이인적관리자는 인적관리시스템을 검색한 결과 법 제5조 및 제6조에 따른 디엔에이감식시료 채취대상자에 대한 디엔에이감식시료 채취가 누락된 사실을 발견한 경우 지체 없이 검사(군검찰관을 포함한다. 이하 같다) 또는 사법경찰관(군사법경찰관을 포함한다. 이하 같다)에게 그 사실을 통보하여야 한다.

제5조(데이터베이스의 연계) 검찰총장 및 경찰청장은 법 제4조제3항에 따라 데이터베이스를 서로 연계하여 운영할 때에는 데이터베이스의 수록내용을 상호 열람, 검색할 수 있도록 전자적으로 연계하여야 한다.

제6조(디엔에이감식시료 채취의 위탁) ① 검사는 법 제5조제2항에 따라 디엔에이감식시료의 채취를 위탁하기 위하여 교도소·구치소 및 그 지소, 소년원, 치료감호시설 등(이하 "수용기관"이라 한다)의 장에게 디엔에이감식시료 채취대상자의 확인 및 디엔에이감식시료 채취의 위탁에 필요한 자료를 요청할 수 있다.

② 법 제5조제2항에 따라 검사로부터 디엔에이감식시료의 채취를 위탁받은 수용기관의 장은 지체 없이 법 제5조에 따른 디엔에이감식시료 채취대상자로부터 디엔에이감식시료를 채취하고, 채취한 디엔에이감식시료와 다음 각 호의 서류를 즉시 검사에게 보내야 한다.

1. 채취 일시와 장소 및 방법, 채취한 디엔에이감식시료의 종류 등을 적은 서류
2. 법 제8조제3항에 따른 동의서(이하 "디엔에이감식시료채취동의서"라 한다)

제7조(디엔에이감식시료채취영장의 집행 등) ① 검찰총장 및 경찰청장은 법 제8조에 따라 디엔에이감식시료를 채취하기 위한 영장(이하 "디엔에이감식시료채취영장"이라 한다)이 발부되고 검사의 지명수배·통보 결정이 있는 경우 검사 또는 사법경찰관리가 지명수배·통보관리와 관련된 전산자료를 통하여 그 사실을 조회할 수 있도록 하여야 한다.

② 법 제5조 또는 제6조에 따른 디엔에이감식시료 채취대상자에 대하여 법 제8조제6항에 따라 디엔에이감식시료채취영장의 집행지휘를 받은 사법경찰관리 또는 수용기관 소속 공무원은 지체 없이 디엔에이감식시료 채취대상자로부터 디엔에이감식시료를 채취해야 한다.

③ 제2항에 따라 디엔에이감식시료를 채취한 사법경찰관 또는 수용기관 소속 공무원은 채취한 디엔에이감식시료와 다음 각 호의 서류를 즉시 검사에게 보내야 한다. 다만, 법 제8조제6항에 따라 디엔에이감식시료채취영장의 집행지휘를 받은 사법경찰관(수용기관 소속의 사법경찰관은 제외한다)이 법 제6조에 따른 디엔에이감식시료 채취대상자로부터 디엔에이감식시료를 채취한 경우는 제외한다.

1. 채취 일시와 장소 및 방법, 채취한 디엔에이감식시료의 종류 등을 적은 서류
2. 디엔에이감식시료채취영장

제8조(디엔에이감식시료의 채취 방법 및 관리) ① 법 제5조 또는 제6조에 따른 디엔에이감식시료 채취대상자로부터 디엔에이감식시료를 채취할 때에는 다음 각 호의 어느 하나에 해당하는 방법으로 하여야 한다.

1. 구강점막에서의 채취
2. 모근을 포함한 모발의 채취
3. 그 밖에 디엔에이를 채취할 수 있는 신체부분, 분비물, 체액의 채취(제1호 또는 제2호에 따른 디엔에이감식시료의 채취가 불가능하거나 현저히 곤란한 경우에 한정한다)

② 검찰총장 및 경찰청장은 법 제5조부터 제8조까지의 규정에 따라 디엔에이감식시료를 채취하는 경우 디엔에이감식시료가 부패 또는 오염되거나 다른 디엔에이감식시료와 바뀌지 않도록 디엔에이감식시료의 채취, 운반 및 보관에 필요한 조치를 하여야 한다.

제9조(디엔에이감식시료 채취사실의 기록) 검사 또는 사법경찰관은 법 제6조 및 제7조제1항에 따라 디엔에이감식시료를 채취한 경우 채취 일시와 장소 및 방법, 채취한 디엔에이감식시료의 종류와 채취 사유 등을 적은 서류를 작성하여 사건기록에 첨부하여야 한다.

제10조(수형인등 또는 구속피의자등으로부터 채취한 디엔에이감식시료의 송부) ① 검사 또는 사법경찰관은 법 제5조 또는 제6조에 따른 디엔에이감식시료 채취대상자로부터 채취한 디엔에이감식시료와 다음 각 호의 서류를 제4조제1항에 따라 검찰총장이 지정한 디엔에이인적관리자(이하 "검찰 디엔에이인적관리자"라 한다) 또는 제4조제1항에 따라 경찰청장이 지정한 디엔에이인적관리자(이하 "경찰 디엔에이인적관리자"라 한다)에게 보내야 한다.

1. 채취 일시와 장소 및 방법, 채취한 디엔에이감식시료의 종류 등을 적은 서류
2. 디엔에이감식시료채취영장 또는 디엔에이감식시료채취동의서

② 제1항에 따라 디엔에이감식시료를 건네받은 디엔에이인적관리자는 식별코드를 생성하여 디엔에이감식시료를 담은 봉투, 용기 등에 부착하고 인적관리시스템에 인적사항등과 식별코드를 입력한 후 지체 없이 그 디엔에이감식시료를

법 제10조 및 이 영 제12조제1항에 따라 법 제10조제1항 각 호의 업무를 위임받은 대검찰청 과학수사기획관(이하 "검찰 디엔에이신원확인정보담당자"라 한다) 또는 법 제10조 및 이 영 제12조제2항제1호에 따라 법 제10조제1항 각 호의 업무를 위탁받은 국립과학수사연구원(이하 "경찰 디엔에이신원확인정보담당자"라 한다)에 보내야 한다. 〈개정 2010. 8. 13.〉

③ 검찰 디엔에이신원확인정보담당자는 검사가 법 제6조에 따른 디엔에이감식시료 채취대상자로부터 채취한 디엔에이감식시료에서 취득한 디에이신원확인정보를 지체 없이 경찰 디엔에이신원확인정보담당자에게 보내야 한다.

제11조(범죄 현장 등으로부터 채취한 디엔에이감식시료의 송부) ① 검사 또는 사법경찰관은 법 제7조에 따라 채취한 디엔에이감식시료를 지체 없이 다음 각 호의 구분에 따른 사람 또는 기관에게 보내야 한다.

1. 검사 또는 사법경찰관(군사법경찰관은 제외한다)이 법 제7조에 따라 디엔에이감식시료를 채취한 경우: 검찰 디엔에이신원확인정보담당자 또는 경찰 디엔에이신원확인정보담당자
2. 군사법경찰관이 법 제7조에 따라 디엔에이감식시료를 채취한 경우: 법 제10조 및 이 영 제12조제2항제2호에 따라 법 제7조에 따라 채취한 디엔에이감식시료의 감식업무를 위탁받은 국방부 조사본부장(이하 "군 디엔에이감식기관"이라 한다)

② 검찰 디엔에이신원확인정보담당자 또는 군 디엔에이감식기관은 제1항에 따라 건네받은 디엔에이감식시료에서 취득한 디엔에이신원확인정보 중 신원이 밝혀지지 아니한 것을 지체 없이 경찰 디엔에이신원확인정보담당자에게 보내야 한다.

제12조(업무의 위임 및 위탁) ① 검찰총장은 법 제10조제1항에 따라 같은 항 각 호의 업무를 대검찰청 과학수사기획관에게 위임한다.

② 법 제10조제1항에 따른 경찰청장 업무의 위탁은 다음 각 호의 구분에 따른다. 〈개정 2010. 8. 13.〉

1. 법 제10조제1항 각 호의 업무(제2호의 업무는 제외한다): 국립과학수사연구원에 위탁
2. 군사법경찰관이 법 제7조에 따라 채취한 디엔에이감식시료의 감식업무: 국방부 조사본부장에게 위탁

제13조(디엔에이감식 등) ① 검찰 디엔에이신원확인정보담당자·경찰 디엔에이신원확인정보담당자(이하 "디엔에이신원확인정보담당자"라 한다) 및 군 디엔에이감식기관은 디엔에이감식에 필요한 시설과 장비, 신뢰성 높은 디엔에이감식기법의 사용 등과 관련하여 국제공인시험기관으로 인정받은 기관에서 디엔에이감식을 하고, 감정서를 작성하여야 한다.

② 디엔에이신원확인정보담당자 및 군 디엔에이감식기관은 디엔에이감식과 관련하여 디엔에이감식시료가 부패 또는 오염되거나 다른 시료와 바뀌지 않도록 디엔에이감식시료의 취급에 필요한 조치를 하여야 한다.

③ 디엔에이신원확인정보담당자 및 군 디엔에이감식기관은 디엔에이감식시료 부족 등의 사유로 디엔에이신원확인정보를 확인하기 어려운 경우 검사 또는 사법경찰관에게 그 사유를 적어 디엔에이감식시료를 다시 채취해 줄 것을 요청할 수 있다.

제14조(데이터베이스의 관리 등) ① 디엔에이신원확인정보담당자는 데이터베이스에 수록된 정보가 유출되거나 임의로 변경, 삭제 또는 멸실되는 것을 방지하기 위하여 데이터베이스에 보안장치 등 필요한 조치를 취하여야 한다.

② 디엔에이신원확인정보담당자는 데이터베이스에 정보를 입력하거나 수정·삭제하거나 검색하기 위하여 그가 소속된 기관의 공무원 중에서 데이터베이스에 접속할 권한을 부여받을 사람을 지정할 수 있다.

제15조(디엔에이신원확인정보의 검색 및 회보) ① 법 제11조제1항에 따라 디엔에이신원확인정보의 검색결과를 회보할 디엔에이신원확인정보담당자는 다음 각 호의 구분에 따른다.

1. 법 제5조 또는 제6조에 따른 디엔에이감식시료 채취대상자로부터 채취한 디

엔에이감식시료를 감식하여 취득한 디엔에이신원확인정보를 법 제7조에 따라 채취한 디엔에이감식시료를 감식하여 취득한 디엔에이신원확인정보가 수록된 데이터베이스에서 검색·대조한 결과 디엔에이신원확인정보가 일치하는 사실을 발견한 경우: 법 제5조 또는 제6조에 따른 디엔에이감식시료 채취대상자로부터 채취한 디엔에이감식시료를 감식한 디엔에이신원확인정보담당자

2. 법 제7조에 따라 채취한 디엔에이감식시료를 감식하여 취득한 디엔에이신원확인정보를 법 제5조 및 제6조에 따른 디엔에이감식시료 채취대상자로부터 채취한 디엔에이감식시료를 감식한 디엔에이신원확인정보를 수록한 데이터베이스에서 검색·대조한 결과 디엔에이신원확인정보가 일치하는 사실을 발견한 경우: 법 제5조 또는 제6조에 따른 디엔에이감식시료 채취대상자로부터 채취한 디엔에이감식시료를 감식한 디엔에이신원확인정보담당자
3. 법 제7조에 따라 채취한 디엔에이감식시료를 감식하여 취득한 디엔에이신원확인정보를 법 제7조에 따라 채취한 디엔에이감식시료를 감식하여 취득한 디엔에이신원확인정보가 수록된 데이터베이스에서 검색·대조한 경우: 해당 데이터베이스를 관리하는 디엔에이신원확인정보담당자
4. 그 밖의 경우: 디엔에이신원확인정보를 검색·대조한 디엔에이신원확인정보담당자

② 법 제11조제1항에 따른 디엔에이신원확인정보 검색결과를 회보받을 사람은 다음 각 호의 구분에 따른다.

1. 법 제11조제1항제1호 및 제4호에 따른 디엔에이신원확인정보 검색결과의 회보의 경우: 해당 사건을 담당한 검사 또는 사법경찰관
2. 법 제11조제1항제2호 및 제3호에 따른 디엔에이신원확인정보 검색결과의 회보의 경우: 검색을 요청한 검사, 사법경찰관 또는 법원(군사법원을 포함한다. 이하 같다)

③ 제2항에 따라 디엔에이신원확인정보의 검색결과를 회보받은 사람은 검찰 디

엔에이인적관리자 또는 경찰 디엔에이인적관리자에게 디엔에이신원확인정보 검색결과의 회보와 관련된 인적사항등을 확인해 줄 것을 요청할 수 있다.

④ 법 제11조제1항에 따라 디엔에이신원확인정보를 검색한 결과 다른 디엔에이신원확인정보담당자가 관리하는 데이터베이스에 수록된 디엔에이신원확인정보와 대조하려는 디엔에이신원확인정보가 일치하거나 중복한다는 사실을 발견한 디엔에이신원확인정보담당자는 지체 없이 그 데이터베이스를 관리하는 디엔에이신원확인정보담당자, 그 데이터베이스에 수록된 디엔에이신원확인정보와 관련된 인적사항등을 관리하는 디엔에이인적관리자 및 검색을 요청하거나 사건을 담당하는 검사 또는 사법경찰관에게 그 사실을 감정서 등의 서면, 유선 또는 모사전송 등의 방법으로 통보하여야 한다.

⑤ 제4항에 따른 통보를 받은 디엔에이인적관리자는 디엔에이신원확인정보의 검색을 요청하거나 사건을 담당하는 검사 또는 사법경찰관에게 인적사항등을 확인해 줄 수 있다.

⑥ 제1항제1호 및 제2호에 따른 디엔에이신원확인정보담당자로부터 디엔에이신원확인정보의 검색결과를 회보받은 검사 또는 사법경찰관은 해당 디엔에이감식시료 채취대상자로부터 시료를 다시 채취하여 검색결과를 회보한 디엔에이신원확인정보담당자에게 다시 감식해 줄 것을 요청할 수 있다.

제16조(디엔에이감식시료의 폐기) ① 디엔에이신원확인정보담당자는 법 제12조제1항에 따라 지정된 장소에서 소각하거나 화학적 처리 등을 통하여 디엔에이감식시료의 재분석을 불가능하게 하는 방법으로 디엔에이감식시료와 그로부터 추출한 디엔에이 및 감식과정에서 발생한 부산물을 폐기하여야 한다.

② 디엔에이신원확인정보담당자는 제1항에 따라 디엔에이감식시료와 그로부터 추출한 디엔에이 및 감식과정에서 발생한 부산물을 폐기한 경우 폐기 일시와 장소, 폐기한 디엔에이감식시료의 종류, 폐기 방법 등을 적은 자료를 보존하여야 한다. 이 경우 그 자료를 전자적 문서 또는 데이터베이스를 통하여 관리할 수 있다.

제17조(디엔에이신원확인정보의 삭제 방법, 절차 등) ① 법 제13조에 따른 디엔에이신원확인정보의 삭제 사유가 발생한 경우 검사, 사법경찰관 또는 수용기관의 장은 다음 각 호의 구분에 따라 디엔에이인적관리자에게 그 사실을 통보하여야 한다.

1. 법 제13조제1항부터 제3항까지 규정에 따른 디엔에이신원확인정보의 삭제 사유가 발생한 경우(제2호의 경우는 제외한다): 검사 또는 사법경찰관이 검찰 디엔에이인적관리자 또는 경찰 디엔에이인적관리자에게 통보
2. 수용기관에 수용되어 있던 사람에게 법 제13조제3항의 사유가 발생한 경우: 수용기관의 장이 검찰 디엔에이인적관리자 또는 경찰 디엔에이인적관리자에게 통보

② 제1항에 따라 통보를 받은 디엔에이인적관리자는 법 제5조 또는 제6조에 따른 디엔에이감식시료 채취대상자의 디엔에이신원확인정보를 법 제13조제1항부터 제3항까지의 규정에 따라 삭제하여야 하는지를 확인하기 위하여 인적관리시스템을 검색할 수 있다.

③ 제2항에 따른 검색 결과 디엔에이신원확인정보를 삭제하여야 하는 경우 디엔에이인적관리자는 인적관리시스템에서 인적사항등 및 식별코드를 삭제한 후 검찰 디엔에이신원확인정보담당자 또는 경찰 디엔에이신원확인정보담당자에게 삭제한 식별코드를 통보하여야 한다.

④ 디엔에이신원확인정보를 삭제한 디엔에이신원확인정보담당자는 법 제13조제5항에 따라 디엔에이신원확인정보 삭제 사실을 서면, 전자우편, 문자전송 또는 모사전송의 방법으로 통지하여야 한다.

제18조(디엔에이신원확인정보데이터베이스관리위원회의 심의사항) 법 제14조제1항제4호에서 "대통령령으로 정하는 사항"이란 다음 각 호와 같다.

1. 법 제4조제3항 및 이 영 제5조에 따른 데이터베이스 간의 전자적 연계를 통한 디엔에이신원확인정보의 상호 검색에 관한 사항
2. 식별코드 표준화에 관한 사항
3. 디엔에이신원확인정보 표준화에 관한 사항

제19조(디엔에이신원확인정보데이터베이스관리위원회의의 구성 및 운영) ① 법 제14조에 따른 디엔에이신원확인정보데이터베이스관리위원회(이하 "위원회"라 한다)의 위원장은 위원회를 대표하고 위원회의 업무를 총괄한다.

② 위원회의 위원장은 위원회의 회의를 소집하고 그 의장이 된다.

③ 위원장이 부득이한 사유로 그 직무를 수행할 수 없는 때에는 위원장이 미리 지명한 위원이 그 직무를 대행한다.

④ 위원회의 회의는 재적위원 과반수의 출석으로 개의하고, 출석위원 과반수의 찬성으로 의결한다.

⑤ 위원회의 사무를 처리하기 위하여 위원회에 간사 2명을 두며, 간사는 디엔에이신원확인정보의 이용 및 보호에 관련한 업무에 종사하거나 관련 지식이 풍부한 대검찰청 및 경찰청 소속 공무원 중에서 검찰총장 및 경찰청장이 각 1명씩을 임명한다.

⑥ 위원회에서 심의할 안건을 검토하고 위원회의 운영을 지원하기 위하여 위원회에 실무위원회를 둔다.

⑦ 제1항부터 제6항까지에서 규정한 사항 외에 위원회 및 실무위원회의 운영에 필요한 사항은 위원회의 의결을 거쳐 위원장이 정한다.

제19조의2(위원회 위원의 해촉) 국무총리는 법 제14조제3항에 따른 위원회의 위원이 다음 각 호의 어느 하나에 해당하는 경우에는 해당 위원을 해촉(解囑)할 수 있다.

1. 심신장애로 인하여 직무를 수행할 수 없게 된 경우
2. 직무수행 과정에서 취득한 비밀을 누설하거나 직무수행 과정에서 취득한 정보를 허가되지 아니한 방법으로 연구 등에 활용하는 경우
3. 직무와 관련된 비위사실이 있는 경우
4. 직무태만, 품위손상이나 그 밖의 사유로 인하여 위원으로 적합하지 아니하다고 인정되는 경우
5. 위원 스스로 직무를 수행하는 것이 곤란하다고 의사를 밝히는 경우

[본조신설 2016. 5. 10.]

제20조(위원회의 의견제출) 위원회가 법 제14조제6항에 따라 검찰총장 또는 경찰청장에게 의견을 제시한 경우 검찰총장 또는 경찰청장은 의견의 시행 경과 및 결과를 위원회에 통보하여야 한다.

부칙 〈제27129호, 2016. 5. 10.〉 (행정기관 소속 위원회 운영의 공정성 및 책임성 강화를 위한 사립학교법 시행령 등 일부개정령)

이 영은 공포한 날부터 시행한다.

궁금한 D&A 이야기

초판 1쇄 인쇄 2019년 12월 23일
초판 1쇄 발행 2019년 12월 31일

**지은이** 임시근
**펴낸이** 신동렬
**책임편집** 신철호
**편　집** 현상철 · 구남희
**마케팅** 박정수 · 김지현
**외주디자인** 아베끄

**펴낸곳** 성균관대학교 출판부
**등록** 1975년 5월 21일 제1975-9호
**주소** 03063 서울특별시 종로구 성균관로 25-2
**대표전화** 02)760-1253~4
**팩시밀리** 02)762-7452
**홈페이지** press.skku.edu



ISBN 979-11-5550-371-3 93360